世界顶级摄影大师
World's Top Photographers

雕刻光线

Sketching Light

AN ILLUSTRATED TOUR OF THE POSSIBILITIES OF FLASH

小型闪光灯的超极限应用

[美]乔·麦克纳利 著 王雷 译

人民邮电出版社
北京

内容提要

本书是世界著名摄影大师乔·麦克纳利继2008年大红大紫的作品《瞬间的背后》与2010年的作品《热靴日记》之后推出的又一部力作。作者除了在本书中带领读者探索热靴闪光灯在摄影中的应用外，还通过对大量经典案例的详尽解析，让读者更好地理解闪光灯的创意发挥。

作者在本书中大量展示了最新的摄影作品，这些精彩绝伦的作品都是他的用光杰作，堪称用光的典范。他从最简单的单灯应用出发，逐步扩展到双灯、多灯，以他亲身拍摄的杂志或商业图片的经验和感悟，深入浅出地向读者展现了闪光灯摄影的多彩世界。

无论您有多少摄影经验，您都能从本书中学到以前难以想象的摄影技巧，并在实战中领略到一名职业摄影师既有趣又迷人的一面。

作为一名职业摄影师，每天惊涛骇浪、风云变幻，
Annie 是我心灵的港湾，带给我光明和温暖。
一贯如此，直到永远……

写在前面的话

经过长时间的准备，本书终于能够与大家见面。首先请允许我向广大读者致以诚挚的谢意，感谢你们对本书报以厚望，并给予极大的耐心。公事繁忙加上俗务缠身，让本书的写作一拖再拖。再加上本人愚钝，面对层出不穷的高新科技难免丈二和尚，需以时日方才完全消化吸收。

想要兼容并包实属不易，因为各种新玩意日新月异，但我确实为它们中的一些付出了等待，比如最新的无线TTL闪光系统。这些新技术日臻成熟，并且可以预见必将为拍摄带来更大的便利。我倒要看看哪些新玩意儿真正能搞出一番名堂。

最重要的是，我一直为自己能走上摄影师的道路而心存感激。各种技术日新月异，逆水行舟不进则退，只有不断学习、不断进步，才能牢牢抓住观众的眼球，有力地展现摄影师所要表达的意图。我们坚守亘古不变的优良传统，从人类历史的开端就从未改变。那些在岩壁上作画的人类先祖——他们所做的一切与今天我们所专注的像素与光影的游戏，又有什么不同？要我说根本没有任何区别。他们在历史上留下自己的足迹，向后人讲述他们那个时代、他们生活中的故事。借助描绘于粗糙岩壁上的古老颜料，他们在述说一个再简单不过的道理：请记住我们。

我们也在做同样的事情。只是我们的方式更加迅捷、常见，使用的工具也更复杂。多亏这些种类繁多的工具帮了我大忙。

作为多年来我选择的相机系统，尼康公司创造了用于影像创作的卓越科技。佳能公司亦如此。我要同时感谢这两个厂商，这缘于它们之间多年以来的相互促进。谁是受益者？当然是我们——摄影师。接下来要感谢的是曼富图（Manfrotto）、爱玲珑（Elinchrom）、Lastolite、LumiQuest以及普威（PocketWizard）公司，还有苹果（Apple）、保富图（Profoto）、Nik以及卡塔（Kata）公司，还要感谢雷克沙（Lexar）、和冠（Wacom）、ThinkTank、Westcott以及爱普生（Epson）公司。总之，向所有致力于研发摄影器材，不断推出更有竞争力的器材与附件产品的厂商们，致以崇高的敬意。正是因为这些厂商的不懈努力，才让奔波在外的摄影师工作得更加轻松，更有价值，并创作出更多佳作。时至今日涌现出的许多惊人之作，在短短几年时间还是无法实现的。当今最富魅力与冒险精神的平面影像领域，更是与技术和创新息息相关。更棒的创作工具能为想象力插上翅膀，从而成就更棒的摄影作品。

在本书中，我提及了许多这样的工具。之所以提及，是因为我在使用这些工具——就这么简单；而我之所以使用它们，是因为它们可以为我所用。

此前已经有读者指出，甚至抱怨我在小型闪光灯领域只介绍尼康闪光灯。好吧，我承认。

原因如下。我用的就是尼康闪光灯，我在拍摄现场使用尼康器材的经验有近40年。我曾经以各种手法运用闪光灯进行拍摄，亲眼目睹了一次次成功与失败。我相信其他人不管选择任何一个品牌的相机系统，都会跟我一样，经历一次次成功的喜悦和失败的沮丧。关键在于，我有资格介绍这样一款系列产品。我已经对它产生了依赖，我清楚它的工作原理，并且自信能在现场解决各种可能遇到的问题。

感谢 Syl Arena，他的书写得很棒，能帮助我使用佳能闪光灯完成工作。我现在立刻就能走到外面，用佳能闪光灯进行拍摄。之所以没有在本书中介绍佳能产品，是因为我觉得自己还不够格。我从没在拍摄一线使用过佳能的闪光灯，万一出点什么问题可就不是碰运气的事儿了。我对使用佳能闪光灯的经验还十分欠缺，无法带给读者足够详尽的使用报告，而真正有价值的建议必须源自日复一日地反复实践。理由很简单，仅仅阅读说明书并正常使用器材，不代表就能够与别人讨论甚至向别人教授相关的知识和技能。所以我还是省省吧。

再多说一句，既然本书中涉及大量基础知识和技巧以及有关器材的讨论，那么这些探讨——一个个故事，一张张照片——强调的都是对光线的运用，而光的来源相对不那么重要。大型闪光灯、小型闪光灯、控光附件、灯架、设置、凝胶滤光片等，都在本书的讨论范围内。但本书最为核心的主旨在于，如何利用所有这些工具来诉说，来描绘，来传递信息。即如何把这些冰冷的器械熔于一炉，创造出简练、优雅、恰到好处的用光，并在适当的时候投射到那个适当的主体上。

许多人为本书的面世提供了无私的帮助。衷心感谢所有莅临我的工作室和讲座后，以极大的热情投入到自己摄影创作中的听众们。感谢那些在幕后为我的讲座拍摄产品照片的好心人。本书选用了其中部分照片，可为读者参考相关信息提供帮助。所有的模特们都非常出色，他们的耐心、职业精神、表现力以及献身精神非常令人钦佩。

还必须感谢 Ted Waitt 以及 Peachpi 的全明星阵容。我把大家折腾得团团转，特别是 Ted。但他依然能够泰然处之，并总是表现出一名优秀编辑的水准——掷地有声，运筹帷幄，有求必应，总是能把可能发生的诸如"那本书到底哪儿去啦？！"的争吵（也可能是我想多了）化解于无形之中。

既然提到全明星，那一定得感谢我工作室的伙计们。Lynn DelMastro 是位称职的舵手（把 McNally 团队说成是一艘船简直算是高抬了，有时候我们的团队更像是一艘正在漏水的小舢板），但不管怎么说，Lynn 仍然是我们事业的心脏、灵魂和精神支柱。睿智的 Drew Gurian、Mike Cali、Lynda Peckham、Mike Grippi 还有 Karen Lenz 不仅发挥出他们在视觉领域的专业技能，更贡献着他们的智慧、领导力以及团队精神。

Harry Drummer、Jeff Snyder、Monica Cipnic 以及 Adorama 影像器材店的家伙们，一直在默默地支持着我们，他们都是非常好的合作伙伴。我的兄弟——尼康公司的 Mike Corrado 和 Lindsay Silerman，也帮了我很大的忙。他们的同事 Trudy Kraljic 总是能够排除万难，最终把事情搞定。Bill Pekala 总是为所有摄影师带来有力的支援，而雷克沙（Lexar）公司的 Jeff Cable 总是全心全意地支持每一位摄影师（本书中所有数字照片均使用雷克沙（Lexar）存储卡拍摄）。RC Concepcion 在所有领域都才华横溢，我们的友谊同样深厚。

同样，Lastolite 公司极富创新性的团队认真听取了摄影师来自拍摄现场的反馈。事实上我还帮他们设计了几款控光附件呢！我感觉自己就像是一位有着30年球龄的高尔夫球手，最后终于有人请他设计一条球道。这感觉很酷。

不论在美国还是全世界，曼富图（Manfrotto）公司都在为工作室与外景应用提供极具创造性的解决方案。对于所有追求极致影像输出的摄影师们，Dano Steinhardt 扮演了桥梁的角色，而 Moose Peerson 教会我如何透过镜头去拥抱大自然。

Bill Douthitt是我亲爱的朋友、特立独行的编辑、冲劲十足的搭档，在过去的25年间我们合作过10个《国家地理》专题，时至今日依然默契。

　　我用相机和镜头来讲述故事已有多年，但Scott Kelby才是那个帮我打开写作之门的人，而在此之前除了用双眼透过相机去观察以外，我从未想到可以用书籍来表达自己的感受。Scott是一位出色的作者，也是一名出色的摄影师。几年前的一天，他只是简单地说了一句话："你应该写一本书。"他不仅鼓励我写作，还从一位编辑的角度传授给我许多重要的技巧。这些中肯的建议正是我所急需，且弥足珍贵的。直到今天，在本书的写作过程中，他的教诲仍然回荡在我耳边。

　　最后，也是最重要的，我要感谢那些摄影界的前辈。过去的摄影师用相比今天来讲要简陋得多的器材，投身于拍摄之中，并创作出许多精彩的影像故事。他们的作品是我记忆的宝库。🅣

目录

超越极限

本书封面的关键词并不是"闪光",甚至不是"光线",而是"超越极限"。原因就在于,超越极限就是本书所探讨的核心内容。不是关于已经存在的那些照片,而是关于通过对用光的不断探索和实践,将来能够创造出什么,而非照片本身。希望本书提供的照片和文字,能够抛砖引玉,激发出更多的实践创作灵感超越小型闪光灯的性能限制,拍出精彩作品。

本书涉及大量的基础信息,包括照片、草图、现场照片、注释以及元数据。在大部分实例中,我毫无保留地介绍了每次实际拍摄中可能包含的一切信息。本书还破天荒地介绍了如何使用一只或两只闪光灯,或者数只作为同一光源的灯来进行摄影创作。我根据本书各章节的标题快速梳理了一遍,粗算下来本书探讨的照片中,大约85张是用单灯拍摄的,另外差不多15张是用双灯、三灯或将一组数只闪光灯设置成作为同一光源统一拍摄的。

我说的"破天荒"并不是因为使用简单的照明和装备拍摄出漂亮的照片是不可能实现的,而是因为我一直以来的"名声"。我猜我本身略微偏技术流一点,也许大家眼中的我一贯热衷于搞一大堆闪光灯,干活儿的时候身边跟着一大堆助手。可能确实有人会认为,只要是在我的工作室里干活儿就一定是大阵仗,甚至让人依稀想起电影《指环王》中的战争场景。坦白说,实际上可真不是这样。

在工作的时候,现场通常只有我和一名助理,以及为数不多的一些器材——几只不同型号的灯架与闪光灯。有时候就只有我、一只摄影包和一对闪光灯。前不久我写了一本书名为《瞬间的背后》(人民邮电出版社),得到了大多数读者的喜爱,书中有一些总结性的语言,例如,"您也可以做到,只要您有17个助理和200只闪光灯!"有位尊敬的先生甚至在评价中写道,这本书是关于"如何使用价值10 000美元的闪光灯!"

我脸色发白,开始反思。天啊,是我夸大其词了吗?我真的这样做了吗?难道我给人留下的印象就是带领着人手一只闪光灯的兽人军团,征服整个现实世界,为了压暗太阳光而发出的闪光功率强大到每按一次快门,将导致整个东海岸的电灯都变得昏暗?

抱着谨慎的态度,我回到书中开始计数。

在《瞬间的背后》那本书中,一共有126张照片,其中47张使用现场自然光拍摄，46张使用单灯拍摄，12张使用双灯拍摄，剩下的21张用到了3只或更多的灯。

"一直以来，用光仍然是所有摄影师的共同语言，四海皆准。"

呼！我松了口气！看来在那本书中，发挥作用的显然不是灯的数量，而是照片看上去的效果给人用大量闪光灯共同照明的错觉。关于灯光功率与闪光灯数量的问题在我的另一本书《热靴日记》（人民邮电出版社）中再次出现，而实际上该书中有100多页的内容属于使用一只闪光灯进行拍摄的解决方案。我猜，就像Clint Eastwood在电影《不法之徒迈·韦尔斯》里面说过的那样："有时候麻烦总是如影随形"。

这就是为什么"可能性"这个词对于描述本书起到如此重要的作用。这不是用一两盏灯或不管多少盏灯的问题，不是用大型闪光灯或便携闪光灯的问题，而是关于光线的运用——用光线来讲述，适应光线，征服光线，塑造光线的形状。简而言之，就是用光来讲故事。一直以来，用光仍然是所有摄影师的共同语言，四海皆准。而正如所有人共识的那样，一个好的故事无关乎字数的多少。

本书亦非关于每次曝光背后用到的参数，尽管每张照片的拍摄确实与大量不同的参数设置息息相关。书中揭露了全部元数据，并配有图片展示拍摄时的设定、距离、器材、控光附件以及相机。另外，本书还给出了许多素描图，通过图解描述布光场景，作为对文字讲解的补充，图中还给出了许多现场拍摄的小窍门与注意事项。这样一来，本书就尽可能详尽地介绍了"如何"创作一幅照片。

自卖自夸一下。关于摄影创作的技巧和方法真是不胜枚举。技术应该永远为摄影师服务，而摄影固有的语言是通过大量的数据和符号来表达的——f值、快门速度、3:1的光比。数码时代的全面来临让这种状况进一步加剧——菜单设置、选项、子选项、箭头与标尺；手中的相机布满了各种按钮——拨盘、开关、拨杆……所有这些似乎都会对最终的计算产生影响，过去释放一次快门的成品是一张照片，现在则是一个数字文件。

所有的一切听起来都那么枯燥、困难，而且说实话，很无聊。对我来说，这些参数无异于照片拍摄的禁药。计算这些参数的烦琐过程就好比解一道数学题，其受欢迎程度也可想而知了吧。我曾无数次诅咒这样纯技术性的过程！有时我甚

> "这便是本书的灵魂所在，即探索为何要这样做。"

至感觉手中的相机像是一把顺畅灵敏的算盘。即便是现在，在经历了这么多年死盯着取景器的经历之后，我仍会问自己：我到底是怎么让这台机器工作的？如果我将曝光补偿设为机身-2/3挡、闪光灯-2挡，效果会好吗？所有这些参数最终能够得到一张漂亮的照片吗？

然而也仅仅是有时如此。其他时候，则是摄影固有的反复无常与多变性占据了上风，一切数学计算和逻辑判断都成了浮云。你站在那里，面对一个完全未知的影像领域束手无策，没有书本也没有说明书可以提供任何指导，而你无从判断正确与否，难辨是非，甚至不确定到底该设置多大的光圈值，而从里到外这一切混乱的最终结果……却是一张非常棒的照片。

不妨换个角度来看看。想象手中的高速相机是一部F1方程式赛车。金钱、赞助商、浮华、科技、发动机转速、高辛烷值汽油、领奖台上喷洒的香槟……一切的一切全部掌握在手握方向盘的双手之中。勇气与悟性兼备的车手非常清楚，何时该小心跟随等待时机，何时一蹴而就完成超越。

在摄影领域也是同样的道理。就像我说的，怎样才能拍得更好这个命题永远伴随着我们，就像多年来身边喋喋不休的损友一样。各种参数必须牢记在心，过硬的技术是得到好照片的基石，而随着知识的不断积累，你将越来越有信心去挑战极限从而获得精美的摄影作品。但是，"如何拍"必须坚定不移地为"为什么拍"服务。为什么要那样拍？为什么要用大型闪光灯而不用便携式闪光灯？为什么要花时间为背景布光？这个专题更适合"打一枪换一个地方"的外景实战，还是应该把一切要素拖进工作室，力求达到每个细微之处的完美？

因此，尽管给出了每次拍摄时的详细参数，但我必须明确地告诉你，在每一次拍摄的冒险（与意外——相信我，确实会碰到）过程中，我的参数设置是没法直接拿去为你所用的。摄影是一件随机性很强的工作，对于不同的面庞，利用不同的设定，工作方式也会随之改变。如果墨守成规，把固有的技术或计算方式拿过来生搬硬套，将是徒劳的。但是，只有一样东西永远不变，能够永驻摄影师的心灵与意识深处，那就是执着地为"为什么"这个绝对重要的问题寻求答案。

这才是本书的真正核心与灵魂所在。为什么要用某种方式拍摄一张照片？为什么首先要把相机放在眼前？当做出用眼睛透过镜头取景这样奇异而大胆的动作时，背后是所有高科技解决方案在搞定一切，把摄影师想要阐释的眼前所见的整个世界浓缩在一幅单一的、二维的矩形画框之中。摄影师要表达的可能是对某种人文事件的好奇或同情，对一张面孔或某个地方产生的兴趣，希望讲述一个故事，或者应客户的要求上门拍摄。不管拍摄动机是什么，各种参数的设定必须能满足拍摄的需要。

当然，输入相机的每一个参数都将对照片的讲述方式产生巨大的潜在影响，这是毫无疑问的。我在整本书中都在讨论这一点。书中谈到了为什么要用一支300mm镜头而不是用一支14mm镜头拍摄；为什么某张照片必须用f/1.4的光圈值压缩到几乎没有景深，而另一张却需要用f/16的光圈值大幅增加景深；为什么这里需要一支功率高达2400瓦特秒的闪光灯箱，而那里只要一只可以轻松放进口袋的电池驱动便携式闪光灯就能搞定。它们可以互换吗？如果互换会有何得失？为什么某一张面庞需要柔和的照明，而另一张则必须使用边缘明显分界的硬光照明？此外，我也可以很直接地说，事实上你可能会对我在此给出的答案持完全相反的意见，因为我从自己拍摄现场得出的结论毕竟是片面的。对于不同的摄影师来说，对"如何拍"与"为何拍"给出的答案也各不相同。

关于这一点的讨论是非常重要的，因为这样的探讨让我们共同进步，成为更棒的摄影师。只不过当讨论的话题以参数设置作为开始或结束时，一切就变成围绕摄影包中昂贵但没有灵魂的器材进行探讨了，这会让我们偏离主题。照片才是真正的主题，一切对话从这里开始。

因此我们确实需要了解参数，而参数的最大优点是，它们是可识别和可认知的。本书中列出了明确、清晰、重现性好且精确的方法，距离、光圈值与快门速度，包括其他媒介也是如此。将实实在在的技术方面的知识充实到拍摄过程中，可以增加自信。而信心的增长让摄影师更加积极地去探寻更有意思的问题的答案，这才是最最关键的。

那么，请继续读完本书，研究各种参数，学习各种技术，多问问题，创作出属于自己的漂亮的摄影作品。冒着失败的风险勇于尝试，别怕惹来麻烦，享受无限可能带来的乐趣。乔

乔.麦克纳利
JOE MCNALLY

长话短说，
先露两手

有些事情简直是漫长的折磨，比如阅读说明书。它自有它的用处，我会将
说明书带在身上，说实话这可不像扣人心弦、引人入胜的侦探小说。

说明书里有大量关于闪光灯的基础知识，包括从参数到光比，从风格到方法。TTL（Though The Lens，透过镜头）测光确实很实用，但它也有自己的不足，而且最终效果受到镜头所能看到景物的影响——透过镜头嘛！我知道这并不算是爆料。TTL系统之所以能够工作，是靠系统在正式闪光前数毫秒，发出的一束用于辨别场景／传回信息的预闪光，从而为相机提供可靠信息以及用于分析计算的细节。接着，相机将接收到的全部曝光数据输入其内部的速度超快的计算机，根据它自己的运算得出最终解决方案。

但是，这个解决方案往往并不是我们所寻求的，因此我们会根据需要调整闪光灯的EV（Exposure Value，曝光值）。只要将闪光灯设为手动模式，就能彻底避免出现背离摄影师的意愿乱闪的问题，实现对闪光灯的完全控制，让它不能根据自己的意愿做决定，这样才能获得在TTL世界不可能实现的高度一致性。

Mike Cali 摄

"有没有考虑过受我们奴役的闪光灯的感受？它们怎样去看？如果照片的光线一无是处，那么就算打破全部参数和精心设置-2/3挡的曝光也还是于事无补。"

通过一定的学习和实践，所有人都能掌握闪光摄影的核心参数设定。就像在游泳池里嬉戏一阵以后，就习惯了水的感觉。接下来可以寻求并期待更多可能带来麻烦的东西。可能会遇到各种状况，比如强烈的逆光、整体为暗调或干脆全黑背景下的很小的主体，例如巨大舞台中央的小芭蕾舞演员。而相机作为一部机器，不管设计得多么复杂，都很难在所有条件下全自动给出完全符合需要的精确结果。相机遇到的某些问题是它无法解决的。渐渐地，摄影师们都习惯于介入这个过程，并加强对相机的指导。伴随着每一张照片，每一次犯错，以及每一句对佳作的赞许，摄影师们逐渐建立起自信使一切步入正轨。真才实学并不是蕴含在精确的参数之中，因为参数总是在改变，而是经过一次次考验和成败之后了然于胸的全部经验。数据和数字是必须了解的，但它们不是最终的目的，而只是通往摄影佳作道路上的一枚枚路标。

当然，真正的"硬货"可以总结为：有没有考虑过受我们奴役的闪光灯的感受？它们怎样去看？如果照片的光线一无是处，那么就算打破全部参数和精心设置-2/3挡的曝光也还是于事无补。因此，在接下来的几页中，我们来看看不同的控光附件长什么样，还有它们是如何与人脸相互作用的。请记住，如果一种闪光布光的效果糟糕到绝对可以毁掉一张脸，那么这种效果也足以让各种不同的脸型拍出来都一样的烂。

OK，马上出发……吁！先把这些家伙从今天的闪光课程里清除出去！

首先是直射闪光，这种光线像冻僵的绳子一样直接击中拍摄对象。直射的闪光，意味着直接的阴影，这种闪光适合事件现场抓拍、婚礼、交通事故现场，还有给犯人拍档案照。对于绝望的生活或者有一天所有摄影师突然都消失的世界，这种照明方式倒是会有一席之地。如果拍摄现场的天花板像西斯廷教堂那么高，而且还涂成黑色，或者被一根天鹅绒绳索拦在距离演出18米开外的地方，再或者打算被客户像垃圾一样扫地出门，喝西北风，这么去拍，保证管用。直射闪光唯一的好处是，当距离拍摄对象非常近的时候，闪光效率非常高。闪光灯回电将非常迅速，可以保证在万一遇到类似电影《教父》中Sonny之死那场戏中的情景时，可以拍个痛快。

　　对于上图中的直射闪光而言，顺便提一句，我在连接到机顶热靴的SB闪光灯前方加装了弧形闪光扩散罩，所以效果没有实际直射闪光那么糟糕。但我还是打算试试别的方法。

　　下面我们来看看将闪光灯离开镜头光轴至少一臂距离的效果。说实话，这种方法实际上是为左眼取景的摄影师所专设的。我用左眼观察取景器，用左手握持

闪光灯，并将左臂从体前交叉伸到身体右侧，这样一来我的左肩正好可以垫在相机电池手柄下方提供支撑。通过这样的方式，可以把数码相机机身的部分重量分散，使相机更加稳定，并在一定程度上缓解右手和右臂握持整个系统时的压力。这种持机方法的回报就是在释放快门按钮时，可以减轻冲击力，同时动作幅度不大，看上去更有修养。如果习惯用右眼取景，那么更加传统的方式是用右手负担整个相机的重量，同时用左臂向左上方伸出举起闪光灯，这样可以进一步延长闪光灯离开相机的距离，这个方法同样有效。

让光源离开相机是否对光线的质量有所帮助？硬的阴影仍然是硬的阴影，不论是在左边还是在右边。但现在，至少

从技术角度来说，人物面部已经有了亮部和暗部。感觉好些了吗？是的，但是很不情愿地说，也就一点点。

我用SC-29线缆连接闪光灯，因为我拍摄时用的相机型号是D3x，没有弹出式的（或者说内置的）闪光灯。如果具备内置闪光灯，我就可以抛弃引闪线缆，手持闪光灯以无线引闪方式，接收来自看上去并不起眼的内置闪光灯发出的指令，后者可以设置为闪光指令器。这种方式非常方便，而且实际上比使用离机引闪线缆具有更大的灵活性，而不必顾忌线缆的纠缠。不过，请务必了解以下内容：如果距离拍摄对象很近，内置闪光灯发出的轻微预闪闪光将会射入拍摄对象的眼睛，并形成轻微的眼神光。有时这个小光点确实让人心烦，没什么大不了的，但确实会发生——尽管指令闪光灯与

手中的遥控闪光灯进行通信的闪光被认为是预闪闪光，也就是应该在整个曝光过程之前发出的一道闪光。不论尼康还是佳能相机的说明书中都承认这种情况确实有可能发生，它主要取决于与拍摄对象的距离和拍摄角度。

现在，继续延伸想象力。闪光灯固定在灯架上，我不再使用线缆将闪光灯与相机直接连接，而是通过SU-800指令器发出的光线发布指令。在此之所以选择SU-800而不是SB闪光灯来控制无线闪光灯，并没有什么奇特的原因。它很轻巧方便，非常实用，其闪光灯泡被一片红外线（IR）遮光板所遮盖，因此不会像前面提到的内置闪光灯预闪时那样，给拍摄对象眼中额外增加恼人的眼神光。

下面来聊聊触发光脉冲，以及引闪器在一定距离或阳光下等条件下的使用情况。毫无疑问，使用另一只闪光灯作为引闪指令器触发TTL遥控闪光灯，是最为优雅，也最为灵活的方式。以SB-900为例，可以通过下面两个步骤实现更大的引闪距离：a）摘掉柔光罩（也是彩色滤光片固定器）；b）将闪光灯的变焦灯头变焦至200mm的最大变焦范围。这样一来就可以进一步延长6～10米的有效距离。我在实际拍摄中尝试了一下，确实有效。我曾经成功触发过放置在60～100米外的TTL遥控闪光灯。不是开玩笑，在明亮的阳光下，我曾经很幸运地轻松达到18～24米的有效引闪距离。

SU-800闪光指令器：由于IR过滤板的限制，其发出的指令光脉冲功率不及SB-900，但有效距离仍可达到约18米，与说明书内描述的基本一致。其工作时的指向性很强，因此如果将闪光灯布置在身后（而且镜头前方没有可以反光的表面，如白色无缝布等），则无法正常使用指令器。如果在拍摄肖像摄影时遇到一位爱眨眼的顾客，而他的眼睛在预闪时像安装了弹簧一样眨个不停，那么用SU-800就非常适合了。再次重申，IR滤光板可以阻挡可见光脉冲，因此可使顾客的眼睛觉得好受些。

内置闪光灯：效率很高，引闪距离可以轻松达到15～24米。那幽暗的、水晶火花般的一点点光，竟然能够达到这么远的有效引闪距离，不得不让人惊叹。这是一种高反差的微量闪光脉冲，因此可以被遥控闪光灯接收并识别（这只是基于我在拍摄现场的经验之谈，而非经过科学严谨地研究之后得出的工程学结论）。不过对于布置在相机上方或后方的遥控闪光灯，内置闪光灯的引闪效果就要大打折

扣了。就像 SU-800 一样，内置闪光灯只能指向正前方，所以当闪光灯位于后方，或者分散于两侧较大范围的时候，内置闪光灯引闪并不是最适合的解决方案。

　　现在，回到灯架上的闪光灯。根据灯架的尺寸和它能够延伸的长度，可以在一定范围内灵活调整灯光的高度，同时解放摄影师的双手。除非日常工作就是在 NBA 赛场那样强大的光照环境下，光源必须设置在很高且远离拍摄对象的位置。看到直接投下的阴影了吗？阴影确实非常明显，与之前介绍的直射闪光非常相似。而阴影效果与光源的高度直接相关。从这张示例图来说，依然没有明显的改善，依然是很硬的闪光。但一副简单的灯架已经带来了巨大的灵活性，这才刚刚开始。

"阴影发生了'旋转',请原谅我找不到更合适的词来形容。从高光部分到阴影部分的过渡,其界限发生了旋转,从而变得柔和得多,不再显得那么生硬了。"

下面隆重介绍最简单的光线塑形工具,LumiQuest Softbox III。这家伙重约200克,面积约为200mm×230mm,中央部分密度略高一些,可以起到柔化闪光灯中央部分汇聚的强硬光线的作用。它很小,但仍然比通常的便携式闪光灯头的面积大20倍。又是关于尺寸的老话题。尺寸越大就越好吗?是的——如果在寻求柔化光线的手段的话。光源的面积越大,且距离拍摄对象越近,光效就越柔和,光线也越发散;光源越小,距离拍摄对象越远(如类似太阳的光源),光线的质感也就越硬。

现在,光线经过这个小小的柔光罩的修整,效果显而易见。看看模特脸上投下的阴影的密度,再对比一下前一张照片中从灯架上直接投下的光线的效果。可以看到,后者形成的阴影十分浓重,而且阴影边缘像刀削斧劈一般锐利分明。阴影发生了"旋转",请原谅我找不到更合适的词来形容。从高光部分到阴影部分的过渡,其界限发生了旋转,从而变得柔和得多,不再显得那么生硬了。

如果仔细观察,会注意到我将背景换成了白色。对于第一类情况——通常只有那些采用硬光、直射光照明的方案,我会选择黑色背景,以强调锐利、硬质的光线,以及直接的投射效果。而在本例中,由于使用了面积大一些的控光附件,就必须注意光线是如何向背景扩散的。

在平均距离3米左右,这点光线看起来效果还不错。请注意,白色的背景几乎变成了灰色(对于模特的皮肤质感,我们几乎没有进行任何后期处理——没有使用任何滤镜,没有增加饱和度,也没有来回拖拽任何滑块。由于使用了Raw格式文件,所以需要稍微增加一点对比度,但也仅限于此。基本上保留了相机的原始出片效果,所见即所得)。

所以，请自己标注一下：小巧、廉价、物有所值的塑料柔光箱，在一般平均距离上使用可以获得相当不错的效果。另外也请注意，无缝纸背景上也留下了非常漂亮的晕影，就在相对于相机的左下方。虽然并不算糟糕，但四散的光线投射到背景上，留下了模特的影子。

如果再离近一点呢？

阴影变得更加开放，更加宽容，而背景则变成更深的灰色。光源移动到距离模特更近的约1.2米处，照射到模特身上然后立刻就此打住了。由此可以获得更深的背景色调，并且不再留下模特的影子，效果相当不错。可以考虑增加一只遥控闪光灯。有了更深色调的背景——而且没有影子，就可以在模特身后布置一只灯，提供背景照明，而当背景被明亮的光照完全洗白的时候就很难实现这样的效果了。

另外，我还在条件允许的情况下尽可能让模特远离背景。一般来说，拍摄对象与背景的距离越远，摄影师对画面效果的控制余地就越大。这样一来，照片中就可以明显分为两个区域，摄影师可以按照自己的需要，分别布置这两个区域的

光照。模特距离背景越近，照射到模特上的光线就越容易扩散到背景上，要想为背景创造完全不同的照明效果就越困难。

接下来更进一步：LumiQuest III增强版——LTp。之所以这么叫是因为当它折叠后，可以轻松插入双肩包的笔记本电脑隔层，它的尺寸大约是LumiQuest III的2倍（通过对比图可以明显看出这一点）。在距离模特大约3米的距离上，照明效果很漂亮。其背景色调比在同样距离使用LumiQuest III要稍亮一些，不过影子仍然没有完全消失，即使使用的柔光罩尺寸进一步增大了。

模特脸上的光线非常柔滑，而且非常宽容。影子还在，这是当然的，但并不是很深、很生硬的质感。在这样的距离使用这种尺寸的柔光罩，可以获得非常纯净的光效。为了做一个简单而直接的比较，我将距离减半，而照明角度保持不变（顶光）。阴影明显进一步被化开了，光照效果显得更加饱满，呈现出奶油般的质感。一切取决于摄影师想要的效果，让光源接近模特是用之四海而皆准的妙招。这样可以使光线进一步扩散，从而使光线更加柔化，而光线的质感是否柔和直接关系到所拍摄人物的布光是否讨人喜欢。由此引申出来的好处呢？光源距离越近，电池的耗电量就越低，回电速度也就越快。

很显然，光与影是天生一对。光源起到了决定作用，产生了相应的阴影。大多数时候，光产生的阴影是可预测的，在此讨论的摄影用光当然也是如此。我始终将光源布置在模特上方、相机右侧的位置，模特脸上出现的阴影是向下并偏向

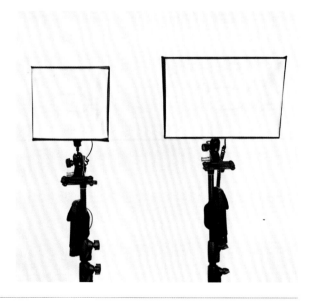

左侧的。而在接下来的拍摄中，我改变了光源的位置，将其布置在模特头顶上方。这样一来，模特脸上的光线就不是按照左右位置分为高光面与阴影面了，而是左右对称的。光线来自头顶正前上方，平均照亮左右两侧的颧骨部位。其结果就是阴影垂直向下过渡，这样的光效可以突出模特脸部的结构，呈现完全对称的效果。

再回到对于阴影的探讨。到目前为止，我所做的一切改动都是关于通过增加光源的面积以及将光源移近主体，从而柔化阴影。接下来，我将反其道而行之，并使用一种光线塑形工具——Flashpoint Q系列6英寸雷达罩，来突出阴影的作用并创造出清晰的明暗分界。这种光线塑形工具看上去就像一个小汤碗，碗中央悬浮着一片椭圆形金属片，其表面可将摘掉柔光罩的闪光灯头发出的闪光直接反射到碗的内壁上。

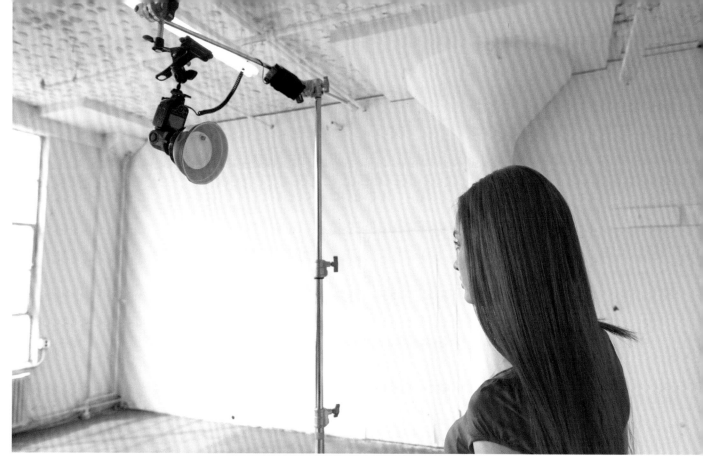

下面介绍这种闪光扩散罩。当将这种附件安装于大多数闪光灯时（如SB-900），闪光灯头会自动变焦至广角焦段，以便让光线更加发散。这很符合逻辑，反光罩将光线以360°向各个方向散射。当取下反光罩，可以手动对闪光灯的变焦灯头进行变焦操作，并将闪光灯摆放在遥控闪光所需的位置上。在这里，由于雷达罩的设计初衷是为了突出光线的方向感和力度，我将变焦灯头调整为200mm以增强这种效果。这样一来，从雷达罩里射出的光将聚为很集中的一束。

（值得注意的是，当使用LumiQuest III与LTp时，我会将闪光灯自带的柔光罩保留在灯头上，这样做是为了让闪光灯发出的光线进一步发散后射入柔光灯箱。有了这个小小的"肥皂盒"，我就可以寻求尽可能柔软，不那么"直接"的光效，因此我会保留它，然后在闪光灯前额外使用光线整形工具。）

"以其小巧的体积来说，这款雷达罩完全可以实现它的大哥哥们能够实现的功能——突出人物的颧骨，增加眼神光，并让面部轮廓分明。"

雷达罩，就像它的名字一样，是一个与时尚摄影领域紧密相关的附件。雷达罩分为多种不同的款式，分别具有不同的反射器、接口、扩散器，以及各种不同的尺寸。显然，在此介绍的使用魔术贴（尼龙粘扣）固定在小型闪光灯头上的产品，不属于摄影工作室中使用的大型器材。但是，以其小巧的体积来说，这款雷达罩完全可以实现它的大哥哥们能够实现的功能——突出人物的颧骨，增加眼神光，并让面部轮廓分明。

接下来，看一种比雷达罩更紧凑的附件。这种光线塑形工具可以安装一系列反光片（白色、金色还有银色，可以提供不同强度与色彩的光线），以及各种不同颜色的彩色滤光片、柔光罩及一套蜂巢束光格。蜂巢束光格可以让光线更加集中，使已经非常直接的光线变得更加直接和强烈。请注意模特面部的光线浓度，以及明显的明暗过渡。

关于雷达罩的运用，请自己标注一下：并不是每一张脸都适用！布光方案一定要跟拍摄对象相匹配。时装模特搞定这样肆虐的光线没有问题，老奶奶，还是算了吧。

接下来扩展一点，但仍然属于基础技巧——在一般距离上使用灯架反光伞。人人都有灯架和反光伞，这些都是再常见不过的家居用品。我敢打赌，就算是对摄影丝毫不感兴趣的夫妇，也会在橱柜里收藏这么一对，以防哪天需要散射光线。

现在灯的位置稍微提高了一些，位于相机左侧。我让 Ashley 做的是将她的左肩向前提，迎向相机，使她的身体正面完全面对闪光灯。这样一来，她的面部就自然而然地完全接收到来自光源的光线，而光源是一把 Lastolite 34 英寸多合一反光伞，这可真是个大家伙。

我应该对此说些什么，而不是"谢谢你，我们拍完了"。那就是漂亮的光线，简约、纯净、开放的光线。光线将她轻柔地包裹起来，这效果真是惹人喜爱。同时，光线以一种令人舒服的方式扩散到背景上，并不那么惹人注意或者多么特别，但可以肯定效果非常漂亮。更棒的是，能够明白这种类型的光线，在这样的距离上非常有用。永远不要忘记，当在现场为了如何拍好而濒临崩溃时，摄影师脑海里虚构出来的布光方案实际上复杂得可以做一餐烧鹅，而顾客已经不耐烦，因此需要尽快完成拍摄。这个时候 3m 外的一把反光伞其实完全可以胜任，而且拍摄效果相当不错。

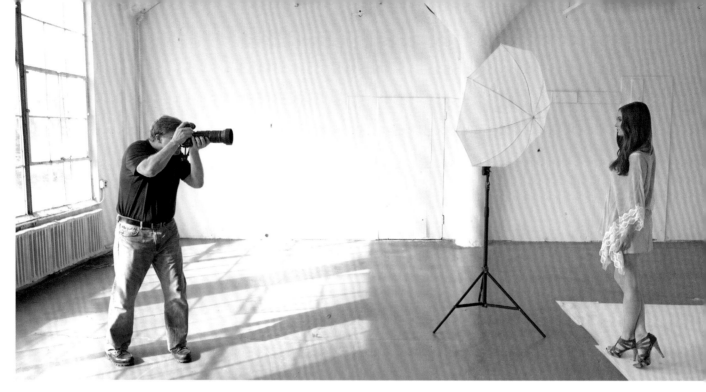

选择多合一反光伞的一个重要原因，是揭掉不透明的黑色伞面就有了一把可以透光的柔光伞，它对光线的处理方式跟反光伞的反光方式是完全不同的。

如果只能二选一，我猜我会在几乎全部时间里都使用可以透光的柔光伞。这并不意味着由反光伞创造出的发散、柔和的光线有什么不好，我们已经看到它出色的效果了。但是，将光源向后射入到反光伞之类的反光面时，光源与拍摄对象之间的距离实际上变得更远了一点；将同样一把伞旋转180°，并将它变成可以透光的柔光伞，伞面与拍摄对象的距离则显然变得更近了。更近的距离意味着光源的面积更大——相对于拍摄对象而言，光线的效果也随之更加光彩熠熠。

"如果只能二选一，我猜我会在几乎全部时间里都使用可以透光的柔光伞。"

此时，我把光源调整为透光模式以及相应的位置，这样距离 Ashley 就更近一些。效果很明显，用光效果更加浓郁柔润，但由于光照非常直接，对光线的质感也造成了一些影响。对颧骨的勾勒非常到位，同时光线向背景的衰减非常迅速，使背景的曝光量有所降低并呈现出一定的厚重感。再一次，让模特稍转向面对光源的方向。

通过这样的设置，光线得到了柔化，但并不会四处扩散。光线仍然具有较强的方向性与一定的强度。

在此，我又使用了两个步骤对柔光伞进行调整，以最大限度地对赋予拍摄对象的光线进行优化。我把柔光伞布置在模特正前上方，正如现场照片中所示，我还将一块银色三角反光板布置在镜头视野之外，就位于模特面部前下方。现在可以看到，模特眼中有上下两片眼神光。

这样布光的效果可以简单快捷地创造出没有额外粉饰的美光造型效果。一个光源位于拍摄对象上方，同时从下方打光进行填充（有时也被称为蚌壳式布光），这样的布光方案几乎总是非常出彩，正如在样片中看到的那样。用光非常简约，描写性很强，对细节的刻画非常柔和自然，模特的面部和头发都笼罩在优美的光线下。如果模特是一位受邀拍摄肖像的顾客或新娘，她在看到照片后一定会非常满意。

没有比这更简单的了——单灯、使用TTL模式、反光板、直接对主体进行照明，并使用中长焦镜头拍摄。背景就在那里，但并不刻意压暗或提亮。漂亮照片，轻松拍摄。

　　当然，对于我来说，还有一个使用巨型柔光伞并将其悬挂起来进行拍摄的方案。作为折腾的最高境界，我把3只便携式闪光灯用一只3头闪光灯座固定在柔光伞上，全部使用安装在相机热靴上的闪光灯以TTL模式进行触发，其他设置与之前的布光方案完全一致——把一块反光板放置在模特面部前下方（尽管反光板并没有出现在上面的布光示意图中）。这么做完全是为了展示如此巨大的柔光伞为光线的柔化与投射范围带来的巨大视觉冲击力。一切都变得更大，更明亮，不管是背景还是模特眼中的眼神光；一切阴影都被蒸发掉了，原来被阴影覆盖的地方只留有淡淡的一点痕迹：模特的秀发沐浴在充足的光线下，细节异常丰富。

几个需要注意的地方

本章介绍的全部效果图均使用快门速度1/250s，光圈值f/5.6拍摄。并不是因为我偏爱这组设定，而是因为影室里有扇窗户，上述参数组合可以有效地压暗自然光，并保证闪光灯在曝光中的主导作用。

全部照片均使用TTL模式拍摄。在某些场合下，我会将闪光灯的输出功率提高或降低一点，但都非常轻微，不值得专门介绍。加1档曝光补偿，还是减1/3档？这些数值可能对于我某一天的拍摄是适用的，而到了第二天的另一个场景就完全不适用了。

但是第二天（实际上是几乎每一天），我都会用到前面介绍的内容。硬光、柔光、小光源、大光源、光源的布置、与拍摄对象的距离——这一切都可以获得可再现的改善与效果。通过前面的介绍与样片展示，有的人可能会喜欢上使用雷达罩创造的硬光效果，其他人则可能会冲出家门把他们能买到的最大尺寸的柔光伞抱回家，并认为其他任何光效都比不上面积最大、最柔和的光源。到底哪种方案最适合摄影师及其拍摄对象，只有身处拍摄现场，经过亲自实践才能做出选择。所具备的花样越多——不管是器材还是经验，就能在实际拍摄中不可预知的某一天，应对、遴选、幸存并超越越多的困难和考验。

参数每天都在变，不变的是概念。

器材本身很简单，一只灯架，一个控光附件，能复杂到哪儿去。如果仔细观察，会发现当我将闪光灯对称布置在模特前上方时，用到了C型灯架。这是个在灯架家族中属于又

粗又笨型的家伙，当需要下面的布光方式的时候，它能够带来便利：它具备可以扩展的悬臂，可以用来将闪光灯从头顶上方举到中央位置，而不会遮挡镜头视角或干扰构图的灵活性。当使用这种大张旗鼓的布光方式时，一定要使用沙袋作为配重。

关于闪光灯实际布光效果的走马观花到这里就算告一段落，至此还未涉及闪光灯的工作原理。🦘

更多的
控光工具

接下来将介绍柔光灯箱，模特也变成了新面孔。
探险之旅即将开始！

柔光灯箱就是一只会发光的盒子，光线被容纳在盒子中，并且是可控的。它具有方向性和冲击力，与反光伞的散射性和宽容性正相反。

市场上有许多小型闪光灯用的柔光灯箱出售，但Lasto-lite 24英寸Ezybox热靴柔光灯箱是摄影师的首选。这款产品之所以大受欢迎是有充分理由的。它折叠起来非常紧凑，全部配件可以收纳到一个小包中，可以轻松地把它挂在或者塞进露营包或旅行箱中带着出现场。它很轻便，而且其光线品质非常优秀。

通常来说，柔光灯箱内部使用银色反光材料，以提高反光性能并提供一点时尚华丽的光效。这样的设计非常棒。不过经过长时间的使用，我发现自己总是喜欢额外增加一层柔光材料，以获得进一步柔化的光效。我向Lastolite公司的伙计们提出建议，生产一款内里为白色反光材料的柔光灯箱。他们表示没问题，并为我特制了一个就一个。我一直在用，并且对效果非常满意——但同时我也很清楚，我所得到并喜爱的这种效果对于别人来说是无法达到的，因为全世界仅此一件……别无所求。

不过，经过一番沟通并观看了一些样片后，他们认可了我的想法。现在，他们同时生产一款白色与一款银色的产品。我用两款产品分别进行了实拍，就光线的柔化与饱和程度进行了一番比较。下面来看看实际效果如何。

银色柔光灯箱（箱体外部侧面没有白色方框标记）在移近拍摄对象时，可以提供非常强有力的照明，阴影效果比较突出，亮部到阴影部分的过渡非常迅速。

内甲为白色反光材料的柔光灯箱，其效果更加细腻，亮部到阴影部分的过渡比较平缓，阴影部分的细节更丰富一些，散射到背景的光线也略多一些。两款产品的效果都非常出色，但对我来说，还需要对银色柔光灯箱下Martina右眼附近的高光区域做进一步处理。此处的光效稍微有一点重。而使用白色柔光灯箱时，就不会出现明显的高光亮斑，而且模特的头发也呈现出更为丰富的细节。

如果希望光源的边缘部分不要具有明显的方向性，并且呈现比较活跃的特性，白色柔光灯箱能满足要求。银色柔光灯箱可以有效地投射光线，其光线特性略显集中；而白色柔光灯箱，可以预见地说，能够进一步扩散光线，散射效果更明显一些。

我将白色柔光灯箱放置在模特头顶前上方，模仿我在使用柔光伞时的布置方式，再配合手持银色反光板即可构成一套简版的蚌壳式布光。

两款柔光灯箱都小巧、轻量、便携，是可以随时拎起来就走的出色光源，专为小型闪光灯现场布光而设计制造。

三角反光板

我一直在用三角反光板。当我外出拍摄时，它们总会在我的摄影包里。比起圆形反光板和柔光板，我更喜欢三角反光板，因为后者的握把以及三角形所具备的刚性意味着，在拍摄的紧急关头，可以用一只手握持相机，另一只手握住反光板。我使用的是大型4面反光面与30英寸 TriFlip 套装，带有多种风格的反光面（银色、金色、日光暖色调等），可以实现不同程度的反光与色调。本书从头到尾都是各种我使用这种小家伙的例子。

我对它们是如此的喜爱，甚至亲自为 Lastolite 公司设计了一款。

三角反光板的柔韧性强，便于携带，可以带来各种"大型柔光灯箱"的感觉，而收纳起来却可以放进不大的圆形袋子，轻松地拎着到处走。这款 36 英寸的产品，具备两挡反光面，在一般距离上可以提供非常饱满、顺滑的光效，可以将独立的便携式闪光灯转化为接近影室专用闪光灯的效果。

该版本（Lastolite 公司将它命名为 Joe McNally 三角反光板）包含一副反光套，就像大多数套装一样；但如果想要把大型灯箱的效果变成较小的 21×15 英寸灯箱效果，它还有一个黑色套子可以创造出一个面积较小的"舷窗"，用来反射光线。换句话说，可以省下购买遮盖胶带的费用。该产品还带有一个可以用魔术贴固定在"舷窗"上的黑色盖板，这样就可以把透光区域缩减成细长的一条。

光线由此变得更加锐利，描述性更强，背景也会变得更暗，因为窄条形的窗口减少了透光量。它非常实用，不只可以作为主光源，也可以用于发型光或背景光源。

接下来把这件工具带出影室，到渔船码头试试看。暮色将至，我想做的最后一件事就是照亮这张水手的脸，而布光效果会让人以为使用了某种超常的、极大的控光工具，就像是我从某一场纽约时装秀的拍摄现场拖过来的一样。换句话说，这不是一张适用"美型"光的脸。另外，我也不希望用过量的光线使他的橙色雨衣曝光过度，把他变成一盏会走路的警告灯。

我把三角柔光板推近，安装了窗套，并使用魔术贴面板让闪光灯散射出的光线更加集中且照射得更远。这是一个紧凑的、面积较小的光源，看上去就像是码头本身的光源——

Jay Mann 摄

光质很好，但又不至于太好而显得不真实。有一点粗糙，因为有暗边。拍摄时使用50mm镜头，全开光圈至 f/1.4，以及 ISO 400。D3x 机身设为光圈优先模式，曝光补偿系数设为 -1.7。A 组闪光灯设为 -1.3 布置在柔光板上方，这意味着只有少量闪光从三角柔光板的狭窄开口穿过并提供少量照明。一点点光线，刻画出强烈的人物性格。

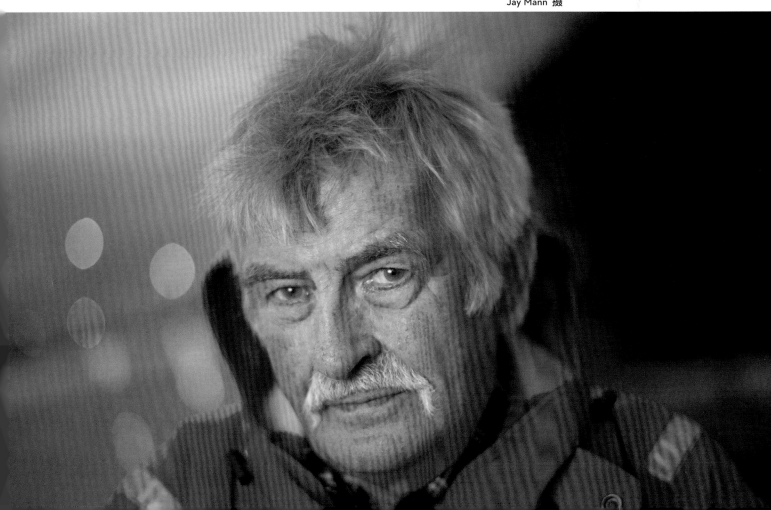

需要酒吧里的一扇窗

　　这里要提一下直射反光板的缺点。我一直希望有一种自带的装置，可以让小型闪光灯配合柔光板使用时，能有说得过去的工作距离，当然不能使用额外的附件。换句话说，不必使用多个灯架，乱糟糟地挤成一团。因此，我再次与Lastolite公司的好伙计们一起，帮助他们为Numnuts签名系列产品设计出新的3×3英尺规格产品。

　　这套装置，如下图中的拍摄现场示意图所示，肩负重托。我把它拖到Nashville的一家酒吧，用于拍摄摇滚歌手Dean Tomasek。小伙子长得挺英俊，拍摄环境也很棒——尽管有点暗，酒吧差不多都这样。我将支撑臂与柔光屏拉开一段距离，并且在上面固定了（就当是做实验）4只闪光灯。这个版本的3×3英尺柔光屏使用的散光材料实际上是包裹在金属管子上的双面布套，可以有效地使柔光效果加倍。

　　光线很美。正如在拍摄现场的工作照中看到的，有一只闪光灯通过放置在地板上的反光板反射部分光线，用来增加一点由下向上的光线，照亮他的帽檐下方。快门速度拖长到1/8s，同时全开光圈至f/2.8，以获得足够的酒吧环境光曝光量；由于现场光线非常复杂，主光源设置得非常低，为-2.3 TTL；地板光非常轻微，手动设置为全功率的1/32；自动白平衡，ISO 200。

　　在拍摄这张照片时，使用光圈优先模式，向主光源发出TTL信号命令它们降低一些输出功率。闪光灯组的响应很一致并且很有效。但是，正如我前面说过的，TTL的世界真是个无法理喻的所在，而那束愚蠢的地板反射光，总是一直不断地反射到我这里。我发出的所有TTL信号，得到的都是怪异的响应，一会儿曝光过度，一会儿又变成严重不足。测光系统可不管射入镜头的到底是流动的TTL自动照明光，还是手动闪光，但我可以在一束指令闪光包含的信息中向不同的闪光灯组发出信号。因此，当我开始对飘忽不定的TTL闪光失去耐心时，我决定发出手动闪光控制信号——当然，一旦设为手动模式，输出功率就变得稳定了。

接下来，如果需要优质的、柔和的光线，
在大太阳底下……

在一个光源上安装多只闪光灯是在正午的沙漠换取 f 值的有效方法之一。事实上，这就是偶尔会让我面红耳赤的那一类事情："嘿! Joe，为什么用 1 只大型闪光灯就能搞定的事，你非要用 4 只昂贵的小型闪光灯呢？"

"关于哪种方法更好，总是引起狂热的、充满激情的辩论。哪一种其实都没问题。"

一点没错。一面大型八角反光屏，一盏大型电池外拍灯，就能达到同样的效果。这没什么可担心或辩驳的。

（八角反光屏大约1200美元，一盏优质、可靠的1200瓦特秒的电池外拍灯在任何地方都要卖到2500～4000美元。小型闪光灯每只只要5张大钞，再加上3×3英尺柔光屏一套也没多少钱。哪个更好？更符合逻辑？性价比更高？引用新闻评论员常用的一句用来做结束词的短语："但有一点是必然的……"那就是：总得掏一笔钱。）

道理是这样的。使用体验是非常实际的，甚至是决定性的。通过使用便携式闪光灯，我在面对更多的可能性时都能灵活地解决问题。为什么不呢？据我所知，不管怎么说，到目前为止，拍摄的照片即使是废片也并不算犯罪。

这张照片使用D3x拍摄，ISO 100，使用14-24mm镜头变焦至19mm，快门速度1/250s，光圈值f/13。我的模特是Thomas Wingate，用非常强烈但柔和的光线进行照明，闪光将他从新墨西哥州强烈的日光中突出出来。如果没有这束来自地面的强光进行平衡，就必须迫使相机做出选择——要么让人物获得正常的曝光，同时天空曝光过度而溢出；要么天空曝光正常，而人物变成剪影。普照大地的光线非常强烈，因此相应地，需要从地面提供足够的光线与之平衡。这套布光方案就是许许多多种解决方法中的一种。

从特百惠的沙拉碗，到底特律的汽车摄影师使用的、足有足球场大小、靠马达驱动的超大型柔光灯箱，控光附件的世界无奇不有。光线总是来自于各种控光附件，具有各种色调和尺寸，可以让光线穿过从床单到柔光伞的各种东西。而摄影师作为摄影师，关于哪种方法更好，总是引起狂热的、充满激情的辩论。哪一种其实都没问题。如果把用光类比为语言，那么就好比每个人都有自己的口音和表达方式。

勇敢说 "不"

拍照这桩买卖完全就是冒险。并不一定是指置身于险境——当然有时也会发生，我现在谈论的是更加普遍的风险——创新、财务、情绪上的风险，而摄影师几乎每天都要面对这些考验。作为一名自由职业者，如果受雇于一个非常不靠谱的东家，那么就算只是抓起电话也是一种冒险。我总是在电话响起的时候对我的工作室成员们开玩笑说："有大买卖上门啦！"是的，没错，但"大买卖"可能会有两种结局。

有一种棘手的情况是，遇到没法或者不想接的活儿。"没法接"这种理由相对来说还好糊弄过去一点。大多数编辑或艺术指导都能接受"时间排不开"、"已经答应某某人了"或者耳朵在流血这类事实，作为推掉他们的借口。不过，老实说，即使他们说没关系，他们能理解，但他们实际上还是希望摄影师能推掉所有预约，放其他客户的鸽子，告诉孩子没法带他去欢乐谷坐太阳神车了……先干完他们的活儿再说。

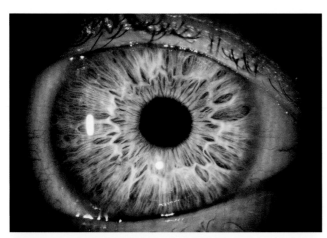

电话里的声音带着压力，而他们需要一个答复，通常需要立即回话。这样的电话有这么几种可能：a）他们真的非常需要你，因为你就是那个对的人；b）马上就到最后期限了，他们疯狂地按照某个名单挨个打电话，只要是个活人带着照相机就行；c）他们有个好差使，天上掉馅饼啦。

如果能接到最后这一类电话，那可真是太美妙了。在过去的几年中我总共也没接到过几个，而当一位图片编辑慷慨地送给你如此崇高，足以改变你的职业生涯与生活的超级美差时，这真的能让你高兴得背过气去。当时，我结束通话挂断电话并且开始在房间里不停地打转，口中用家乡话激动地

说个没完。当然了，我不得不先挂断电话。

我曾经在1988年接到过一个这样的电话。《体育画报》的图片副主编给我打电话说："今天你走运了。"直到今天我还清楚地记得，当时这句话让我脊背一阵发凉。我让自己冷静下来，"好的"我颤抖着回答。

"我们打算派你去拍摄汉城奥运会。你将会得到一张可以出入任何场所的证明，而不用承担任何责任。你所要做的一切就是，每天发给我们一张照片。"那天真的是我的幸运日。完全开放的任务，可以自由发挥自己的潜力。再加上——这对于一个身份卑微的、自由职业的毛头小子来说简直太崇高了——大约一个月的时间，每天只要交一张照片就够了。

我拒绝了。

我想我听到的第一个声音是编辑的下巴撞在了桌子上。而且，如果我当时还在听的话，我想我会听到第二个声音——一声深沉的、像爆炸一样的怒吼。没错，我刚刚把自己与世界最大也是最棒的体育杂志的关系来了个彻底的了断。

我拒绝的原因是：我早已答应了美国摄影记者协会，担任一个摄影短课程的讲师，向摄影记者们传播摄影知识与拍摄经验，一个礼拜，5个城市，没有报酬。怎么样？

这个决定简直不可思议，我很清楚，但有一个最重要的理由促成了我的疯狂之举。这个系列课程的讲师团中有一个人名叫 Tom Kennedy——《国家地理》杂志的摄影总监。这是我梦寐以求望眼欲穿的一本杂志，但是当然从未给我打过电话。我当时的想法是，花一个礼拜的时间来向 Tom 反复展示我的看家本领，讲课吃饭都跟他形影不离，但愿经过这一个礼拜，能够得到邀请来为他工作。这个计划非常不确定，但也是当时我能想到最好的办法。

我走到了人生的十字路口。尽管我不是一名体育摄影师，但我当时与《体育画报》有合同，并且上过他们的封面。（实际上我当时并不擅长——就算现在也仍然不擅长——拍摄体育题材的照片。）但我帮他们做了许多专栏与肖像摄影方面的工作，并且乐在其中。但毕竟是局限于一个圈子，尽管这个圈子具有很大的广度与多面性。过去是，直到世界末日也只能是——体育的圈子。而我不想其他什么都不做，一辈子只做体育。

必须调整主攻方向，必须达成一次飞跃。那次免费巡讲课程是一个重要的契机，尽管我只是孤单无助的一个人。

在那个礼拜的最后一天，Kennedy 看着我说："基本上，你可以来《国家地理》并开始工作了。"我从 1988 年开始为他们拍摄，直到 2011 年底，也就是我写作本书的时候，我仍在为他们拍摄。这是一个广阔的天地，充斥着关于地理的各种故事（社会学与物理学领域都有）：科学、空间、医药、趋势、个性，甚至体育。

快速提问。假如让任何一个人说出关于汉城奥运会的某张重要瞬间的照片，他们能记住哪怕一张吗？又有几个人能记得还有这么一届汉城奥运会？

顺便提一句，《体育画报》直到 12 年之后才再次雇佣我为他们拍摄。乔

北欧之光

有时可以按照自己的想法用光，比如在自己的工作室里，一切都尽在掌握（不过，相信我，我待在工作室里时间可不短了，本以为那是可以静下心来掌控一切的地方，偏偏就会像在风雨交加的野外那样完全无法控制）。但我们不妨让自己生活在幻想之中，聊聊那些似乎整个世界都变成工作室的日子：光线如此完美，压力消失无踪，好像永远抓住肩头的那只代表失败的秃鹰，有那么短暂的一瞬被快乐的像素与优美的光线的知更鸟所替代了。

设备一切正常，模特很配合而且表现力很强，而摄影师要做的就是拍摄一生中最好的一批照片。多么美妙的感觉，那真是不常有的和煦的日子啊。我曾在1992年的早春体验过这样的一天，至今仍在我的脑海中挥之不去。

多少次，我们必须做出妥协。环境、时间、某人匆忙的时间表，甚至天花板的高度都可能阻碍脑海中的理想用光方案，因而无法随意施展。有时候就是无法做到尽善尽美。妥协的艺术强迫拍摄现场的摄影师放弃头脑中许多天花乱坠的狂热想法，而采用更为实际的、相对保守的方案。我曾经注视着眼前的场景，想象着我要是能用几盏12kW电影灯和一些专用举升机和升降机——更别提发烟机和烟火师了，看着

各种色彩在我脑海中舞动。然后我使劲摇了摇刚才还处于幻想状态的脑袋，使劲拍两下自己的脸，让自己意识到刚才那些想象全都是浮云。我会用一盏灯照亮前景，因为我就只有这一盏灯，然后拖慢快门对背景曝光。于是背景原本啥样，拍出来就啥样，任由我幻想得再精彩也没用。

寒冷的天气与大风确实会限制布光方案的选择，这是肯定的。在大风中无法使用多灯方案，而寒冷会让所有人，包括模特，感到不舒服。在恶劣的天气里，最好一切从简。我在纽约港的防波堤上为传奇舞蹈家Gregory Hines拍照时，实实在在地体验了一下这个历久弥新的道理。

我傻乎乎地搭起一副12英尺丝绸柔光屏，并用灯架加上沙袋固定，当时几乎没有风。旁边是我12英尺捷信三脚架，还有一架梯子。值得庆幸的是，三脚架上没有安装相机。

就在我转过身背对整套装备时（又是一个坏主意），紧接着就听到Michael——领着我参观纽约的大块头爱尔兰人喊道："呀！"我转回身来，只见他已经完全失去了对丝绸柔光屏的控制，一阵疾风裹挟着柔光屏，四角轮番着地翻滚着沿着码头一头栽进哈德逊河，还连带着梯子和三脚架。我还记得自己当时站在码头边，眼看着我的器材伴着一阵泡沫沉入哈德逊河幽暗的水中，接着我望着Michael说："看来只能手持拍摄了。"我从头开始布光，在大风中，迅速而又灰头土脸。我跟一位名人在码头上待了差不多45分钟。

我把一只闪光灯固定在一支灯架上，没用反光伞，甚至都没用一点柔光箱。使用无线电引闪，原始的光线就像太阳一样，就那么直接地照射在Hines身上，而他那种酷酷的气质正好可以呈现出平静优雅的状态，而无需担心我粗略的闪光布光对他的表现力带来任何影响。我幻想中

美妙的大型、美光布光方案已经沉入了河底，任何光线层次或微妙的光线变化也就无从谈起。请注意 Hines 脚下的木桩。我还能把它们再照得亮些吗？失去对光线进行修整的能力简直令我感到发狂。另一方面，这起湿淋淋的事故迫使我重新思考拍摄位置。接下来我带他离开风口，来到码头的另一端，用一只位于相机右侧的中等尺寸柔光箱为他提供漂亮的照明，不再报以任何幻想。再一次地，这位超级巨星为我摆好姿势，丝毫没有受到我之前的弱智错误的干扰。他表现得如此舒展和从容，实际上是他令我放松下来，重新回到镜头后面开始工作。接着他冲我做了一个上身后仰、开怀大笑的姿势，这张照片成为《人物》杂志的封面照。（如此完美的表现力是他作为一位经验丰富的艺术家，习惯了身处镜头前的感觉，知道什么是杂志所需要的，并以此作为送给我的礼物？还是他只是简单地在笑我？）

无论出于什么动机，他的表现确实无可挑剔，这张照片依然是我最喜欢的、才华令人难忘的名人照片之一。

顺便说一句，我找回了我的三脚架。捷信最棒的地方就是他们承诺终身保用，而且会提供维修服务，几乎不论折腾成啥样都可以修复。两位纽约/新泽西港务局的潜水员正巧在码头上见证了事故的全过程。大笑一阵之后，他们走过来告诉我，他们非常熟悉这条河流，并且可以收费 300 美元帮我把东西打捞上来。考虑到捷信三脚架值 1000 多美元，而且有保修，我立刻就答应了，那天下午他们就把这个小东西从哈德逊河里捞了上来。我把它返厂维修，并附上了简单的附言："落水损坏。"他们清理并修好了三脚架，我至今仍在使用。

这些都是我在摄影领域经历过的沉痛教训，我一直谨记这些教训，要求自己至少不会重复同样的错误。在冰岛的恶劣环境中拍摄，顶着大风——即使在八月依然如此——我总是保持一切从简。去年我赴冰岛进行为期一周的拍摄，度过了很棒的一段时光，学到了许多，都是用单灯拍摄。现在，各种用光的方式层出不穷，但当时只用了一只闪光灯，而且全部时间，仅此一只。

　　还记得2011年冰岛火山爆发封闭了整个欧洲的天空吗？那个像压力锅一样的小岛就在那里喷发着，整日不停。热气腾腾的火山岩碎片落入海中，创造出令人惊异的蓝色矿物质海水，美丽的天空，蜿蜒崎岖的海岸线。与模特一起站在湿滑的岩石上，脚边涌动的海水随时可能让人们烫伤，把那些主灯、发型灯、侧光照明等全部丢在一旁，把主灯固定在一个不错的位置，调整好构图，开始拍吧。

　　这个时候同样能体现出背上沉重的C架是多么值得。这种灯架带有一根延伸臂，可以带来两点好处：为一个尺寸相当大的光源提供稳固的支撑，通过延伸臂可以像杠杆一样把光源举伸到适当的位置照亮主体，而不会限制构图。正如在现场照片中看到的，我们小心翼翼地走到富含矿物质的泻湖边缘，使用一只爱玲珑深型八角柔光灯箱作为仅有的一个光源。实际上，当然了，光源共有两个：我的八角柔光灯箱，还有自然光。自然光的光源距离很远，也是最重要的光。它照亮了周围的一切，唯独无法照亮Sara。日落的余晖对于整个摄影曝光的方程式来说是一个全局性参数，而闪光灯则是局部参数，只用来选择性地把观众的目光吸引到漂亮的拍摄对象身上。

这个概念对于自诩为"闪光"摄影师来说有点讽刺。永远记住,当到达现场,在拽出各种电缆和电线之前要做的第一件事,应该是观察和了解现场的环境光。即便现场没有自然光,或者认为自然光微弱得不值一提,还是应该先拍摄几张照片。数码相机日益增强的感光度与细节再现能力将会令人大吃一惊。在裸眼视觉看上去几乎一团漆黑的地方,数码相机仍能接收到一点微弱的光线,甚至更多。因此,请让自己重新适应拍摄现场的黑暗或明亮程度。只有对现场可见光进行评估后,才会真正知道将如何"照亮"某些东西。

说实话,身处荒凉冰岛荒凉的海岸,我真的不敢说:"我照亮了这张照片。"那是为了我而照亮的。在这种环境下,作为一名摄影师的创作能力超越了对光线的考虑。最首要的问题是找个地方安顿照相机和模特,有些想法也只不过是在脑海里一闪而过罢了。

让模特感到舒服是一回事,她有本事真的待在岩石上而表情不会因为难受而扭曲又是另一回事了。

蹲在离水面很近的地方又是一回事。这样的布置可以让我的镜头收进大片色彩丰富的背景,同时让她保持在一个相对较暗的位置。如果她站起身,或者我们去另一个更高一些的位置,就无法直接表现冰岛的矿物质海水的边缘,而模特

也会更多地暴露在日落的明亮光辉中。在我们所处的位置上,通过压低姿势,我用人造光源充分照亮模特,而日落负责包办剩下的一切。由于模特身上的阴影比较柔和,因此我的光源并不用强到足以跟日光抗衡,我可以获得更多的控制权。远方的灯塔也为背景提供了一个非常好的视觉关注点,它的光照也来自于日落的光芒。

场景是那么壮美,模特也非常棒,各种各样昂贵的摄影器材为我实现各种期望的视觉效果,智能且高效。那么,还有什么是我要做的呢?好吧,对于新手来说,尽量别搞砸就是了。听起来好像是我在开玩笑,但其实不是的。有时候,我们需要绞尽脑汁竭尽所能才能得到一张照片。有时——也许是经常——我们在现场那么努力地工作,终于从无到有鼓捣出一张照片来,我们也许就像泰坦尼克号底舱卖命干活儿的爱尔兰伙计们一样,没命地挥舞着煤铲,而他们,确实没命了。

万幸的是,这里还不是那种灰头土脸,一身臭汗的环境。在这里,一切能让你最终得到一张好照片的元素全部集中到一起,虽然很冷,但相对来说还算进展迅速。所以我的真正使命就是别用一部烂相机或者糟糕的布光技术搞砸这一切。

"只有对现场可见光进行评估后,才会真正知道将如何'照亮'某些东西。"

深型八角柔光灯箱是一种简单、优雅的解决方案。这是一种一站式购物的中型柔光灯箱。顾名思义，该产品设计上采用深凹结构帮助汇聚光线，内含柔光板用于柔化闪光，柔光板位于柔光灯箱中央深处，这样在光线到达反射面之前先经过一道柔化处理。其结果就是最终的柔光效果超越了其他大多数普通柔光灯箱，达到一种非常饱满的光效（"普通"是指配置更为普遍的单灯柔光箱，通常比深型八角柔光灯箱要浅）。

对于Sara来说，这是非常棒的光源。光线很好地包裹了她的面部，高光区域以一种非常美妙自然的方式过渡至阴影区域。光效柔软而舒适，不会留下明显而做作的闪光灯痕迹或曝光过度的光斑。原本如果使用任何办法，借助柔光板或反光板布光，比如，消除一块高光的光斑或者改变光线的方向，会麻烦得多。我们就站在岩石上，我布置好光源，使用一只爱玲珑Skyport无线电引闪器触发闪光灯——这样有助于最大限度地减少各种连接线缆的使用——并开始拍摄。

八角柔光灯箱中使用的光源是一盏爱玲珑Quadra闪光灯，在本书中将会看到各种各样的关于Quadra的说明。我用的就是它，我必须要说，确实很不错。我期盼着厂家能够改进一些细节上的设计，例如，位于顶部面板上的光学感应器接收窗以及闪光灯的整体结构设计。（将电池固定在灯体底座上的塑料卡子需要加强。）但总的来说，该产品有效填补了小型闪光灯与大型外拍灯之间的空白。该产品体积比一个小餐盒大不了多少，通过两只非对称闪光灯头插口提供400瓦特秒的闪光输出。凭借该产品的非对称设计，可以在6～400瓦特秒之间调整闪光输出，可调范围相当大。

该产品还内置了一个Skyport无线电接收器，使用非常方便。对我来说最棒的功能——此时此刻，站在岩石上，顶着风——就是可以通过安装在相机热靴上的Skyport无线电发射器，以1/10挡为步长调整闪光输出功率。如果我观察液晶显示屏并感觉需要更高或更低一些的输出功率，我可以通过引闪器以1/10挡为步长调整。幸运的是，即便外出奔波拍摄35年后的今天，我还能数到10。

光线非常美，不管是背景光线还是前景光线，并通过1/60s快门速度与f/4光圈值很好地结合在一起。镜头变焦至48mm，机身为D3x、手动曝光模式。（我没有使用TTL便携式闪光灯，因此全程使用手动曝光模式拍摄，闪光灯与相机均设为手动模式。）一张Sara的非常漂亮的照片，拍摄于——我猜冰岛人会称为海滩。

深型八角柔光灯箱同样遵循这条历史悠久的布光原理，大尺寸加近距离光源等于柔和的散射光。上一页照片中模特的脸部光效非常柔，但同时细节极其分明，而北方的天空被夕阳晕染成火红色，泻湖则沉浸在柔和的蓝色调中。这种光效不管是从0.6米、1.5米或3米远的距离拍摄，都同样完美。法无定法，千变万化。我敢说，即使我当时带着"更大的"灯具，这款柔光灯箱也可以达到同样出色的效果，一直如此。

随着进一步深入这片不毛之地，感觉更加寒冷彻骨！冰岛真是一个疯狂的地方

船在冰山之间穿行，身穿比基尼的模特倚靠在船头。在她下方不到2米就是冰冷刺骨的海水，以致于假如她失足落水，用不了2分钟就会丧命，而此时我能做的就是尽可能地精简布光设备。（她哪儿也不会去。我们带了一位冰岛安全向导，穿着紧急救生衣，就守在相机视野之外，模特的旁边，作为她的守护者与游泳救生员。从现场工作照的一角可以看到他露出了一点头，他就在我的身后。）

那天仍然是一个典型的冰岛天气，阳光明媚，天空湛蓝，在这样的环境下闪光功率对于小型闪光灯来说是个大问题。我的策略并不是彻底压暗太阳光，而是给Sara脸上来那么一点所谓的"填充"光。目标并不苛刻，但对于当时的后勤状况来说却很困难。为了保持一切从简，并能在船上复制上一次的成功，我并没有费尽周折带上大型闪光灯。我先试了一下24英寸Ezybox热靴式柔光箱，将它作为一个光源。但是，从小型闪光灯发射出来的闪光，穿过这个大小适中的柔光箱后被传递到拍摄对象的光功率有点不足。于是从这个方案直接改成裸灯直闪。

效果我并不喜欢，过于直接，没有任何修饰。还有什么折衷的方案吗？正如我前面提到的，很长一段时间以来，LumiQuest公司一直在推出各种非常酷、小巧、可折叠且廉价的控光附件，所以我立即抓过一只SoftBox III型柔光箱。我想到，假如能把它伸到足够接近模特的位置，就能带来非常棒的光效，照明功率也能够得到保障。

没错，小巧、廉价，而且快速。油漆延长杆就是一根Shur-Line "易达"油漆延长杆，亚马逊或任何一家器材商店都能买到，它简单、易用、轻便、廉价，而且不可或缺。它能够扩展光源范围，并在各种困难环境中带来巨大的

灵活性，例如漂浮在要人命的冰山之间的船上。Lumi-Quest Softbox III同样廉价、小巧、轻便，任何最小的摄影包里都可以有它的容身之处，每次外出拍摄我都带着它。

回到闪光功率的问题。最终设定参数为快门速度1/250s，光圈值f/14；D3x机身，ISO 200，14-24mm变焦镜头变焦至24mm；全手动曝光，SB-900设为1/1全功率输出——全功率，无修饰。也许当时更适合采用高速闪光同步，以及更大一些的光圈？是的，当然可以。我本可以选择高速同步，但我更希望能够发挥出闪光灯的最大功率，从而可以带给我最大的工作距离。（高速同步技术将在本章后面的内容做简要介绍。另外在本书后面的章节中将对此做详细介绍。）高速同步可以实现更高速度快门的闪光摄影，从而让我可以使用很大的光圈，如f/2或f/1.4进行闪光摄影。这样一来，处于焦点以外的冰山就会被虚化成失焦的模糊线条，甚至彻底虚化为一团模糊的蓝色色块。何况，坦白地说，我希望保持冰山的清晰。

我并不常去冰岛，更很少以北极为背景为身旁一身热带海滩装束的年轻美女拍照。因此，我将闪光同步速度保持在"一般"的1/250s上，通过调整光圈值使背景获得平衡的曝光，并保证背景的清晰和锐利。

后面展示的两张照片中，下方的照片是由相机直接输出的JPEG格式文件。它上面那张是我的助手Drew进行后期处理后的效果，简单而纯净，光效非常出彩。经过后期处理，抹去了栏杆。目标很节制，实现很简单。

现在来点完全不同的！

我的朋友 Einar Erlendsson，首先邀请我来到冰岛，并向我保证这是疯狂的维京人流浪的地方。他绝不是在开玩笑。

在当地泡温泉的时候，他把我介绍给 Ingo——当天将作为我们的个性化模特配合拍摄，并着重强调了"个性"。Ingo 非常幽默风趣，为人正派，而且非常健谈，从不停歇。我仍然记得他用一大堆话把我淹没，而我一个字都没听懂。Einar 说他是"真正的维京人"，而经过那天的拍摄，我算明白了"狂野纯爷儿们"的含义。当然，他也是位摄影师。

他有几件行头。我们没有给他配上头盔和腰刀，而选了骑士夹克和散弹枪。据我回忆，他并没有穿维京人的紧身皮短裙。这太糟糕了，我的奇趣档案又少了本该添上的精彩一笔。

我希望把他与北半球的皓月一起拍进画面，而当时的月亮又圆又亮，万事俱备。为了实现拍摄意图，我要把他带到一片高地，距离我足够远，并且使用一支超大号镜头。试过拍月亮吗？（我的意思是，从摄影的角度？）对于摄影师来说，月亮几乎是不可或缺的拍摄题材。纵观整个人类历史，我们这个太阳系中最近的邻居总是散发着巨大的魅力、神秘感和浪漫气息。我们仰望着那一轮圆月，想着怎样才能摆脱通常的表现手法，让它最终不至于沦为画面背景中那个小小的、恼人的、明亮的白色"弹孔"。这样的效果非常烦人，而且很扎眼，所以我猜许多摄影师——在费劲周章拍摄完一组带月亮的片子后——不得不通过后期处理把月亮抹掉。这家伙太亮，太难以控制，而且又太小，即使用一般焦距的远摄镜头也还是显得很小。

所以我很清楚，必须把主体放在很高且很远的位置。事实上，这张照片在拍摄时用到了（等效焦距）1000mm 镜头（实际使用的是 600mm f/4 镜头，加装 TC-17E 1.7 倍增距镜，使得实际光圈值几乎达到 f/8）。

鉴于这位模特粗犷不羁的原生态风格，我琢磨着，用裸灯闪光照明效果应该就不错。实际上，我只是这么说说而已。当时我们最终意识到这样一个事实，那就是拍摄这张照片成功与否，取决于我们能否在最短的时间内，简单地让一个 VAL（voice-activated light stand，声控灯架——其实就是一名助手）尽快把闪光投射在模特身上，这就是我们当时还来得及做的一切。北欧大汉爬到岩石上，就挨着月亮。Drew 抓起一只闪光灯，也爬了上去跟他待在一起。

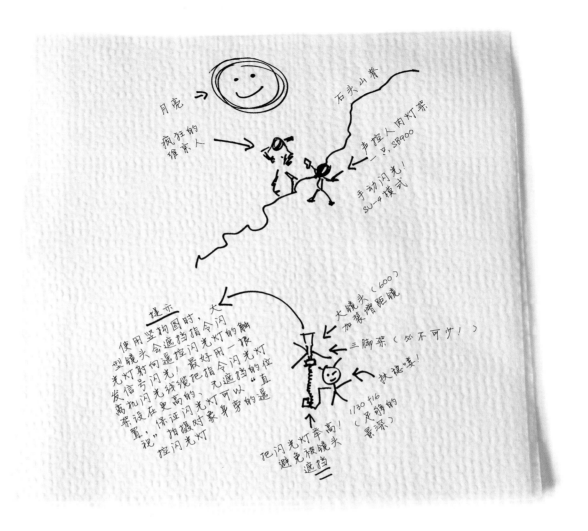

在某些讲座上，某个摄影师用让人完全无法忍受的语调大谈特谈他的工作，把光线的本质与摄影工作吹得神乎其神，还有他们如何在完成曝光的一瞬间，神奇地为照片注入某种魔力。因此，它具有某种难以名状的气质，某种不容忽视的力量，以至于我们看不见摸不着，又无法对其进行定义，而它就在那里，就在某处。以至于他们实际上拿的不是相机，更像是类似哈利波特魔杖的某种乐器，而由曝光得到的也不是一张照片，更像是谱写一首乐曲。

全是瞎扯淡。实际情况是，天色正在变暗，月亮在迅速上升，担心无法完成拍摄的绝望才是一切现场解决方案的决定因素。

在此我又增加了一个刺激有趣的环节，这个节骨眼正是测试刚刚到手的普威 Flex/Mini 无线电 TTL 引闪器的好机会。厂商做出的承诺是，该产品可以将晦涩的 TTL 语言转译成无线电波并发送出去，以此帮助广大摄影师摆脱光引闪的桎梏。而现在正是对其进行测试的最佳时机。发射器与接收器之间是一片坦途，地处偏远，不用担心受到其他射频信号的干扰。充满的电池，暴露在空旷高处的接收器，一切准备就绪。

噢，不。

它没反应。我想尽一切办法，就是没法发射引闪信息。厂商的解释是，这批设备仍处于测试阶段，因此非常抱歉还要安装无数的固件更新。我们可能是把什么步骤弄错了，例如在Flex/Minis的启动过程中漏了什么步骤，这过程大概类似于发射航天飞机。也许我们搞砸了神秘的闪光灯无线握手仪式，亦或是在我们拜祭"无线TTL之神"的仪式中搞错了焚香的种类，要么就是Drew没有摩擦接收器以祈求好运……我不知道。

我知道的就是，我转而使用光引闪，SU-4光触发从属闪光模式——已经陪伴摄影师很久的一种引闪方式。需要Drew做的只是将闪光灯设为手动模式，全功率输出，而我使用安装在机顶热靴的一只闪光灯触发闪光。简单，而且复古。

非常管用。由于到拍摄对象的距离很远，相机上安装的闪光灯完全无法有效地照亮主体，它无法改变或影响我的曝光。模特身上的全部光线都来自遥控闪光灯，手持闪光，就在同一块岩石上，位于相机画面右侧。SB-900上的感光接收窗非常灵敏，因此在SU-4模式下也同样灵敏有效。在TTL模式下，接收器将接收由指令器发出的特定频率下的光信号，并严格限制只有在该频率下才会响应。可以将其想象成一扇半开的大门，而将闪光灯设为SU-4光触发从属闪光模式时，则相当于把门完全敞开。一旦接收到不论来自任何方向的突然增加的亮光，闪光灯都会发出闪光。我曾经在大城市的市中心拍摄，100多米外驶过的救护车的告警灯发出的闪光都能触发SB-800或SB-900闪光灯发出闪光。因此，安装在相机顶上的闪光灯发出的闪光足以触发遥控闪光灯来照亮拍摄对象。

最终的配置就是1000mm镜头，D3x机身，ISO 500，快门速度1/30s，光圈f/16，三脚架。我使用了尽可能大的景深设置，因为我希望月亮的轮廓尽量清晰。但如照片所示，即使光圈值设为f/16，月球表面的细节仍无法被清晰地呈现出来，看上去更像是一些阴影和纹理。

而前景的人物可不是纹理。他是全身出镜，在闪光灯硬光直接照明下，扛着散弹枪，背后映衬着大月亮，鲜活的北方硬汉形象跃然呈现于那些岩石之上。

建议：取巧——
搜寻那些已经被照亮的东西

　　身处到处冒着含硫蒸汽、地形广袤的冰岛，我们得到批准进入一家热电厂，这是一个非常酷的拍摄地。我到一间照明车间授课，先是照例寒暄探讨了一番，接着观察拍摄位置，并将划分为几个小组，分别指派模特。再一次地，一如既往，我告诉大家在我们逗留期间，我将尝试为大家策划一些典型的拍摄示例，希望能够对大家有帮助。每个人都要回避，只留下模特和灯具。我热衷于教学工作的原因之一，很显然，就在于当我带着相机来到一个全新的拍摄环境，能够看到学员们取得的拍摄成果。我有时也会摇头，但当我遇到一位满怀热忱准备开始拍摄的摄影爱好者时，假如我不打算给他或她哪怕任何一点成功的机会，那对我来说简直是太奇怪和荒谬了。当然这些都是我内心的想法。我通常会顺其自然让他们先按照自己的想法拍摄，并告诉他们随后我会来检查的。

　　这个过程是最棒的。他们会带着一些真正独特和美丽的作品回来，尽管老师心中还充满着疑惑。他们带来的收获总是出人意料，是我从未见过的，因为我从没有用他们那种独特的方式去观察过。这种感受很奇妙，更别提其中的教育意义了，对所有人都是如此，也包括我。

　　但接下来就到了对某位学员的拍摄布置困惑地摇摇头，面露古怪惊讶表情的时候了，这无疑是非常必要的。我会走向其中一组，他们往往出于某种理由，选择了所有能够找到的拍摄地点中最黑暗、最费力不讨好的地方。他们本可以将目光投向一座壮美华丽的公馆，结果却偏偏把模特安排在一面颜色黑暗，表面又强烈反光的木墙前，而这样的场景随处可见，毫无特点也没有任何故事性。这就好比他们走进一间充满浪漫气息，摆满各种漂亮装饰的闺房，却选择在衣橱里拍摄，就为了用衣架制造出一格格的阴影……或者类似的情形。

　　不论怎样都好！摄影是一项完全开放的事业，充满创造性的灵魂可以任意选择它向往的归宿。有时候，完全可以站起来大声说："我就是要拍这个"，而不用在乎面对的困难的大小。但同时，必须接受这样一个事实，在许多情况下，困难将会撕碎摄影梦想。这是一个学习的过程，却以一种令人心碎的方式。

"因此驱使我做出决定选择哪个拍摄点的决定因素，通常是其特质以及现场光线本身已经具有的天然优势，就像盖房子首选'背山面水'的风水宝地一样，而这样的选择甚至在我从摄影包里掏出闪光灯以前就已经决定了。可以说是聪明，也可以说是懒惰，都没关系。只是帮自己一个忙，寻找无需大费周章就能唾手可得的好光线吧。"

所以，我经常扮演飞虫的角色，现场摄影就好比一面面呼啸而来的风挡玻璃，在一次次被撞得粉身碎骨之后，至少我学会了试着明智地选择每一场战斗。我会寻找那些有感觉的地方，这样摄影就有了根，并能够讲述一小段故事。如果某个拍摄地点最终只能带来一张几乎随处可见的背景的照片，那为什么还要开车去/租下/侦查/布光/较劲于那个地方呢？这并不总是必要的，但是以更具信息量的方式展示环境信息是至关重要的。

坦率地说，我还会寻找的一样东西，就是已经照亮的某物或某处。我通常使用小型闪光灯完成拍摄工作，这意味着我不可能处于一个足以照亮整个街区的位置，所以我会降低要求到只照亮前景，或者说保证前景得到理想的"正统"布光，而整个场景中其他部分照明的重任则交给环境光来完成。因此驱使我做出决定选择哪个拍摄点的决定因素，通常是其特质以及现场光线本身已经具有的天然优势，就像盖房子首选"背山面水"的风水宝地一样，而这样的选择甚至在我从摄影包里掏出闪光灯以前就已经决定了。可以说是聪明，也可以说是懒惰，都没关系。只是帮自己一个忙，寻找无需大费周章就能唾手可得的好光线吧。

在热电厂里四处转悠的时候，我被位于一组窗户附近的管道所具有的银色质感所吸引。它们具有新奇的外形，在白天显得非常闪耀。与通常在工业环境下的照明情况不同，这些管道沐浴在自然光下，几乎或根本没有受到头顶荧光灯或汞

蒸气灯的任何照明污染。只要一直待在接近窗户的位置，我确信整个画面都可以获得优质、干净的日光照明。只要把芭蕾舞演员妥善安置在光滑的镀铬管道上，就基本上一切妥当了。

　　既然管道的照明情况已经非常完美了，为什么我还要为模特提供照明呢？为她单独布置一套布光方案能够带给我哪些好处呢？答案是可以更好地平衡整个闪烁着银光的场景。换句话说，如果我只是把模特放在那里而没有额外的照明，那么她将只是成为整个全局曝光的一部分，她身上的光线将与画面中所有其他地方没有任何区别。而我寻求的效果是为她提供额外的一点光线，只是最低限度的一点点——清爽利落地打在她的脸上，这样一来，就可以让管道与整个环境显得更加饱满（饱和）。前面我曾使用过"正统"这个词，确实如此。只是为模特打上一道前景闪光，我就可以让她更加醒目，让她看起来更符合我期望看到的效果，因此，只是稍微施加一点前景控制，就可以把主体从背景当中剥离出来。

只要一点前景闪光就能得到对前景的控制权，这是肯定的。但是很明显，这种控制可以延伸至整个画面，直到对背景的控制。

另外，模特不是C-3PO（《星球大战》系列电影中的人形机器人——译者注），她拥有自己的皮肤色调，而不是闪闪发光的金属外壳，她需要额外的照明。从现场照片中可以看到，百叶窗降下遮住了窗户的一半，自然光能够扫到的范围实际上在模特的面部以下，而模特肩部以上以及头部受到的自然光照度则开始降低。通过把闪光灯举高到她头部所在的位置，弥补了自然光照的损失。

闪光是通过30英寸的Ezybox Hotshoe柔光灯箱发出的。对于小型闪光灯来说，这算是一款大型柔光灯箱了。通过它可以得到比它小一号的24英寸兄弟产品更加细腻、饱和的光效。之所以选择更大尺寸的光源，是由于光质很棒的窗光。我努力地让闪光灯发出的光线质量可以媲美现场环境光的质量，让它能够完美地衬托主体并且足够柔滑，并避免布光效果看上去感觉与整个场景之间不够和谐。换句话说，要让人看不出使用了闪光。闪光灯似乎消失在已经存在的现场光之中，恰到好处地融入其中。

继续冰岛单灯之旅

接下来，从柔滑呈现，几乎看不出用了闪光的闪光灯效果，变成带有明显分界线的闪光灯效果。强烈的闪光可以呈现这种效果。小型闪光灯也可以打败太阳！

看出让 Sara 秀发飘扬的风了吗？还记得这整整一章的内容都离不开与狂风的斗争吗？还记得那些来之不易的深刻教训吗？

这里没有使用12英尺丝质柔光屏。首先，我没带；其次，从我所处的情况来看，简直是为小型闪光灯量身定做的应用

场合，如果使用得当将可以获得许多技术上的优势。

现实状况是，使用大型闪光灯、大型柔光方案将无法完成这次拍摄。这是显然的。但是更大的可能性是，选择1/250s的普通闪光同步速度，接着调整光圈f值到适合环境光曝光的大小。最大的可能性是，最终会停在f/11上。不用担心，保证管用。但f/11会带来哪些问题呢？景深。背景中闪着光芒的建筑物会更加清晰，细节更加丰富。如果那就是所要的效果，就这么干就是了。这种情况很常见，并且，如

果拍摄的正是拥有这栋大楼的集团总裁——刊登在公司年报或者发放给公众的宣传品上，总之不是那种粗放或狂热的时尚范儿的照片，那真再合适不过了。照片中展现了宏大的场景，以及他运营的雄厚资产。假如把背景中的企业大厦扔进虚化的焦外范围中，以至于完全无法识别，那可就要准备在愤怒的美术编辑面前吃不了兜着走啦。

把主体人物放在清晰可见的背景前面，这听起来一点创意都没有，我明白。事实上，这听起来很无聊，但是接拍这类年报照片一天能挣好几千。我会带着我的移轴镜头，坐上特快隔天就赶到现场。如果我拍摄的是一位看上去像总裁一样的哥们，我甚至会恭维说他的领带一看就很高档、很有质感。

不过，要是能让我自己挑的话，我宁可一个礼拜天天拍Sara。

而此时此地，通过高速闪光同步，我可以把建筑物拍成闪闪发光、处于焦点以外的模糊线条和形状。

我使用的曝光参数是快门速度1/4000s，光圈值f/2.8，70-200mm镜头变焦至82mm；D3x机身，自动白平衡，ISO 100；手动曝光模式。通过TTL指令模式，我向闪光灯发出的引闪指令是手动闪光，输出功率设为1/1全光输出，这是闪光灯可以达到的极限。控光附件使用Flashpoint出品的雷达罩，它看上去像一只汤碗，可以用魔术贴固定在灯头上。碗中央是一片弯曲的金属片，称为导光板，用来阻挡光线由闪光灯直接照射到拍摄对象，并将光线反射回碗的白色内壁。于是光线经过再次反射才照射到拍摄对象，光质偏硬，光效洁净而清爽。该附件与传统的雷达罩在结构上相同，体积较小（正如前文提到的，本品还附带一只蜂巢束光格，可以固定于"汤碗"顶端，使发出的光线更加集中与锐利，尽量

减少光线的扩散。可以实现面积非常小的、直射的、锐利的光效）。

我拍摄的人物拥有一张非常适合时尚布光的面庞。她的脸型非常对称，颧骨结构很明显。因此光源也呈对称位置布置，就位于相机与她淡然目光的上方，从她的眼神光就能看出光源的布置位置。由此，在她脸上形成的阴影也是对称的。很符合逻辑，不是吗？从光源发出的硬光几乎成直线传递，没有经过任何修饰或扭曲。就这么把光源布置在模特上方，阴影将以完全相同的方式在她的左右脸颊延展开来。从最终光效来看，模特脸上高光区域与阴影区域的分界并不十分分明，这是我有意而为之的效果，例如在蓝色的泻湖拍摄时，在相机左侧布置了一只深型八角柔光灯箱。

下面聊聊高速同步，即1/4000s高速快门下，如何实现闪光同步。对于尼康相机用户，需要进入机身菜单进行设定；而对于佳能相机用户，需要在闪光灯上设置相应的功能。我不会在电子方面深入介绍——因为我不懂，但我会说说当快门叶片的滑动速度超出闪光同步的传统限制快门速度或称普通闪光同步速度时，闪光灯会发生什么。反射自拍摄对象的少量闪光穿过焦平面快门快速移动形成的狭缝，快门速度越高，穿过的光线也就越少，其结果就是快门速度越高，损失的闪光也就越多。在非常高的快门速度下，闪光灯发出的绝大多数光线都被快门帘幕遮挡而损失掉了，因此无法参与到最终的曝光。

因此，高速同步闪光确实有效，高达1/8000s的最高快门速度真是太酷了。但是，会付出什么代价呢？闪光功率的巨大损失。尽管损失很大，但只要愿意承担，就能将其转化为审美的力量。

我在拍摄Sara的时候设定的参数是快门速度1/4000s，

> "这些数字听起来像高中数学题，但是对这些数字加以组合运用得到的结果则更像是一次充满创意的写作任务。"

光圈值 f/2.8。如果翻译成普通同步世界中的参数语言将变成快门速度 1/250s，光圈值 f/11。在上述两种"等效"曝光设置之间有着巨大的差异。后者的景深（depth of field，DOF）非常大，而前者则很浅。哪种设置更符合拍摄意图？这些数字听起来像高中数学题，但是对这些数字加以组合运用得到的结果则更像是一次充满创意的写作任务。

好在我们有高速同步可供选择。当我刚开始真正从事摄影的时代，最高闪光同步速度只有 1/60s。要想获得更高的快门速度，唯一的选择是使用镜间叶片式快门的相机，例如哈苏相机。

这意味着，在室内使用闪光灯拍摄体育摄影题材的时候无法使用 35mm 相机，而你不得不再带一部中画幅相机。如果尝试过低头盯着哈苏相机昏暗的腰平取景器，对快速移动的篮球运动员进行手动追焦，就会明白为什么他们叫它"Hassel"（麻烦）。

现代电子技术的发展为我们带来了高速闪光同步，但同时也要付出代价：闪光功率的巨大损失。有几种选择可以克服这个问题，有的很简单，有的则代价高昂。

● 把闪光灯挪到距离主体更近的位置。足够简单，但取决于构图与画面。

● 使用闪光灯的最高输出功率。非常符合逻辑，但对于使用电池供电的小型闪光灯来说，显然其输出功率是有限的。

● 进一步开大光圈。这就是在摄影包里塞一支时兴的、超快速的、f/1.4 大光圈镜头带来的好处。例如，拍摄 Sara 时镜头变焦至 82mm。我当时没带 85mm f/1.4 镜头，但假如用上这只高速的 85mm 镜头——基本上跟拍摄时使用的焦距一致，就能获得更高的额外 2 挡曝光。

● 增加 ISO 感光度。这样就可以增加闪光灯的"功率"了，对吧？是的，但在这种情况下，还会同时增加阳光的能量。当急需提高闪光功率的时候，ISO 设置听起来符合逻辑，但一定记住，调整 ISO 是一项全局性的设置。曝光中的一切参数都将随之增加，横扫一切。增加闪光输出功率与挪近闪光灯都是只针对闪光的调整，因此只会影响闪光效果；而增加 ISO 作为提高速度的策略，会影响一系列独立参数。本书中还有单独的故事介绍了这种情况的发生。

● 接下来，就到了我最喜欢的部分——更多的闪光灯！这招很费银子，不过效果也是立竿见影。咱们来算笔账。要再提高一级光圈，意味着需要加倍的闪光输出功率。假如现在已经达到了手头闪光灯的极限功率，这就意味着需要再搞一只一样的闪光灯。这很合理。许多摄影师在出现场的时候都会携带多只闪光灯。但现在我们假设有 2 只闪光灯，还需要额外的 1 挡闪光照明，这就意味着又要把闪光灯翻倍了。当使用 2 只闪光灯时，每获得 1 挡额外的照明光线，就意味着要增加到 4 只闪光灯。

这回就不得不考虑其他方案了。是应该花钱购买 4 只

500美元的闪光灯，还是直接买一只大型灯具？两个方案都各有利弊。

对于便携式闪光灯来说，多只闪光灯可以带来更大的功能性。它们很轻，因而非常便于携带，无需接入电源使用，可以连接外置电池盒，因此可以进一步提高使用效率和效能。它们支持相机的专用技术，例如高速同步与TTL闪光控制，亦可工作于手动模式，许多型号具有内置遥控接收窗口，使它们随时可以变成小型轮廓灯光或背景光源，通过主闪光灯实现无线遥控触发——任何一只主闪光灯均可引闪。"灵活多能"这样的评价非常适合这些小巧方便的热靴型闪光灯。

不足的方面：闪光有效范围和功率有限，电池寿命有限，使用强度过大时容易过热甚至烧坏，可供选择的控光附件品种有限（尽管也在不断发展壮大之中）；作为小型光源，光效往往会比较硬，除非使用控光附件或反射闪光使光效进一步柔化，才能得到大型闪光灯加电源箱轻易就能获得的柔和光效；不支持真正的造型光功能，在拍摄之前很难真正预览布光效果；持续使用或现场规划过程中必须保证随时有新电池备用，不论是充电电池还是一次性电池。

大型闪光灯的优点：功率强大得多，在一定程度上可靠性更高，更快的回电速度，可以选择安装各种丰富而复杂的控光附件；有效的造型光模式，可以直观地预览光线的质感与角度，一套灯头和电池就能实现往往需要多只小型闪光灯捆绑使用才能达到的光效；有些种类的大型闪光灯使用交流电，这意味着它们可以一整天都处于工作状态，其他一些种类的闪光灯使用电池供电，更加灵活多变，适合户外场合使用；精确的手动控制意味着可以在每张照片中获得一致性很高的闪光效果，而不会像TTL那样纯粹碰运气；名牌产品质量很好，经久耐用。

大型闪光灯的缺点：大、重。它不支持像小型闪光灯系统的TTL那样的真正意义上的自动化控制。部分型号需要接入市电，因此至少偶尔会遇到复接多条沉重的电源线的情况。使用电池的产品也很沉重，因为事实上此类型号的闪光灯必须接入类似摩托车电瓶的电池箱才能工作。如果只带一只大型闪光灯出现场，会觉得灯的数量不够；但如果带多只小型闪光灯，万一出现故障还有备用的闪光灯可用。（当然也可以带上备份的大型闪光灯，但是两套大型闪光灯与电池箱就意味着不能不借助手推车、助手，租更大的车辆，坐飞机的托运费也更高，一整套的大型闪光灯将沉重地踏上旅程。）

嘿，还有一个缺点是两种方案都躲不掉的——不论选择哪个，就像我总是反复提醒的那样，总免不了要破费一下的。

不可思议的带状布光

回到地处偏远的冰岛。又是一场只用一只灯完成的野外突袭，这次让我们回到小型闪光灯与大型灯具之间的灰色地带，那就是Quadra。在这里可以轻松地发现前文中提到的关于大型闪光灯系统的强大威力。Quadra小巧（约227克）的闪光灯头可以轻松安装至Rotalux 2×6英尺（0.6×1.8米）带状散光灯箱。这是一个巨大而效果很棒的光源，专用于非常小巧、轻便的闪光灯头。（说实话，Quadra闪光灯头本身比尼康SB-900闪光灯还要轻便。）

该带状散射光源是一个间接的柔光灯箱，这意味着实际上闪光灯头是背对着主体的，发出的闪光先照射到一片银色反光材料制成的扩散器上。其布光效果是一道非常均匀、流畅的光线，我发现这种光效非常适合拍摄舞蹈演员。舞蹈演员的动作往往是流畅而线性的，他们总是非常舒展。这种类型的柔光灯箱也随着演员的特点而延展了：舞台的两翼通常都会有竖直排列的一组高温光源，罩上一道帘子，布置在舞台的两侧。两翼光或侧光的关键在于它们都是竖直排布的，而且都呈长条带状。这种布光非常适合照亮演员的侧面，勾勒其优美的线条。想象一下，将这种带状光源作为便携式测光照明套装，可以把它布置在左侧或右侧。

看一眼现场照片，需要注意两点。柔光层并未安装到柔光灯箱上。在这张照片里我需要获得好几挡f值的闪光输出，因此我对这个相对较小的闪光系统攫取了太多。400瓦特秒的闪光输出功率在这么大型、需要大量光线才能"喂饱"的控光附件中，瞬间就会被吞噬掉了。此时的策略是可以尽量多保留一些闪光功率。拆掉前端

的柔光层，一般来说可以找回至少1挡曝光。

　　同时，得益于这款条形扩散光源的巨大尺寸，所获得的光效仍将保持柔和。当然，光线还是会显得更具方向性，这是一定的，但这款灯箱内部大面积的银色、非指向性材料的内里和结构，使得拆掉柔光层完全可行，而不会造成光线品质的灾难性恶化。需要更高输出级别的理由是DOF即景深。我希望旷野上的植被和天空足够锐利，并得到清晰的描绘。

　　最终拍摄参数设为快门速度1/60s，光圈值f/11，ISO 200，D3x机身，镜头变焦至19mm，自动白平衡。我倒并不担心拍摄对象不够清晰锐利，即使让她跳起来也没关系。当拍摄一位舞者，并安排他或她做出某个姿势时，必须让自己进入与他们相同的节奏，对时机的拿捏也必须恰到好处。就比如说她的这一跳吧，就在那么短短的一瞬间，当她达到跳跃的最高处时，基本是处于静止状态的，就好像悬浮在空中。这一事实，再加上闪光脉冲的速度（成为闪光持续时间）可以凝固动作，即使在1/60s的快门速度下也完全没问题。

　　（这可并不是四海皆准的！我不得不说，1/60s的快门速度加上闪光灯并不总是能够把动作凝固，还取决于运动的特性和速度、环境条件、最终的曝光方程式中有多少可用的环境光，以及闪光所占的比例。人可不能在一棵树上吊死！就像与摄影相关的一切事物一样，一个解决方案针对一个时刻，此时此地，就在冰岛。每一次把相机举到眼前，其结果都可能是一次打击或一次经验，而每一次打击都会提醒自己在下一次拍摄时不要犯同样的错误。但在拍摄现场，一定要明白这一点：今天管用的办法，明天就没用了。必须考虑所知道的一切，充分利用所学的一切，以及犯过的错误、拍过的烂片所带给你的一切，在每一天，每一次按下快门时都要牢记。永远不会有两次完全一样的拍摄。这是多么令人痛苦，又多么令人感到幸福！并不是每个人都能得到如此美好的、鼓舞人心的机会，可以一次又一次彻底弄明白某件事，更何况是每一天中的每一件事。）

　　回到现场照片。再次提醒，注意C型灯架。它并不算高，但刚好可以向拍摄对象倾斜一个角度，为模特的动作提供所需的照明。当她起跳，甚至只是抬头，她恰好可以望向光源，而柔光灯箱的一段可以离她更近。这样可以实现两个目的：使她头部与肩部区域的曝光量比照片其余部分的亮度更高，这是件好事；另外，这样还能确保照射到她面部的光线具有非常棒的质感。记住，光源距离模特越近，光线的质感就越柔和。当她跃起，向上并向前朝向光源，她就跃进了一片非常漂亮的光子区域中心。

　　通过确保模特的上半身获得最佳的光照，并且比腿部和草地获得略微多一点的曝光，产生自然的过渡——光线由明到暗逐渐衰落——这一切正好发生在曝光的瞬间。通过这样的闪光投射方式，就可以在摄影师想要和所需的地方同时获得最漂亮与最强烈的效果。其余的闪光自然消散掉了，刚刚好。我可不想让地面获得过多的照明而吸引了观众的注意力。

　　顺便说一句，好在我有全班同学陪伴在一起。我是永远也不长记性吗？在本书中我一直在强调我非常尊重风的力量，而且我已经发出了警示，提醒大家即使在最轻柔的微风中使用重量较轻的光源，也是非常愚蠢的选择。结果到头来，当我来到冰岛的平原上，还是使用了一只拆掉柔光面的6英尺柔光灯箱，把它架在灯架上。我还支起另一具灯架，以防柔光灯箱在风中发生旋转，还叫来半个班的学员扶稳支撑灯箱的灯架。

　　摄影师们啊，假如我们足够聪明，或训练有素，或有逻辑性，或更可以理喻一些，我们可能从很早以前就不再这么干了。我猜我们会矗立在风中，聆听光的召唤。乔

但接下来，我就再也坚持不住了……

整整一周都只用一盏灯进行拍摄，我真为自己感到自豪。但接下来，我就堕落了。我向Drew走去，他保管着存放闪光灯的箱子钥匙。我浑身抽搐，故意望向别处，好让自己看上去漫不经心，拐弯抹角地说着类似这样的话："你知道……我真地挺好，哥儿们……我只是在想，你知道……箱子里还有好几只闪光灯，是的，哥儿们……所以……你知道的……我真地可以再拿一只闪光灯来用，哥儿们……"

我有狂热的闪光灯搜寻行为，但并不是毫无理由的。而且，事实上，多灯布光解决方案在我脑海中是一定比只用单灯更有感觉，更有效，也更有方向性的。但如果需要更大的输出功率，又是一个坚定的小型闪光灯用户，或者在现场只有小型闪光灯可用，却又不得不用更大的输出功率换来更高的曝光量，那么使用多灯确实是一个可选方案。况且好消息是，现在有多种设备可供选择，用于在现场把一大堆便携式闪光灯连成一排并指向同一个方向。再也不会像我前面介绍的那样，在同时使用多只闪光灯时手忙脚乱了。

我帮助Lastolite公司设计过一个版本的TriFlash三角形闪光灯座，基本上就是一个拥有3个冷靴的灯座，中央设有可供伞柄穿过的孔。我曾建议把这些冷靴改造成可以借助一个棘轮实现360°旋转，这样就可以让比如一组SB-900闪光灯的遥控感光接收窗口指向同一个方向。与老款相比，这样的设计是一个非常实用的改进，老款的冷靴是固定角度的，每只闪光灯的感光接收窗口相互之间都存在一定的夹角。使用老款灯座时，固定的安装角度经常导致指令光脉冲无法保证触发全部闪光灯。

对于在野外拍摄的芭蕾舞演员那张照片，我拆掉了条状柔光灯箱的柔光层，以获得更高的闪光曝光量。从逻辑上说，接下来，为了以相似的景深实现相似的效果来表现我们美丽的北欧女神Sara，就在同一地点，用同样的布光条件，只用一只小型闪光灯确实是相当简陋的。现在到了TriFlash三角形闪光灯座出场的时候了，尽管它还是未正式上市的预生产型号。

3倍的闪光让我可以使用f/13的光圈，快门速度1/200s，ISO 200；镜头变焦至32mm；相机设为自动白平衡，手动曝光模式。凭借我的火力三人组，我就可以在装上闪光灯柔光罩的基础上，再使用一个3×3英尺的柔光屏。其结果就是非常漂亮的光效，配上非常漂亮的脸蛋。光线、人物与设置的完美结合，使用TTL完成拍摄，效果非常简洁、漂亮。正如在现场照片中看到的，指令闪光灯的灯头转向闪光灯座所在的方向，而遥控闪光灯也分别旋转了一定角度以最大限

度保证光引闪信号接收良好。效果立竿见影——每一次，3只闪光灯全部同时发光。顺便提一句，我发送给闪光灯的TTL信号，实际上就是一个手动闪光的指令信号。在这种情况下还跟TTL玩那些"加1挡"、"加2挡"、"加3挡"的把戏，一点意义都没有。我需要3只闪光灯全都实打实地输出最大功率，这样才能获得我所需要的最大f值。全光输出，穿过柔光罩，再穿过柔光屏，就变成柔软、优雅的光效，照亮Sara。

但接下来，我就再也坚持不住了……　　89

接下来是农夫与他的女儿，这是过去几年中我最喜欢的照片之一。照片传达出情感与挚爱，而手法则是最简单的——就在一个古老而破旧的谷仓，可以想见闻起来都是肥料的气味。我的用光也必须看起来像是跟谷仓的历史一样悠久，成为它的一部分。

我所做的第一件事就是用一块3×3英尺的一挡柔光屏，把相机旁边的一扇小窗户遮住。这样可以实现两个目的：得到一层可以柔化光线的过滤层，还可以使窗户密封，从而避免射入的阳光在谷仓内四处反射。作为唯一光源的窗光，现在就完全由我来随意创造与调遣了。我在窗户外面放了一只TriFlash三角灯座，将所有的引闪接收窗口朝向窗户的方向，又加了一把很简单的34英寸一挡反光伞，将其设置为柔光投射模式。闪光灯头都装有柔光罩。

经过3层柔光材料的过滤，3只闪光灯仍然可以与指令器通信，因此我仍然可以用指令闪光灯从屋内进行控制。我发现，在合理的距离之内，指令器发出的光脉冲可以轻易穿透这些柔光材料。

不过，先等一下。3只闪光灯，每只500美元！当然还会有更好的办法。总有不同的办法，这是肯定的。谁能告诉摄影师什么才是用光的最佳手段或拍摄方法？让我们再来找找其他办法，就像讨论高速同步的那节里一样。

大型闪光灯。当然，任何一款来自Quadra、Ranger或Profoto 7B系列的闪光灯都可以。谷仓的场院有电源，所以如果有延长电缆，就可以用影室灯和电源箱折腾一番。这样就是高功率单灯方案。对于这样的配置，最优雅的触发方式就是无线电引闪。不过说实话，窗户离相机非常近，而且又在画面以外，摄影师可以从容地走回到灯旁，接一根PC线到相机上。这方案有点老土但很有效，可靠性更是没得说。

接下来，可以再加一只小型闪光灯提供一点填充闪光，将其布置在相机旁边，在大型闪光灯的主光光路以外。SB闪光灯具有内置遥控信号接收窗口，但其他任何小型闪光灯都可以安装一个便宜、简单的遥控信号接收器，例如，Wein公司生产的产品。当然，此类产品只能支持手动无线遥控闪光。可以测试几次，首先确定主光的功率，接下来逐步增加填充闪光的功率，每次增加一点。

不要妄图一次就把来自不同方向的多重闪光全部测量准确，这会造成混淆。先确定主光，接着就像拧水龙头一样，一点点加入填充光。当调整大型闪光灯的输出功率时，确实需要使用一种标准测量设备，而这对于我（也包括许多摄影师）已经濒临淘汰：手持测光表此时将会非常方便。将测光表朝向窗户，对光线较强的一面测光，接着围绕拍摄对象的脸测一圈，我把这叫做环绕测光。想象一下从相机的视角看过去，人脸是一个180°的半球。当围绕这个半球测量各个不同角度的一系列曝光值时，就可以对光线从什么位置开始衰减，又是如何陡增的，建立起非常明确的认识。

接下来，我会关闭主光，只测量填充光。假如主光的测光读数f/8，那么填充光的读数应该控制在f/4，或者甚至f/2.8再加0.5挡左右。填充闪光应该刚刚好。如果填充光与主光源数值过于接近，就会喧宾夺主，与期望它起到的作用背道而驰。用光与场景应该做到合二为一，呈现出无缝过渡的效果。

"我不再使用手持测光表。我直接通过LCD和高亮闪烁查看曝光情况，甚至偶尔，我也会查看让人望而生畏的直方图。我觉得自己真是无药可救了。"

现在，我不再使用手持测光表。我直接通过LCD和高亮闪烁查看曝光情况，甚至偶尔，我也会查看让人望而生畏的直方图。我觉得自己真是无药可救了。

在小型闪光灯的地盘里，能否只用1只而不是3只闪光灯呢？我的答案是勉强可以。这需要做出调整，最有可能的是提高ISO，另外或许至少要撤掉一层柔光屏，这样做可能会导致光线的质感稍硬一点。单灯配置可以达到几乎相同的使用效果，但留给摄影师的选择和回旋余地就要小很多了。此外，即使将闪光灯柔光罩、柔光伞以及柔光屏全部保留在原位，并侥幸获得足够的曝光量，光线效果仍然无法达到与3灯方案相同的饱满与柔和程度。TriFlash的妙处之一就是它拥有3个闪光灯头，彼此之间相互关联，相互毗邻，使光源的尺寸更加扩大，跟更大型的闪光灯可以达到的尺寸差不多。尽管每只闪光灯本身非常小，但3只闪光灯联合成为一个大的光源，就可以把光smush到整个柔光伞上并透射过去。（"smush"是专业术语。——译者注：smush在北美非正式用法中是压碎、打碎的意思。）

通过三灯并用大法，可以将工作负荷分担——不是让一只单灯硬扛到几乎自焚，而是让3只灯协同工作，从而实现更高的效率，更快的回电时间，额外的功率输出，以及最重要的是，获得大型闪光灯的发光面积。另外，通过闪光指令器，无需走到外面即可对闪光灯的输出功率进行调整。闪光灯看起来就像窗光一样自然，而且可以随时通过相机进行调整。不过还要提一句，像这样创造模拟窗光的要领是，在保证光效唯美、光质柔和的同时，还要表现出较强的方向性。从我选择的画面构图及拍摄角度来说，人物主体算是非常明显的侧光照明了。

"这并不是个好主意。不光是因为很难让小牛保持一个固定的方位不动，而且它的存在迫使我开始为场景增加填充闪光，以免画面显得过于平淡和缺乏个性。"

对于农民大叔来说，当只对他一个人拍摄单人肖像时，只用窗光就基本上够了。如果把他的位置与相机的角度仔细调整一番，并让他稍微转向作为主光源的窗光，是完全可行的。效果会有一点戏剧性，但只需考虑一张面孔的布光时，对从谷仓四壁反射过来的一点填充光也可以加以利用。另外，如果想暗示人物的个性，而他又作为场景的一部分，那么能够借助侧光照明的拍摄角度——能够让人物的脸上呈现从亮到暗的过渡，就离成功不远了。

但如果是同时拍摄两张面孔呢？忘了前面说的吧。必须添加一定的填充光，只要一点就够。有了指向性很强的主光，他的女儿将会被他的阴影所吞没。他们的身体语言表现出如此的轻松与美好，我可不想用光亮和阴影把他们搞得好像阴阳两隔一样。再说他们的肢体语言也要求，照片必须是以表达他们父女情深为主题的。这为我指明了方向。当我开始布置这张照片的场景，一头小牛走了进来，它让我（错误地）想到也许应该尝试把谷仓的实际居住者也纳入拍摄。

这并不是个好主意。不光是因为很难让小牛保持一个固定的方位不动，而且它的存在迫使我开始为场景增加填充闪光，以免画面显得过于平淡和缺乏个性。正如从作为反面教材（农夫与小牛）的照片中所看到的，整个地方看上去都太亮了，布光失去了重点与方向性。之所以搬起石头砸自己的脚，是由于快门速度的问题。这张照片的拍摄参数是快门速度1/30s，光圈值f/5.6。最终的选择是只有农夫与他的女儿，拍摄参数是快门速度1/200s，光圈值f/5。天壤之别，对吧？就像我常说的那样，快门速度就像是拉回来的窗帘，窗帘拉开得越大（快门速度越慢），射入的光线越多。

那可能起到很好的效果，但不是此时此地。因为此时我希望保留一切控制权，并通过可以控制的闪光基本再现"自然"光，为我想要照亮的区域提供照明。较慢的快门速度会令整个房间内的光线显得更亮。保持较高的快门速度则可

但接下来，我就再也坚持不住了……

以压暗整个房间，而被闪光灯照亮的区域则作为照片的兴趣中心。

此外，1/30s 的曝光下，站在窗户旁边的农夫大叔略微有些曝光过度了。照片中的环境光线曝光量超过了我设定的闪光输出值，并吞没了闪光效果。现在农夫大叔成了一个又大又亮的高光物体，这就是通过调整快门速度调整整个画面亮度的代价。

在 1/200s 的快门速度下，我可以控制房间内的曝光量，并保证整个环境光处于相对较暗的状态。但这种掌控随之而来的代价就是必须增加一只闪光灯作为填充。为了实现这一目的，我把安装在机顶的指令闪光灯调整为参与曝光的闪光灯。原本它只作为指令器控制窗外的遥控闪光灯，而现在它还提供场景中的填充闪光。不过在把它变成照明闪光灯的同时，我决定将它从机顶热靴上拆下来，并通过一根 SC-29 离机引闪线缆与相机相连。这样一来，就可以同时实现几项小而有益的目的。

它带来可以将闪光灯到处移动的灵活性。如果闪光灯锁定在机顶热靴，它发出的光线对于拍摄对象来说将显得过于生硬——因为他们离相机非常近，从而削弱光效的自然感觉。相机的位置略低于他们的视线，这会让一点点闪光都显得非常不自然且非常显眼，更不用说会在他们的眼睛里留下炯炯有神的眼神光了。

（请记住，我们现在的任务是让照片呈现我说的"嘿，只要站在窗户边就行了"然后按快门的效果。不能让观众看出闪光的痕迹。）

因此，我把闪光灯从热靴的束缚中释放出来，提高它的位置，把它指向谷仓天花板又脏又乱的角落，就位于抵在我左肩的相机上方。通过将闪光灯设为最低输出功率，它

3 P, SB900 闪光灯安装在 TriFlash 三头闪光灯座上。旋转令靴的角度非常重要！让所有的引闪接收窗指向同一方向

窗户

遮住窗户的柔光屏

切记

实现这样的拍摄效果可以有多种方法！大型闪光灯、小型闪光灯、无线电引闪器、手动闪光、TTL 闪光都可以。最主要的一点是柔和的窗光，因此用到了双层柔光屏。室内填充光要弱——几乎看不出来，而且必须从主光所在的方位"包裹"过来，而不能从相反的方向过来

父亲+女儿
D3X，镜头变焦至 56mm，1/200s，f5，ISO 400，阴天白平衡

填充闪光同时也是指令器

无需2.4米高、经过消毒杀菌的、超白的天花板即可反射闪光。只要是个表面，平整而简单，就够了。如果那个表面具有某种颜色，那么那种颜色很可能与整个谷仓的色调一致，所以闪光将仍然发挥作用，看上去好像它的光原本就属于这里。将闪光灯的位置提高的好处是，可以保证填充闪光相比主闪光具有一定的连续性和包容性。换句话说，我使用填充闪光的目的并不是要打亮整个阴影部分。那样做显然是行不通的，如果处理得过于明显，甚至会形成相互交错的阴影。这里使用的填充闪光几乎无法被察觉，因为它来自与作为主光的窗光相同的方向。填充光只是作为调整，并且

几乎不知不觉地扩展了主光源带来的美妙氛围。大多数时候，这才是想要的填充光，只有把它关闭时才会注意到它的存在。

我几乎整整一个星期内都在使用单灯布光！但这里有一些需要注意或者引起思考的地方。本章介绍的几张照片使用了多灯布光方案，而看上去其与单灯布光的效果一样简洁。所以说，不在于用了多少盏灯，而在于怎样去使用灯。

我喜欢这组照片。我几乎都想要回到冰岛去了。几乎。

单灯、单窗、单间

看到那只孤零零的闪光灯了吗？就在窗外人行道上的灯架上（见下页）。这就是全部拍摄布置。

我爱磨砂玻璃。当我看到这样一间安装了磨砂玻璃的房间，比如这间更衣室，我的工作就搞定了。磨砂玻璃太管用了，我太感激它了，我有时甚至会因此激动得发抖。我太爱它了，以至于偶尔，我会走过去触摸它。

这个系列的全部照片都是用灯架上那只孤单的小灯完成的。我所做的只不过是调整一下角度，挪到这儿再挪到那儿，另外每过一阵子就换一片凝胶滤光片。更衣室的窗户就是我的控光附件，它是镶嵌在大楼中的柔光灯箱。我敢肯定建筑师在设计大楼的时候并没有考虑过摄影师的需要，但他们在不知不觉中帮了大忙。

闪光灯距离窗户大约3～4.5米，这让光线可以有充足的距离像日光那样扩散开来。一般来说，在这种情况下，光源的位置越远效果就越好。但对于小型的、使用电池驱动的闪光灯来说，这是我能够保证房间内仍有足够闪光功率的最大放置距离。

触发方式采用光信号TTL引闪。在现场布置图中可以看到是如何实现引闪的。通过将3根SC-29引闪线缆串联在一起，就可以在保证仍能实现TTL信号传输的前提下，拖着一根长辫子在屋里到处走了。我把作为指令器的闪光灯用Justin夹座固定在长凳上，并将闪光灯头变焦至200mm（为了集中传输功率并保证TTL预闪信号足以穿透玻璃窗）。这样我就可以做到人在屋内，而可以随时对人行道上的闪光灯进行完全控制。

当像这样进行布光照明时，所做的实际上就是用不同质感与数量的光照亮房间。部分区域会比其他地方照得更亮一些，部分更衣柜将会显出光泽，而其他部分则会自然地落在阴影之内。我的建议是，一旦构建了一套这样的布光系统，可以先四处拍摄一些没有人的照片。只需拍几张照片，这样就好像天气预报一样，将会获得关于房间内曝光区域的参考信息。这可能还会包含一些惊喜，引导摄影师尝试一些可能从未考虑过的拍摄手法。这样的布光就像自助餐，可以到处转一转，看一看，随意挑选。

还可以尝试拍几张不用闪光灯的照片，看看现场光线究竟是怎样的，这样就可以做到心中有数，清楚闪光灯需要比现场光线高出多大功率。我拍的第一张照片使用光圈优先模式，得到了一张室内"正常"曝光的照片，参数为快门速度1/100s，光圈值f/40，ISO 200；使用广角镜头，变焦至14mm拍摄。有了这些信息，我立刻干了两件事：关闭荧光灯，并将光圈优先切换到手动曝光模式。我寻求的是对各种元素的掌控，因此并没有跟相机曝光补偿与闪光灯的闪光补偿玩捉迷藏，我选择消除一个不确定因素，将相机直接设为手动曝光模式。房间的曝光需要进一步压暗，这样可以创造更有戏剧性的闪光效果。（关闭头顶的荧光灯后，整个房间立刻变得暗了一些。没有了头顶上光芒四射的荧光灯，我立刻获得了更多的控制权，房间内的效果与感觉现在由我说了算。）

> "不要满足于一个视角和一张漂亮的照片。拍几张，挪个地方，再拍几张，再挪个地方。"

下面该安排主体人物了。我找来曲棍球手 Andrew，他身上出的汗不多不少刚刚好，我把他放在闪光灯投射过来的窗光里，小心翼翼地站在光路以外，以免自己的影子进入画面。果然，磨砂玻璃带来了光质非常特别且明暗分界清晰的照明光。窗格的形状勾勒出背景环境，曲棍球手的影子投射到身后的更衣柜上。漂亮照片，轻松搞定。最终的拍摄参数为快门速度 1/250s，光圈值 f/3.5，ISO 200，D3s 机身，24mm 镜头；闪光灯头加装半片 CTO 橙色滤光片，提供了一定的暖调；白平衡设为自动。由于希望勾勒

出边缘与阴影，我对遥控闪光灯发出的指令是手动闪光，1/1——最大功率输出。这开了个好头。

不要满足于一个视角和一张漂亮的照片。拍几张，挪个地方，再拍几张，再挪个地方。

更衣柜是金属材质的，所以我调整了闪光灯的位置，让光线直射穿过窗户，照在房间的另一面。没有角度，也没有阴影。非常幸运能跟这几位出色的学生运动员一起完成那天的拍摄，我让 Courtney 就那么站在新调整过角度的闪光灯的直射光下。我趴在地上（为了避免挡住闪光灯的光路），用快门速度 1/250s，光圈值 f/2.8，ISO 400 拍摄了这张照片；机身为 D3s，使用 70～200mm 镜头变焦至 70mm 端。由于这个场景位于更衣室的最远端，我不得不全开光圈，并提高 ISO 感光度值。那小小的闪光灯真是太给力了！虽然距离这么远，但仍然相当有效。

试过顺光拍摄之后，我接着尝试了逆光拍摄。我移动了灯架的位置，只是一点点，使其位于玻璃窗后面偏向相机左侧的位置。对于这张照片来说（人物站在窗前），为了表现出太阳已经西沉的光线，我在闪光灯头上使用或者说换上了一片全饱和度的钨丝灯色温滤光片。现场使用 24-70mm 镜头变焦至 29mm，快门速度 1/250s，光圈值 f/4。将闪光灯功率降低了一半，手动闪光 1/2 功率输出——仍然使用 TTL 信号调整闪光输出。

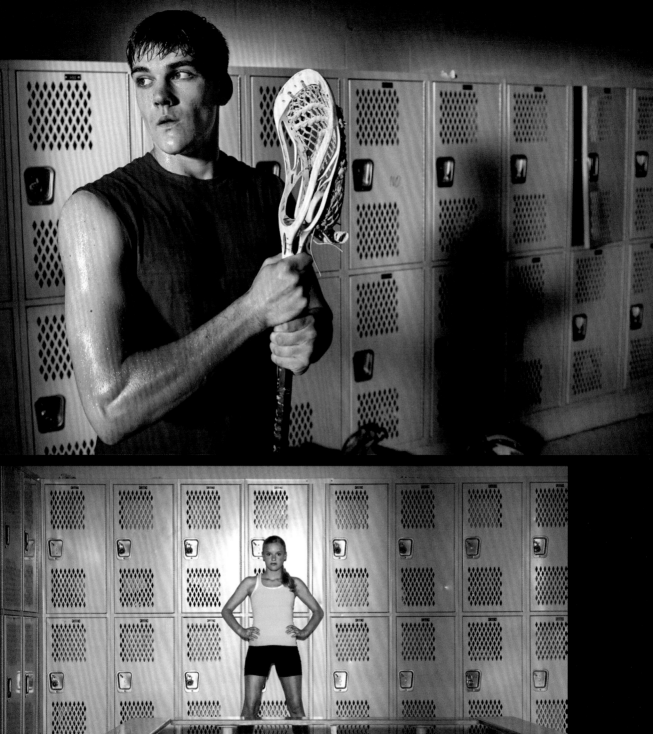

不过，这次长凳上并没有夹着闪光灯指令器。在这张照片里，可以看到整个房间和整面窗户。没有地方隐藏拍摄器材！但是，多条SC-29离机引闪线缆串联的巨大灵活性再次凸显出来，保证了这一天的顺利拍摄。就在相机的左侧，有一扇门通往隔壁房间，而那里有一扇窗户朝向人行道上的闪光灯。于是我把线缆从这里绕出去，控制隔壁房间的闪光灯指令器。

前进！再加把劲，我还能从这个小闪光灯里榨出更多的可能性来。

我让Courtney进一步靠近窗户。她的脸庞如此美丽，充满青春活力，我决定减少一定的戏剧性，消除部分阴影。磨砂玻璃位于她的正右侧约1米远的地方，如果我直接利用窗户的散光效果拍摄，她就会被一分为二——脸的一半处于阴影中，一半被光打亮。我认为对于一位漂亮的女高中生来说，这种布光方法可不怎么样。所以，我请出了除了窗户以外的另一件，也是唯一的一件控光附件——一张大号Lastolite 1挡扩散三角形反光板。反光板距离她的面部非常近，因为我的构图是把她放在相机右侧，让其余的更衣柜在画面左侧作为背景。这一战术的效果就是双重扩散，创造出所能想象的最柔和、最恬静的光效。光线完全来自一侧，但现在变得如此柔美，只是包围她的整个面庞，填充了双眼，接着慢慢衰减。由于使用了额外的反光板，我再次调回全光输出，并以快门速度1/250s，光圈值f/2.8的参数完成拍摄，使用70～200mm镜头变焦至110mm。我还取下了闪光灯上的所有滤光片。我能感觉到，她金发碧眼的特质天生适合用纯净的光线与中间色调来表现，而不是日落的暖色调。

还有呢！外面的闪光灯尖叫着："放开我！"（事实上，最好要么时不时让它休息一下，要么就换上备用闪光灯交替使用，如果有备用闪光灯的话。假如用得太狠，它们会因为过热而撂挑子。所以最起码，请准备另一只闪光灯，装好新电池随时备用。）

再次回到更衣柜的侧面视图，这次我们找来了另一位曲棍球手Dan，让他坐在长凳上。为了这个场景，我再次调整了闪光灯的位置，将它略微向窗户右侧挪动了一点。这样一来，光线扫过整排更衣柜，形成一些阴影，但与第一组曲棍球手的照片不同，这次没有任何物体完全落在阴影中。顺便说一句，我对人行道上的闪光灯位置的调整完全凭猜的。我只是观察光线是如何传递的，并猜测阴影的形状和位置，并没有什么科学依据。只是移动几十厘米，然后测试一下。

"这种拍摄手法的妙处在于，从拍摄结果看不出用闪光灯打了光。影子的变化非常细腻、柔和，还有几条轮廓清晰的影子延伸出去，这种效果是在室内使用柔光反光伞完全无法实现的。"

这时候，由于光线笼罩了整个房间的一侧，我可以随意选择拍摄的景别是全景还是特写，这完全由我的感觉而定。唯一需要注意的地方是，确保拍摄对象落在更亮、光线更均匀的地方。别忘了当光线穿过窗框时，会留下窗框的阴影，注意这条暗影在画面中的位置。要确保暗影别落在拍摄对象的脸上。

接下来，正式开拍。这两张照片均以快门速度1/250s，光圈值f/2.8拍摄，但使用了不同的镜头，因此镜头所包含的区域与影调也有所不同。这种拍摄手法的妙处在于，从拍摄结果看不出用闪光灯打了光。影子的变化非常细腻、柔和，还有几条轮廓清晰的影子延伸出去，这种效果是在室内使用柔光反光伞完全无法实现的。事实上，从这个角度，使用室内光源进行照明简直就是一场噩梦，因为更衣柜会把打过去的一切全都反射回来。广角照片用17mm拍摄，略窄一点的视角使用28mm拍摄，并且使用了暖色凝胶滤光片为场景增加暖色调。

我注意到投射在更衣柜上的光线非常漂亮，所以打算好好利用一下，拍点轮廓清晰的肖像照片。此时，我再次使用最小景深的手法，用一支50mm f/1.4镜头为Jabrill拍摄肖像（见下页）。（同时我把ISO调高到500。）凭借D3s这样的拍摄利器，完全无需担心高ISO。这张照片使用快门速度1/250s，光圈值f/2拍摄而成。光线效果具有强烈的戏剧性与冲击力。漂亮的光线就在那里，沿着更衣室房间的墙壁潜行。无需做其他任何事情，只需找到它，并把模特带到那里。

墙壁上重复的形状平添了图形感，我又尝试为Courtney拍了一张，同样使用最小景深手法，只不过再次换回我的200mm f/2镜头，使用f/2光圈，并且让我的身体使劲贴着更衣柜。艺术总监会被这样一张照片打动吗？（Courtney背靠衣柜的照片）极致简约、单一色调的背景散焦后的纹理，完美地突出了主体人物。他们会欣喜若狂的。

当一天的拍摄结束时，这套手法能否择日再用呢？当然没问题。大型裸光闪光灯在甚至更远的位置也同样有效，但也可能让整个房间被光线所淹没，使影调过于单一缺乏层次和变化。光源的小型化——便携式闪光灯——通常情况下会迫使我尝试扩大发光面积以改善光效，而此时此地，小面积光源恰好可以为我所用，制造光线的衰减和阴影。我能否使用无线电引闪器呢？显然可以。凭借我们现有的无线电引闪

技术，可以触发几乎任何类型的光源，因此这个方法是可行的。不过一旦使用无线电引闪，不论是大型闪光灯还是SB-900，就把自己束缚于手动调节闪光输出了。那就意味着，每次增减闪光输出功率，都要穿过更衣室走到外面。这没什么大不了，但TTL信号系统的妙处就在于，我可以手里抓着相机，待在房间里，从空中完成参数调整。

那PocketWizard的Flex/Mini引闪器怎么样？是的，绝对没问题。不过这项技术仍然处于可行性与问题并存的状态。我在本书另一章里更为全面地阐述了这个问题。

单间、单窗、单灯、一大堆照片，总共用了多长时间？1小时20分钟。乔

磨砂玻璃和脏脏的窗

这张照片是我在一间漂亮的磨砂玻璃的房间里拍摄的。但是，它可不一定是磨砂的，而且也许并不漂亮。

条床单就行了。通常可以创造出漂亮、柔和的指向性光效，就像通常照射到房间里的光线那样。把拍摄对象放在距离床单比较近的位置，光效就会变得更加柔和；而将其放在更远的位置，就能让光与影的交界处呈现更清晰的边缘。如果窗户很大，或者是一组许多扇窗户，就要用到更多的床单。不一定非要用法老墓中的800针埃及棉，沃尔玛买的床单就挺好。

在威尼斯，我用两条床单和3只小型闪光灯，就完成了整个Florian咖啡馆的布光。尽管用A形夹（或胶带）把床单遮盖在整面窗户上，再把闪光灯布置在走廊中，听起来有点麻烦并且过于兴师动众，但实际操作起来并不比用一支固定在灯架上的柔光伞麻烦。在当时的拍摄条件下，假如我把灯光与芭蕾舞演员一同布置在室内，柔光伞发出的光就会以各种各样的形式四处反射，并射在房间的镜子幕墙上。随着模特的移动，我不得不起身离开相机，随着模特移动光源的位置。坦率地说，这真地非常麻烦。而现在，遮盖起来的窗户与布置在室外的、可以控制的闪光灯让一切难题迎刃而解。模特可以移动到室内的任何地方，都能得到适当的照明。我可以一直待在相机旁，把注意力集中在抓拍演员的动作上。最终这张照片使用尼康D3相机，快门速度1/20s，光圈值f/4拍摄，使用14-24mm镜头变焦至18mm，ISO 200；闪光灯采用手动闪光，1/2功率输出，使用SU-800指令器通过多条SC-29引闪线缆串联，一直接到门口实现离机引闪。

另一样要寻找的道具是老工厂生产的格线玻璃。这种东西几乎总是带有卵石花纹，并且表面上呈现出糖霜般的质感。另外，由于这种玻璃的工业特性，它们很可能是脏兮兮的。把一只闪光灯放在室外，触发闪光穿过这层脏兮兮的柔光工具。在房间里的各处拍了些照片，主要是为照明的效果做一番"火力侦察"。如果发现房间内的某个区域有喜欢的光线效果，把模特放在这里就对了。这张可爱的Brittanie的照片（见下页）使用一只Ranger灯，通过无线电引闪器触发，并且使用了暖色调凝胶滤光片。闪光灯布置在距离窗户大约6米外的灯架上，并与窗户几乎成直角。我喜欢由此为这个破旧的房间形成的硬光效果，所以我把模特布置在那边的桌子上，姿势由她自己随意摆。

Frank Keller 摄

鉴于闪光灯上未使用任何控光附件，出现阴影就是很自然的事了。光线直白地轰击过来，就像下午的阳光一样，穿过了玻璃。如果希望光效更加柔和，在闪光灯前面罩上一把柔光伞就行了，也可以用胶带在闪光灯的反光盘上靠近闪光管的一侧固定一片柔光片。或者两招一起上。拿小刀在柔光片上戳一个小洞，这样就可以把柔光伞的套管穿过去了。双倍柔光效果！这就是使用更大的闪光灯配上更强的电源箱的

"无需使用暖色滤光片，窗户本身就能胜任81A滤镜的功效。"

好处。掌握在手中的可控功率大爆发，也就无需顾忌使用各种柔光手段会让闪光变得昏暗不堪。

没找到糖霜，倒找到了一扇实在够脏的窗户。这在 Santa Fe 老电影拍摄地 Eaves Ranch 随处可见。我把一只 Ranger 闪光灯布置在外面的走道处，把输出功率调到很低，让闪光穿过足有30年历史的又脏又黄的窗帘。无需使用暖色滤光片，窗户本身就能胜任81A滤镜的功效。

1/250s 的快门速度让我可以控制住室内的曝光量，也就是说，带给我足够暗的背景。来自街上的一点点闪光让我可以用 f/2 光圈拍摄。通过200mm镜头，我置身于极限浅景深的危险边缘。我把可爱的 Madeleine——从衣橱出来摇身一变成了一位19世纪的年轻女士——纳入镜头，拍摄了一张半身肖像。她的脸面向相机，并微微转动了一点角度。就是这一点角度让她的面部很好地接收到来自窗户的光线，使整个面部得到充分的照明，而我又恰好能够在 f/2 光圈下保证她的双眼都是清晰的。

前面介绍了3种快速简单的单灯布光方案。（咖啡馆的拍摄用到了3只闪光灯，但将它们组合在一起成为单一光源。）没有任何花哨的手段，就是固定在灯架上的闪光灯，透过各种各样的窗户打窗光。为什么不呢？不论如何，窗口不正是光射来的地方吗？何况窗户越脏，光效就越是有趣。

一堆
ABC

在这组照片中，我亲自实践了我所传授的，几乎一字不差。这些照片以一种平静而有序的方式被呈现出来，当然这是非常罕见的。这就像是学校里的教学课程，而我严格遵循教学大纲达到了抠字眼的程度。我会让一切保持快速与简单，就像这些照片一样。

我 找到了我的天使。此时此刻，它便是仓库空白墙壁前的200mm视角（point of view，POV）。在这种情况下，如果一切尽在掌握，而拍摄对象处于静止，那么一旦确立了POV，就可以把相机固定在三脚架上不用动了。接着，回到一系列照片之中，不断明确参考点。通过这样做，可以消除一个非常大的不确定因素——摄影师自己。我坚信人们对于TTL的不稳定性感到纠结的原因之一，就在于他们是在跟相机较劲。他们对一开始拍摄的画面感到吃不准，所以就先拍一张，发现很烂，于是尝试更广一点的焦距，当然还是很烂——而更令人沮丧的是，闪光效果也跟开始的时候大相径庭了。现在他们要面对两大难题：一幅不满意的构图，以及差劲的闪光曝光。他们总是试着同时进行太多的事情。从摄影的角度来说，这就好比一边嚼口香糖，一边读报纸，同时还接着电话，又要喝咖啡，而在干所有这些事的同时，还在开着车。不吃点苦头才怪，而且有时后果甚至是灾难性的。

关于TTL，请记住：闪光灯与相机协同工作确定曝光量，它取决于相机透过镜头"看到"了什么样的光线。在200mm端看到的闪光效果很有可能会与14mm端看到的完全不同。相机通过不同的构图获得不同的信息，并将其传递给闪光灯。继续拿教室打比方，相机加闪光灯这对组合，作为机器，它们本身都是书呆子。它们非常善于快速处理艰涩的数字，对于不同区域的曝光量分析得头头是道。但它们不解风情，它们不知道摄影师在全面掌控上所面对的困难，也没法针对问题给出有用的建议，它们只是始终如一地汇报"看到"的一切。相机给出的信息就像措辞严谨的临床报告，而不是跌宕起伏、引人入胜的文学作品。

所以说，就一边走路一边嚼口香糖吧，一切从简。找到视角，再创造可行的曝光。当我这样"火力侦查"的时候，我会借助相机上的矩阵测光模式，使用光圈优先自动曝光。我希望借助相机的大脑——而它无疑是非常聪明的，来评估形势并告诉我它的想法。对于这次拍摄来说，曝光补偿值为0.0，快门速度为1/100s，光圈值为f/5.6，ISO为200。当相机面对一片白色墙壁时，它做出的判断几乎肯定会让曝光不足那么一点，而这正合我意（如果是一面黑色墙壁，相机则会背道而驰，它会让整个场景曝光过度）。但是，白色背景会干扰测光表，让画面相对于"正常"曝光读数变得暗一些。照片的前景和背景都能获得足够的细节，但照片是不会说话的，它不会跟我争论到底该如何拍摄。

接下来，把模特摆到画面中去。相机左侧有一组窗户，它们给整个房间带来了足够的可用照明光线。我可不想把她直接放在窗光的照明下，可能会有云，毒辣的日光也会给我的掌控带来麻烦。所以，我让模特位于一大段没有窗户的承重墙形成的阴影区域。这样一来，整个场景都在光亮区域，而她则处于阴影区域。这是个很棒的策略，因为我想要亲自为她提供照明的光线。

我用一只闪光灯实现了这个目的，分组为A组。为了让一切井井有条，我尝试让每组闪光灯在拍摄中担负它们固定的职责。每张照片都分为3个区域——前景、中景与背景，因此我的闪光灯也分为3组——A、B与C。所以从逻辑上说，我的主光源总是A组，B组作为填充光、轮廓光或发际光——在需要的时候为中景提供照明，而我的背景光源永远是C组。

我为A组闪光灯装上24英寸Ezybox热靴柔光灯箱，将其布置在相机左侧略高于模特视线的位置，进行离机闪光。为什么要放在左侧？因为那是柔和

"戏剧、隐约散发出的热情、漂亮的光线、地灯，所有这一切都是关于同一个主题，那就是从视线下方对面部进行填充，并创造出一束火花——夸张的、充满时尚气息的视觉效果。"

的太阳光原本照过来的方向，要顺其自然。相机上并未设置曝光补偿值，直接加上闪光灯，闪光补偿0.0EV。将使用机顶热靴安装的SB-900闪光灯，设为指令模式作为闪光指令器。第一张照片就这么拍完了，相机行使了它的职责。实际上，相机也替我完成了工作。在这样的场景下，当TTL替摄影师完成了许多繁重的劳动。它让摄影师可以待在相机旁，就能快速完成一系列照片的拍摄。

效果还挺不错。对模特的光照恰到好处，其面部被很自然地照亮并成为照片的亮点，这很棒。画面从左到右，由亮部到暗部形成柔和、自然的过渡，很不错。相机与闪光灯的曝光如此天衣无缝地融合在一起，更讨人喜欢的是，她的右侧脸颊甚至有一片柔和窗光形成的高光区域。顺便说一句，这就是关键词——"融合"。闪光与自然光融为一体，并不过分华丽，也不会在整个画面中显得过于突兀。

单打独斗总比不上找个帮手，我又增加了B组作为填充光，其位置就在主光下方，通过银色反光板将光线向上反射到模特脸上。第一种单灯布光方式具有简单、阴影明显且更具个性的效果。而第二种方式平添了一种魅惑的氛围，正如所有低光布光所倾向于创造的效果。戏剧、隐约散发出的热情、漂亮的光线、地灯，所有这一切都是关于同一个主题，那就是从视线下方对面部进行填充，并创造出一束火花——夸张的、充满时尚气息的视觉效果。

接下来我要尝试使用3个光源——两只闪光灯与环境光。仍然使用光圈优先模式，我在相机上设置了-1 EV的曝光补偿，光圈值仍为f/5.6，这样一来程序曝光就会自动把快门速度提1挡，达到1/200s。闪光灯也同样听从该指令，所以为了保证使用柔光灯箱的A组闪光灯仍然发出足够的功率照亮拍摄对象，我直接通过闪光指令器命令它以+1 EV闪光功率发出闪光。我希望反射填充光保持微妙的状态，因此对它发出的指令是-1。结合相机上设定的曝光不足指令，低位补光现在的实际功率比原来降低了2挡，这样可以保证它起到的作用仍然只是"填充"光线。如果更喜欢让低位补光发出更强的闪光，或者进一步降低它的输出功率，让它在整个场景中起的作用进一步降低，选择权完全在于摄影师自己。

接下来谈谈手动。我取消了填充光，以及之前在相机上设置的所有增减曝光补偿的EV值，再次以古老的方式开始工作。

在光圈优先模式下，为了尽可能地压暗环境光，我必须在相机上设置一系列曝光不足补偿。例如-3或-4 EV。一旦

数值达到这么大的程度，我就倾向于直接切换成手动曝光控制，自行设置光圈和快门速度数值。请记住，TTL模式下的曝光补偿EV值最多只能增加或减少3挡。因为恐怕我在使用中会经常超出这个范围，所以干脆全部清零以后把相机设置为快门速度1/250s，光圈值f/11，这就能带给我所需的一切——更暗的背景曝光。基本上，我在手动曝光模式下一切重新开始，不管是相机还是闪光灯都回到了0.0EV曝光补偿的"起点"。

通过将柔光灯箱安装到一支C型灯架的延伸臂上，我将光源进一步移动到模特头顶的位置。看到现在阴影移动到模特面部更靠中央的位置了吗？模特眼中的捕获光就是很好的

指示，就在她正前上方的位置。

　　1/250s 与 f/11 对于小型闪光灯来说确实是有点高不可攀，特别是安装了柔光罩又绑上一只柔光灯箱，但这时候正好可以把光源尽可能地靠近画面的边缘，以便让它更接近拍摄对象。闪光灯的位置离主体非常近，所以即使 f/11 的光圈值也难不倒它。如果我把光源固定在 3～4 米外的反光伞上，那可就白费工夫了，小型闪光灯的那点功率完全不够用。但是，如果用点心思，小心仔细地布置好小型闪光灯的位置，那么它们完全可以与摄影师并肩作战，甚至在某些足以让人怀疑它们的功率的场合也能圆满完成任务。

　　此时此地，我设置了足够的闪光输出功率，大约在 +1～+2 EV。模特现在一下子从背景之中跳脱出来，而光线的质感也呈现出更高的反差。不再追求人工光与环境光的柔化和融合，照明中完全由闪光来挑大梁，几乎没环境光什么事。

　　我之所以这么做，完全是为了压暗背景的曝光。黑暗法

则再次回归，这意味着不再让窗光提供自然、柔和的整体照明，而是由我取而代之为背景中的墙壁创造只属于我的独特效果。而我通过增加第 3 组闪光灯——C 组，来达到这一目的。

　　这组光源布置在相机右侧，其位置很低贴近地面，发出的光线穿过一组脚手架，仓库里随处摆放着这样的脚手架。

　　未安装柔光罩，灯头变焦至 200mm，从而形成较硬的光质与清晰的阴影。正面，我重新加入了低位（B 组）光源对头顶上方主闪光灯的光效加以柔化。

　　全部 3 只闪光灯均可接收到安装在机顶的闪光灯发出的指令光脉冲，我可以随时按下按钮设定我认为合适的参数，而根本无需从三脚架后面站起来。由于负责在背景中制造阴影的闪光灯偏离所需的设置太多，而我还在使用 f/11 的光圈，所以我设置指令将它的输出功率设为 1/1，也就是全光输出。这次成功了，它发出的闪光穿过脚手架，在墙上留下

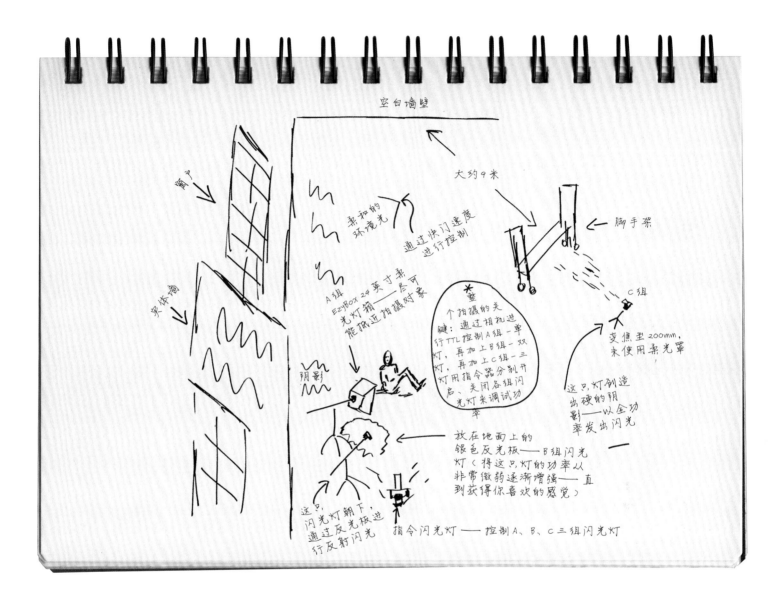

清晰的影子。下面是关于如何快速控制第3组闪光灯的友情提示。尽管它的变焦灯头已经设为200mm——这样可以产生非常集中的光束，但仍可能由于光线的扩散照到模特身上（只是有可能）。可以在闪光灯头靠近相机的一侧粘上几条电工胶带，阻隔光线向主体扩散。可以把它称作小旗子、遮光片、遮光布，都可以，或者干脆就叫它"几片黑色电工胶布"，这都无所谓。它可以阻断任何朝向拍摄对象扩散的光线。如

果想玩出点花样，还可以花钱购买Honl Speed Gobo遮光板，用魔术贴将其固定在闪光灯头上。

A、B、C组，全部听从我的号令，在相机上就能完成指挥。所有这些，不管是团队配合还是独自上阵，都是为了创造所需的光效。不能说哪一张照片比其他的更出色，它们各不相同，而这些差别都是通过对闪光灯的控制创造出来的。 乔

创造一面
光之墙

听起来像是个大工程。旷日持久，费工费力，涉及承包商、蓝图，还有拍胸脯保证能在下礼拜二搞定一切的一群伙计们。假如没这么夸张，那么最起码，也得有几个助手和一堆重型起重机。

不至于。创造光之墙是用一种最简单、直接的方式，照亮某人。需要的全部就是一面白墙（基本上白的墙也行），或者一张无缝纸，或者几块大泡沫塑料板，或者便携式反光板，比如一块大号的 TriGrip 三角形反光板，这要看对"墙"这个字眼的定义有多宽泛了。

对于类似墙的物体来说，最大的特性就是其表面可以反射光线，并使光线具有与墙本身相似的个性——大而平滑，还很平坦。如果是在寻找快拍与阴影，那么墙光也许不是需要的；但如果希望铺设一张色调均一的光毯，将拍摄对象完美地包裹住，那么不妨一试。

另外，这还是利用闪光灯的最容易的方式——不管是大型闪光灯还是便携式闪光灯，它可以让发光面积变得大得多，

是最没有技术含量，同时也最省钱的方式。只要将闪光灯头转向后方背对着拍摄对象，从相机所在位置对着摄影师身后几十厘米外的墙壁照射，就算完成了任何人能够想象的最便宜的非直射柔光灯箱。

能借助墙壁完成的各种光线处理手段极其丰富，几乎无穷无尽，不论使用小型还是大型闪光灯都很管用。

单一或双光源，或者一组光源都可以。用不同的支架调整光源高度，一些放高一点，一些放低一点。高处的光源输出功率更大一些，低处的光源则调低一点功率，这样看起来更接近自然的填充光。一张白色无缝纸（还是便宜）从墙上一直扫到地面，一直延伸到拍摄对象所在的位置，这就是不间断持续延伸的反光面。使用无线电触发闪光，或者使用

TTL模式。将一只小型闪光灯安装在机顶热靴上，灯头向后旋转对着墙壁，使墙壁成为主体人物的反光面，同时作为触发其他闪光灯的指令光源，其反射的光线可以被其他便携闪光灯或电池箱式闪光灯接收到。如果它们配备有从属闪光接收窗，或者通过线缆进行连接，都能被机顶闪光灯发出的指令所触发。

下面介绍几个例子，从非常简单的对于现有墙壁的利用，到来自独立光源的类似墙壁光线的即兴运用都有涉及。

Puglia，一位天才摄影师，他是来自温哥华的神秘人物（据说他站在加装了绿色滤光片的闪光灯前面，手持斧头，而他的影子夸张地投射在小巷的墙上——我是这么听说的），现在只是简单地站在距离一面白墙约4米的地方，直接面对相机。一面深色的便携式背景幕布置在他身后。使用了两只闪光灯：一只稍高，布置在相机左侧；另一只位于同样高度，几乎悬在相机镜头的正上方偏后位置。两只闪光灯设定相同的输出功率（很高兴我在拍摄这张照片时曝光正合适，因为就拍了这一张）。

也可以用大型闪光灯完成这样的拍摄，比如Rangers，设置在较低的输出功率，通过无线电引闪器触发闪光。将其也可以选择TTL便携闪光灯，唯一限制随意运用小型便携式闪光灯的问题就是功率。我使用的曝光参数为光圈值f/10，快门速度1/125s；小型闪光灯可能迫使摄影师不得不使用更大的光圈；使用24-70mm镜头，变焦至55mm；自动白平衡。正如我所说的，只拍一张，一张很无聊的照片。

但这是此类用光方式的简单基础。闪光打到墙上，向前反射回来，包围了主体，就好像扔下相机冲上前去给他们一个大大的拥抱。也可以为这种方式增加更多的想象力，比如通过增加一面墙带来一些新意，或者V-flats（V字形平

坦布光）。

V-flats顾名思义，就是两个平面交汇形成字母V的形状。省钱又省事，它们对我来说，是必不可少的影室拍摄工具。弄两块1.2米x2.4米的泡沫芯板，一面全白，一面全黑，沿长边将它们用胶带粘在一起。有的人用的板子是2.5厘米厚的，非常结实，不过我选择了1.27厘米厚的板子。这样可以使它们更容易弯曲，也就更容易塞进我的雪佛兰Suburban越野车的后备箱里。

如果弄上这么两块板子，并把它们竖直立起来以V字形摆放，再把相机从它们之间伸过去，就能有效改善墙壁光的

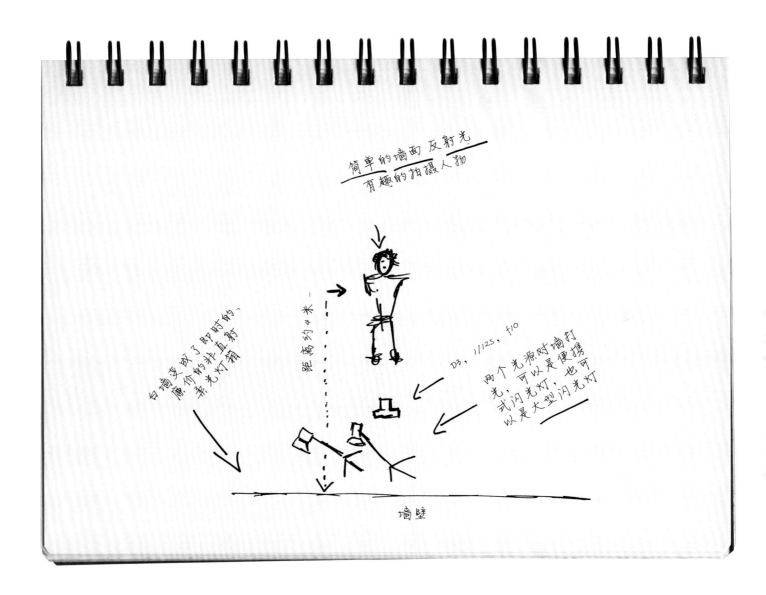

感觉。把不管是哪种类型的灯，朝着 V 字形打过去吧。不会有光线直奔拍摄对象而去，而是全部被 V-flats 收拢，再反射到墙面。接着这两股光的波浪在墙面上汇成一处，再从相机上方反射到拍摄对象身上，形成一股炽热而又温柔的光的浪潮。它是如此的柔软和富有包裹感，以至于站在相机前的摄影师不会留下任何阴影。被笼罩在由自己创造的光场之中，面积如此巨大的光源令摄影师消失在其中，如同岸边的岩石被上涨的潮水所吞没。说实话，摄影师唯一能够现身的地方，就是拍摄对象的瞳孔之中。在那里，大片的眼神光中间有一小片黑影。

我可爱的模特 Martina 卷入了这 V-flat 的浪潮。她完全被光包围着，可以自由发挥，或抬头，或低首，或远眺。在这种典型且非常柔软的光效之下，高饱和的色彩散发着迷人的光辉。

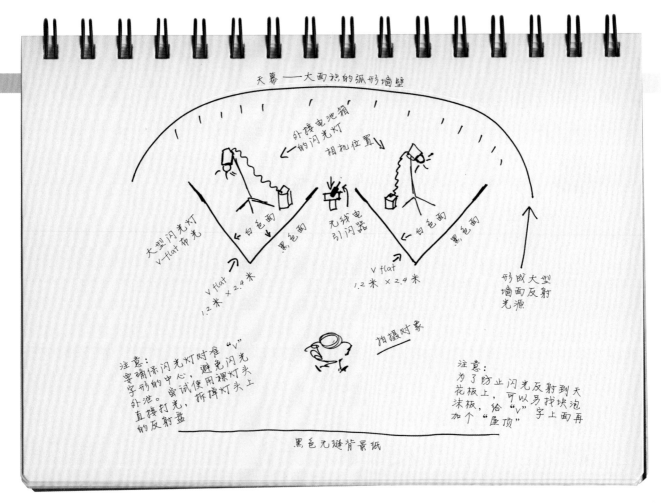

Puglia 和 Martina 有一个共同点——钟爱黑色衣橱。对于有些摄影师来说，这种降临在拍摄对象身上的光线，轻柔如羽毛，而又（有些人会这么说）平白如纸，是个大问题——不能有效剥离主体，他们黑色的头发消失在黑色的背景之中。对于他们也许是，但对我来说，这并不是什么问题。如果我真的想把主体与背景剥离开，我会把背景布换成灰色，而不是改变光线的质感。另一个有效的方法是，在他们两侧各增加一束非常微妙的边缘光，照到背景。光量一定要小而轻柔，这样就可以把他们从黑色的背景中拉出来，又不至于过于突兀，不会破坏正面光效创造出来的整体感觉。

上述两张照片都采用墙面反光作为主光源拍摄而成。Puglia 照片的面部使用一次反光进行照明，我将灯头转向后放，让光线照射在墙面上。Martina 的照片增加了一道反射，层次更加丰富，就好像我在跟光线打乒乓，先把光线打在 V-flats 面上，接着将其反射到面积更为广阔的墙面上。这样的策略可以放大光源的面积促进光线的扩散，让实际光源面积相当于面前整个墙壁的面积。

那么如果没有墙壁该怎么办呢？我确实提到过用这样的方式运用类似墙壁的反光是最基本的创造，就像一个定制的、非常大的非直射柔光灯箱一样。那么，要创造非常柔和、尺寸巨大、如同绒毯般的的照明效果，一个非常省事（当然也很贵）的方法就是购买一套大型的非直射柔光灯箱。此类产品中的经典之作，要数爱玲珑 74 英寸八角形柔光灯箱。它的设计使其非常便于拆解和携带，而且非常受欢迎的一点是它并不只适用于爱玲珑自己的闪光灯头。将它作为单一光源，摆放在模特上方很近的位置，效果很棒——看看Maggie的肖像作品。单一光源，大尺寸的八角形柔光灯箱布置在相机右侧，离模特的面部只有1米，还用了鼓风机。可以开始打电话给时尚杂志，包揽下他们的拍摄工作了。

如果将这饱满、细腻的白墙面光效布置得再远一些会怎么样？使用最大面积光源尽可能靠近模特布置这种经久不衰的布光方式，一旦需要使用更广的视角拍摄整个场景，反而会带来反效果。事实上，将不得不大幅提高输出功率，因为随着距离的增加，如此大面积的覆盖自然而然地会大幅削减有效闪光距离。如果想找回原来大面积光源近距离照射得到的柔和光效，有一个办法就是进一步加大光源面积，而要实现这一目的有许多种方法。用不着再买一套八角形柔光灯箱然后两套一起用，或者动用二次抵押贷款弄一套那种抛物线

形状的、银色的、价值好几千美刀的卫星天线罩，让别人看到还以为是偷偷从超大天线阵拆来用的。

当我不得不把八角形柔光灯箱放在离拍摄对象更远的地方时，我会把某种白色的东西直接扔在人物下方的地面上，再找一只闪光灯对着它反射闪光。换句话说就是地板跳闪，发光面积相当可观的光源，同时也可以为拍摄对象提供与主柔光灯箱几乎相同的入射角度。可以把它看作从地板方向延伸了八角形柔光灯箱的投射距离。这种手法的妙处在于，不仅可以扩大光源的面积，而且因为是通过增加另一只闪光灯的方式实现的，所以可以相对主闪光灯而言独立地提高或降低这部分光照的功率。这样一来，就可以轻松控制拍摄人物全身时的全长布光了。当光线射向漂亮的模特Jasmine时，很好地保留了细腻度和饱满感。她身着白衣站在白色背景前，这也是让她看上去显得格外恬淡的又一个原因。

"单一光源，大尺寸的八角形柔光灯箱布置在相机右侧，离模特的面部只有1米，还用了鼓风机。可以开始打电话给时尚杂志，包揽下他们的拍摄工作了。"

黑色无缝背景纸

关于74英寸八角形
柔光罩的提示

别挪它，而是让拍
摄人物相对它改变
位置，她的脸颊上
会产生阴影，因为
她距离柔光灯箱的
边缘非常近——让
拍摄人物站在不同
的位置多
试试！

拍摄对象
面向何光源

光线的
方向与
拍摄对
象所任的
任何
方向相反

非常近

74英寸非
直射型八角
柔光灯箱——
面积大、光效
唯美的光源，
可以让任何人
看上去都很棒

快乐的
傻瓜！
像"那
容易！
太容易
了！"

鼓风扣

D3X，1/250，f8
70-200mm 镜头
变焦至 135mm

Ranger 电池箱
（或者其他什么
牌子的电池箱）

　　我助长了这种细腻感，尽管是被动的，因为相机右侧有一面白色墙壁。我射向 Jasmine 的柔软的光球有一部分打在白墙上，又柔和地反弹回她的身上，让白色无缝背景纸既不会显得太白，也不会太暗。

　　就这么简单。两个光源，看上去就像一个。快门速度1/200s，光圈值 f/8，70-200mm 镜头变焦至接近200mm处。

　　如果想创建一套墙壁光，又没有墙，而只有小型闪光灯，该怎么办？一大面墙或者某些巨大的控光附件不是会一口吞掉小型闪光灯吗？

　　不一定。

　　我一直使用 Lastolite 的 Skylite 柔光屏的原因之一就在于，使用方法要得法——也就是说，要离得近，这样获得的光效接近大型闪光灯加大型控光附件的效果。3x6 英尺柔光屏可以说是我的最爱，其用途非常广泛。可以把它遮挡在窗口用来散射阳光，水平放置在相当大规模的多个人物前面并把他们全部照亮，也可以竖过来使用，我发现这真是创造"大羽毛"光效的绝佳光源。

当面对一名 Murut 勇士——历史上活跃于 Borneo 岛的猎头部落时，摄影师面对的将是真正雄伟庄严而壮丽多彩的存在，同时也是对布光的考验。他们传统服饰的标志之一就是羽毛头饰，勇士头顶佩戴的翎羽可以延展到至少1米长。所以要照亮的将不仅是人物的面部，还要照亮他们历史的强有力的象征。只拿一把柔光伞拍张大头照可不行。

在本书后面，我提倡尝试使控光附件的形状与要接近布光的拍摄对象形状相符。在此我将实践我的说法，将3x6英尺柔光屏竖直放置，使它与传统服饰的垂直布置保持一致。

使用两只SB-900朝向柔光屏发出闪光，正如现场布置照片中展示的那样。这很符合逻辑——高位一只灯，低位一只灯。这组主光源，尽管作为一个光源使用，但照亮了两个物体——人的面部以及羽毛，而两者分别具有不同的色彩和色调。

因此，便携式闪光灯在此就显示出其优越性。可以把两只闪光灯指向同一个控光附件，例如，这块柔光屏，而把它们分在不同的组别。这样一来，我就可以为它们分别设置不同的输出参数，有效地在3x6英尺柔光屏上创建不同照明强度的区域。在此，我把指向柔光屏的两组设为A与B，A组设为 -1 EV，B组为 -2EV。B组照亮羽毛，所以逻辑上应该输出较低的功率，因为羽毛的色调更明亮，而且物理上来说距离光源表面更近。C组设为 -2 EV，发出的光线透过手持TriGrip三角形柔光板，为勇士的后脑勺与背后的服饰提供适当的高光照明。

一切齐备。通过安装在机顶热靴的主闪光灯对其他闪光灯发出指令；手动曝光模式，快门速度1/250s，光圈值

"我不在乎各种奇怪的运算和数字，我在乎的是对光的感觉。"

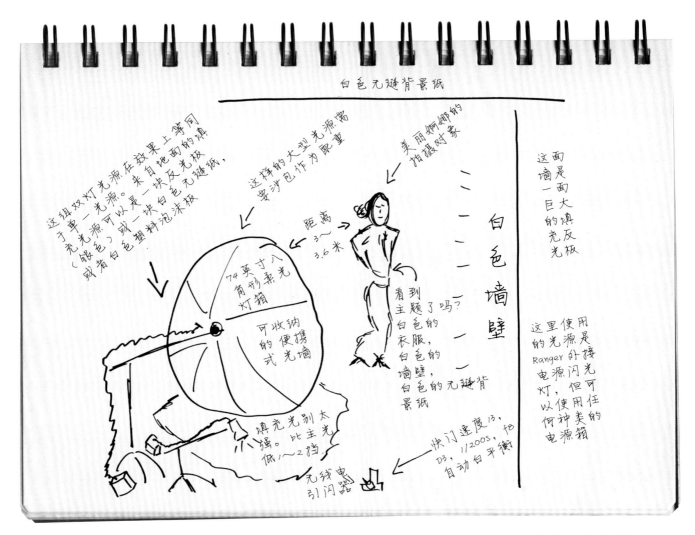

白色无缝背景纸

这组双灯光源在效果上等同于单一光源。来自地面的填充光源可以是一块反光板，（银色）或一块白色无缝背景纸，或者白色塑料泡沫板

这样的大型光源需要沙包作为配重

美丽阿娜的拍摄对象

这面墙是一面巨大的填充反光板

74英寸八角形柔光灯箱

可收纳的便携式光墙

距离 3～3.6米

看到主题了吗？白色的衣服，白色的墙壁，白色的无缝背景纸

白色墙壁

这里使用的光源是 Ranger 外接电源闪光灯，但可以使用任何种类的电源箱

填充光别太强。比主光低1～2挡

快闪速度13，D3, 1/200s，f8 自动白平衡

无线电引闪器

---

f/11，ISO 100，D3x 机身，自动白平衡。没用凝胶滤光片，唯一经过调整的是为背景灯绑上了两片 Honl Speed Gobos 遮光板，这样就不会有光线扩散到背景的无缝纸上，保证背景为纯黑色。

最后，如果有一面巨大的墙，但只有小型闪光灯，该怎么办？能只用小型闪光灯就得到很棒、很大、V-flat 感觉的光效吗？当然。我已经实现过用2只或4只小型闪光灯，向平板发出闪光实现 V-flat 布光。显然，用4只闪光灯更容易实现，并且可以达到更大的光量，光线质感更加饱满，当然回电时间也更短。但是，尤其是对于简单快捷的拍摄来说，用2只遥控闪光灯同样可以实现这样的效果。

对于 Frank 的这张照片来说，我实现了突破，将4只SB-900闪光灯设为A组，角度设置为两两一组，分别从左右两边向相机右侧的 V-flats 发出闪光。闪光灯都安装了柔光罩，因为我想要让光线尽可能地漫射开来，并用手头的有限器材实现"裸灯"的光感。主闪光灯也参与到现场照明之中，灯头向后旋转指向墙壁，对曝光起到一定的补充，并可以有效触发A组闪光灯。

还没完。我又增加了一点低位填充闪光，就用B组手持闪光灯向下发出闪光，光线通过镜头下方的一张银色反光板反射到拍摄对象。

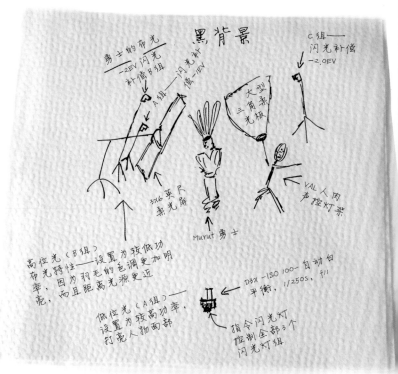

Frank Keller 摄

3组闪光灯——主控闪光灯、A组与B组。此外，这里还设定了一组奇怪的数据——它们都被设为-3级闪光输出。这是因为，我并不需要过高的输出功率，因为我在用一支200mm镜头开到f/2光圈进行拍摄——低输出功率，快回电速度，极浅的景深带来的快速衰落，以及Frank脸上美妙的饱满且充满质感的光线。

我在驾驭这支f/2光圈的巨大镜头时格外小心，以确保对焦点牢牢锁定模特的眼睛。

全部3组闪光灯都设为-3EV输出是否带给我惊喜了呢？是，也不是，而且我猜，当一天的拍摄结束的时候，结果很有可能是否定的。用光是一件总能带来惊喜的事情，而TTL则让它更加让人吃惊。所以我几乎在每次布光的流程中都顺其自然。开始的时候，我总是先用一组灯作为整个布光

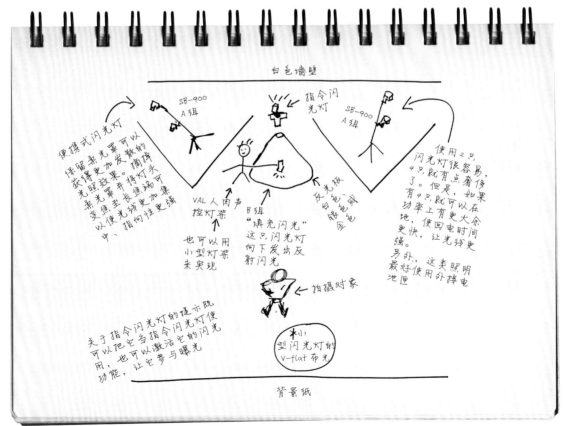

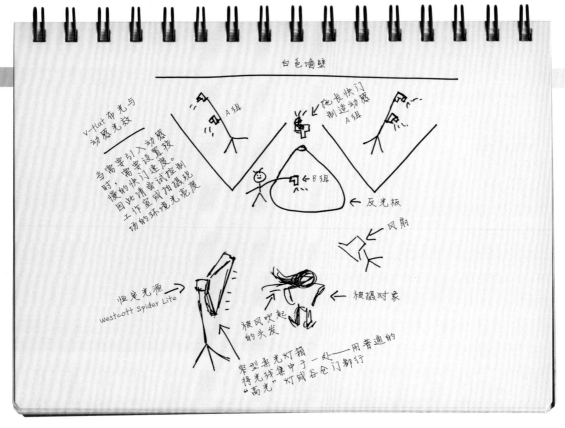

白色墙壁

V-Flat布光与
动感光效

当需引入动感
时，需要设置慢
的快门速度。尝试控制
因此清楚试控制
工作室或补现现
场的环境光亮度

A组

拖长快门
制造动感
A组

B组

← 反光板

风扇

恒定光源 →
Westcott Spider Lite

被风吹起
的头发

← 被摄对象

窄型柔光灯箱
将光线集中于一处——用普通的
"高光"灯或合色闪都行

计划的导向。接着，我会不断"加料"——这捏一点，那撒一点。我不在乎各种奇怪的运算和数字，我在乎的是对光的感觉。我知道到了明天，太阳将会露出笑脸而所有的参数都会不同，拍摄效果也会随之完全不同。这很正常，这只是意味着我们的图片冒险书籍又翻开了新的一页。沉着冷静而又充满坚毅地，面对外景摄影的混乱我仍然充满信心。我真地很高兴不用总是一次又一次地重复相同的参数与光圈值。那有什么好玩的？

而事实上，混乱几乎立刻就能搞砸一切。这里我们来探讨一位不同的拍摄对象（见下页下图），用完全一样的闪光布置拍摄。3组闪光灯的输出功率有所提高，设为-1而不是-3。为什么要做出这样的调整？有以下几个原因。

● 不同的镜头。此时使用一支70-200mm镜头全开光圈至f/2.8拍摄。

● 拍摄对象的皮肤色调不同。

● 快门速度上的巨大差别——1/20s。

为什么快门速度变了？在读了不少爱尔兰小说后，我最感兴趣的莫过于拍摄对象的一头红发了，这飘逸的秀发就像Donegal乡间海崖边摇曳的野草。所以我找来一个风扇，还将日光色的Westcott Spiderlite灯泡安装在中等尺寸的柔光灯箱中。我把光源布置在照片的背景中，位于相机右侧，布置的位置让光源主要为模特的左肩区域提供照明。接着，我把她的头发吹散在光线里。

这样，我们就有了用TTL控制的闪光灯照亮前景，同时以持续光源为背景提供部分照明。Spiderlite必须远离背景，我不想让任何光线散射到背景上！光必须集中在她飘扬的头发上，别的地方哪儿也别想去。顺便提一句，最好在黑暗的工作室环境完成这样的布光。当身处黑暗的周边环境之中，就无需顾虑其他因素，特别是在拖长快门速度时就无需担心不需要的光线渗透到曝光之中。我可没有这一套奢侈的配置，所以不得不跟窗光进行一番较量，用各种遮光布和帘子把窗户堵上，尽量不让任何我不希望的光线干扰拍摄对象。

努力的结果就是她的头发被一种开放的，混合质感的光效所包裹，因为在曝光过程中渗入了日光的成分，而Spiderlite本身也是日光色的。如果观察芭蕾舞者的照片（右图），就会发现高温光源的痕迹——钨丝灯，另一种具有类似光效的持续光源，只不过在一间几乎全黑的工作室中拍摄。这种光效更加集中于局部，描写性更强，同时也更加热烈。当然，作为钨丝灯的特性，其本身就带有一定的暖色调。

混合了闪光灯与持续光源的布光效果到底如何？被闪光灯打亮的部分，拍摄对象保持了清晰和锐利，但例如头发或丝巾等物体在我的创造和掌控下，呈现出微风吹拂的动感。工作室里从电扇吹出的微风当然比不上Donegal海崖边大西洋的微风那么浪漫与梦幻，但确实可以达到同样的效果。 乔

让光线
跃动……
还有其他课程

作为拍摄现场的摄影师，一切任由调遣。摄影师要完成布光，维护人才，管理不同个性的手下，听取艺术总监的要求，而在任何时候，都必须试着取悦客户。摄影师就像老大！只不过经常需要同时运营远不止3个团队。各种各样摄影行业的琐事让人疲于招架，更别提生存的艰辛了。待到摄影事业涅槃之时，也就是客户让摄影师可以拍摄一些真正罕见的作品。摄影师要关心的唯一的任务就是拍摄出伟大的、华丽的摄影作品——作为艺术总监、灯光师、经纪人以及摄影师。这样的日子才是真正的苦尽甘来的好日子，这是当然的，但也不是毫无压力。如果最终的作品搞砸了，就只能"自作自受"了。

因为在这些美妙的日子里，拍摄基本上只追随自己的想象力，只有摄影师自己可以将它完美地表达出来。如果照片的概念相对"平常"一些，构架更为理性，那么就可以简单许多。但如果想法天马行空，不是非常直观，或者从头到尾都非常奇特，那么一切就变得困难得多。

而且老实说，任何人一旦拿起照相机，都会变得很奇怪（至少会有那么一点吧）。相机应该被看作是传递思维过程的魔毯，器材能让奇思妙想扶摇九天。如果照片永远扎根乡土，永远循规蹈矩，那么，零敲碎打的小活总要有人去干的。

但我怀疑这种情况是否真的存在。任何人，即使是有着最为朴实性格的人，一旦拿起相机，心中总会涌起去冒险的冲动。由像素驱动的对光与影的追寻，往往带人离开城市，翻山越岭。并不是说每次按下快门记录的都是充满野性的动感画面，但至少有些的确如此。而众所周知，冒险总会带来各种不同的结局。

而接下来，当摄影师的想法开始变得诡异而且丝毫不加掩饰，那么总要做出一些解释，对吗？这就到了前面说过的"维护人才"发挥重要作用的时候了。这个时候要拿出最棒的、最有说服力的看家本领来描述即将呈现出的美好画面……但只有当模特完全赤裸时才能达到真正完美的效果。在时尚界，这是一个相当容易逾越的障碍，事实如此。根据费用与具体工作内容的不同，模特们往往会主动要求展示她们的部分甚至全部躯体。这完全在意料之中，没什么大不了的。运动员们往往也是如此，他们为自己的身体感到骄傲并乐于展示出来，以艺术品的方式呈现在一幅照片中。

当然对于Maryam，画面中拥有不凡自信的模特来说，我的工作就简单多了。我为她准备了一顶象征着野性的帽子、一双高跟鞋和一副手套，再没有任何其他服饰了。她看着我说："也就是说我是裸体的，对吗？"只有将近1.8米高的乌兹别克高跟鞋女人才有这样的范儿。她微微一笑，款款走向化妆间做头发化妆去了，别无所求。

事情就这样。当希望某人做出什么敏感的举动，或者需要突破他们核心情感的防线让他们在相机前做出一点牺牲时，我发现作为摄影师，最有效和最该采用的方式就是坦诚相告，直言不讳。闪烁其辞、旁敲侧击并不会起到好的效果，弄不好还会起到反效果让自己处于无比尴尬的境地。既然选择了让模特在画面中赤诚相见，那么摄影师的要求也应该坦诚相告，不必遮遮掩掩，直率一点是最佳选择。假如他们拒绝，也会当即拒绝，即使这样也比走到相机后面开始拍摄再中途卡壳要好得多。类似于"呃，顺便说一句，你能把衣服脱掉吗？"这种话如果突然出现在拍摄过程中，往往会打破之前为整个拍摄创造的良好氛围和情绪，让拍摄中断。这种做法会让摄影师呈现一种"管它呢"态度的完全自我的艺术态度，往往会显得不近人情，缺乏风度，这样的行事风格也很难让拍摄最终取得成功。

所以请直率一点，在开始拍摄前就打好招呼。接下来，当面对这位令人惊讶的性感尤物，特别是当她身无一线，只戴着一顶Addrey Hepbrun电影风格的帽子时，可别把布光搞砸了。

我必须承认，我甚至根本没有考虑要用小型闪光灯完成这次拍摄。（毕竟，这张照片是要用在爱玲珑的产品目录中的。）不过即使不是为了满足向客户展示其产品的需要，我也会用同样的手法，使用同样的光源进行这次拍摄。这次用到的控光附件是爱玲珑74英寸反射式八角形柔光灯箱。我已经提过多次：使用这套八角形柔光灯箱时，就好像开始在自助点唱机上点播 Your Cheatin' Heart。这太不公平了，这样的光线能让任何人、任何物体都看起来很棒。看上去模特是在拍摄某一款1-800-MATTRESS（某种高档床垫——译者注）的商业广告短片，只见她慢慢地、慢慢地倒下去，以一种极致奢华的方式倒在一张巨大的床垫上，以至于看上去似乎是被床垫所吞没，而不仅仅是睡在上面。这款光源的光效也是如此，它能够以一团轻如细羽的光子将模特吞没，让每一条轮廓曲线都显得光彩熠熠，接着慢慢地、轻柔地过渡到阴影区域。

那么最大的问题是什么？必须让光线达到帽子下方，并保持华丽亲人的风格。好吧，也许那不算什么大问题。只要把整个光源的位置降低，低到跟她相仿的位置，而我就是这么干的。不过就像以往遇到的情况一样，如果用移动光源的位置来解决某个问题，就会带来其他3个新的问题。在本次拍摄中，问题只有一个：光线炙烤着地板，让地面曝光过度。这束巨大的光芒覆盖了一切——模特、帽子、她华美的姿态……还有，地面。

所有投身摄影行业的人都知道，人类的视线会被吸引到明亮的区域，所以如果在使用大型光源时稍不留意，就会照亮那些本来不希望被照亮的区域。模特本

> "生理学就是生理学，我们也无能为力——
> 明亮的区域对于任何人的视网膜都意味着无法抗拒的吸引力。"

来坐在岩灰色的无缝背景布上，但如果照在地面上的光线太强，这一区域就会变成一片死白，非常干扰观众的目光。也许有人会说，哪个人要是光顾盯着地面看，而对画面中更有吸引力的性感尤物视而不见，那准是疯了。但生理学就是生理学，我们也无能为力——明亮的区域对于任何人的视网膜都意味着无法抗拒的吸引力。

但是，这套大型柔光光源是这张照片的关键，所以我不打算放弃使用。除了它巨大的尺寸，另一个关键因素是它的设计结构。正如我在本书其他章节提到过的，这是一款非直射光柔光灯箱，设计为让灯头反向拍摄对象发出闪光，而不是传统形式的直射闪光柔光灯箱。对于"普通"柔光灯箱来说，光源（闪光灯头）正对着拍摄对象发出闪光，与控光附件指向的方向是一致的。光线穿过柔光板或柔光屏，这是当然的，但整个光路是直射的。这样的光效仍然会非常柔和，但这样的直接照射会制造出更加明显一些的阴影。变化是非常微量的，但塑形效果更明显，同时也许会增加一点点反差。

间接式柔光灯箱是指控光附件的类别——通常都是大的家伙。在此类产品中，实际上闪光灯头指向的方向是背向拍摄对象的。灯头发出的光线射入灯箱内部，接着反射回来穿过柔光层。其结果就是非常均匀、光滑的光效，没有那么强烈的造型感。光之羽——我自己造了个词。

如果需要更加直接、造型感更强的光，请看Maryam（右图）这张照片，使用裸灯从12米外透过窗户进行照明。清晰的边缘和阴影，创造出强烈的戏剧性，非常适合这张照片的基调。但是，这一套对于"帽子照"来说就行不通了。

在这样的光线下，帽檐下的阴影将会像矿坑一样暗。黑暗，是坚不可摧的，即使用最强大的后期处理软件进行填充也无济于事，特别是当亮部与暗部之间的过渡线非常清晰的时候。光线必须与拍摄意图相契合。对于"帽子照"来说，就是大面积光源、柔化的光效以及间接照明。

上述3个元素将创造出质感柔和，具有包裹感的光效，并移动到帽子下方，照亮模特的面部和眼睛，同时仍能为这件造型独特的帽饰保留足够的细节。同时这种布光方式还会让地面曝光过度，从而影响最终的曝光效果。如何避免？

让光线跳起来！

这个办法可以简单地修正这个问题，并且可以看出为什么当条件允许的时候，我在租来的摄影工作室中环顾四周第一个要找的就是它——V-flat反光板。在本书前面，我是把V-flat作为控光附件来介绍的，但在这里，它变成了阻挡大型八角柔光灯箱射出的光线照亮地面的遮光板。将V-flat侧放，就成了一面遮光板，而它的宽度正好可以覆盖八角形柔光灯箱的整个照明范围。均匀而线性，它恰好建立了一道屏障，可以阻断柔光灯箱下半部分的光线射入曝光区域，强迫

闪光"跳过"这个不透明的障碍物，就像马术比赛中的马一样。这是一种被动的布光手段，非常简单。虽然看上去不是什么高科技或高雅的方法，但可以有效恢复对地面曝光的控制，而不必损失对画面主体的布光质量。

这种办法非常简单，用到的摄影工具也属于最便宜的种类。可以DIY又省钱，给家庭摄影工作室也做两套，绝不会失望。V-flat是典型的多功能摄影附件，可以用作控光附件——挡光板、遮光板、遮光布、背景墙、临时更衣室、渐

Scott Holstein 摄

变背景光，还能用来遮挡窗光，随便怎么叫都可以。

V-flat 的另一个妙处是它的尺寸和对称性。用一片面积差不多 1.2 米 X 2.4 米的 V 形板可以为小型闪光灯遮光，也可以轻松为大型八角柔光灯箱遮光。而且效果非常均匀，不会有锯齿。我们都经历过没有这些顺从的大家伙的时候，用一套冬季夹克或一堆沉重的袋子试图封住窗户进来的光线，或是为了降低暴露在沙发前的某个区域的照明。确实有效，从某种程度来说。但对称性和可操作性呢？那就真谈不上了。

简单又轻松，没有移动部件。跳跃的光线！乔

大型闪光灯、
小型闪光灯，
放得远远的

谁说当把光源挪到很远的地方，就必须用大型光源？像摄影领域中的所有事物一样，答案显然是"有时候"。

照片中高高跃起的 Bleu，拥有一种野性的美，她是我最喜欢在工作室中与之共事的人之一。这张照片采用日光与闪光灯的混合光源拍摄而成，阳光很充足，因此闪光也要够量。

　　阳光闪耀，已经开始呈现一点暖色调，但还未接近地平线。换个词来说，阳光大爆炸。该如何为这飞驰的光之列车调整、塑形，甚至重新定向？

　　一个办法就是，找一个超大的闪光灯提供足够与之匹敌的闪光功率。使用交流电的2400瓦特秒闪光灯，不用小型闪光灯，不用电池箱，用的都是摄影工作室的专用器材，接市电电源的。把它们带到外面，就像这次拍摄一样，延长电缆是少不了的。把它放在窗外，接上电源，大量的光子滚滚而来了。（使用时必须确保供电电路纯净，并且能够负担20安培的大电流。如果试图把这个大家伙接在一条只有10或15安培的电路上使用，同时还连着榨汁机、时钟收音机还有120英寸立体声平板电视，到时候恐怕够瞧的。）把闪光灯管安装到位，将输出功率旋钮拧到

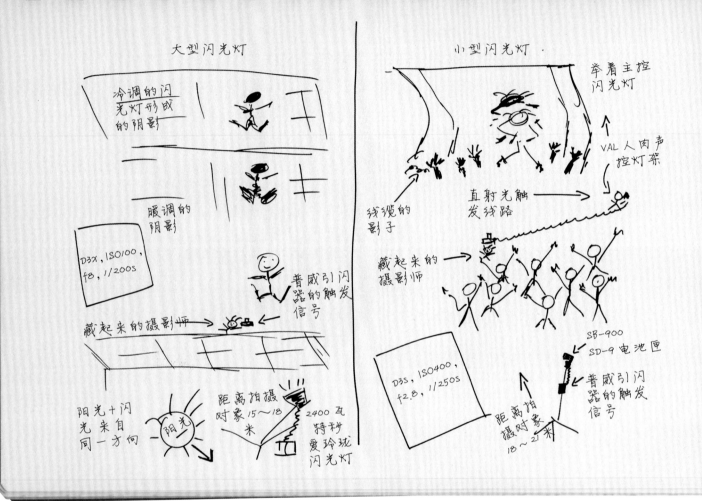

大型闪光灯

冷调的闪光灯形成的阴影

暖调的阴影

D3X, ISO100, f8, 1/200S

藏起来的摄影师 →

普威引闪器的触发信号

阳光+闪光来自同一方向

阳光

距离拍摄对象15～18米

2400瓦特秒爱玲珑闪光灯

小型闪光灯.

牵着主控闪光灯

VAL人肉声控灯架

线缆的影子

直射光触发线路 →

藏起来的摄影师 →

D3S, ISO400, f2.8, 1/250S

SB-900

SD-9 电池匣

普威引闪器的触发信号

距离拍摄对象 18～27米

最高挡位，然后往后站。如果用的是2400瓦特秒的闪光灯并且调到全功率输出，光听声音就能分辨出来。因为闪光灯管在发出足以把人晃瞎的强大闪光的同时，还会发出清晰的"呼"的一声，就算站在楼下大厅甚至周围的街区都能听得见。

这就是我的对策。光源位于窗外，就在一组火车铁轨附近。闪光灯用的是爱玲珑2400瓦特秒套装，这可真是光源里的大家伙。闪光功率必须跟阳光相匹配，所以闪光功率调到了最大，全部2400瓦特秒的功率毫无保留。为了模拟未经处理的硬质感日光照明，闪光灯头上没有使用控光附件，只用了一块反光板。没用柔光伞或者类似的玩意，朴实无华的闪光！

即使这样的光源调整到全光输出仍不足以在功率上压倒日光，但确实可以稍稍延长一点工作距离。为了达到这一

点，一如既往，必须把闪光灯布置在与太阳相对拍摄对象同轴的位置上。这样一来阴影就可以居于一列，看上去像是由同一个单一光源形成的。不过这张照片也有几个意外的"赠品"——影子都处于同一列，这是当然的，但存在一定的色偏。地面上略显暖调的影子是日光产生的，而当时太阳刚刚开始向地平线运动，可以看出太阳——当然也包括它产生的影子的位置。墙上的光影效果是由闪光灯产生的，其色调更偏向中性调。

太阳的位置比我能达到的闪光灯位置要高，所以，只能保证角度一致，高度就没办法了。这实际上是件好事。闪光灯几乎达到模特眼睛的高度（我们位于拍摄地点的大楼二层，所以闪光灯头安装在称之为高辊架的大型增高灯架上，最大高度可达7.6米）。使用这种布光的好处在于，位于眼平高度的光线可以把拍摄对象的影子完全投射到身后的墙上。如果仔细观看，会发现太阳当时所在的角度产生的影子，位于墙壁与地面的交界处。我希望影子的位置可以进一步提高，落在墙上，这就要靠2400瓦特秒的闪光"重拳"为我实现了。Bleu负责展现她的激情，而我只需负责提供光的舞台。她能够被照亮完全是因为闪光灯的位置比太阳的角度低。（即使用了高辊架也才达到这么高。）阳光为地板提供了充足的照明，而当她跳起时，就会跃出阳光可以照到的范围——进入闪光灯的照明区域。如果没有闪光灯，就不会有神采奕奕的Bleu。

当使用基本上完全来自摄影师背后的硬光进行照明时，还有一件事需要注意——那就是摄影师自己的影子。我蜷缩在窗户下面，否则我的胖脑袋的轮廓将会正好出现在墙上。

现在，远距离的闪光灯产生的光效，看起来似乎是大型闪光灯的专属，但实际上我也在很远的距离上成功使用过热靴闪光灯（尽管不是在刚才讨论的这种阳光很强烈的情况下）。凭借数字影像的高ISO感光度，即使使用小型闪光灯也可以获得足够大的回旋余地，仍然可以获得非常棒的影像质量。

用光课程永远提醒着我们：光源的面积大，距离拍摄对象近，光效就会柔和并充满包裹感；光源面积小（现在讨论的就是非常小的光源），距离拍摄对象远，阴影效果就会很硬，呈现一刀切的明显分界。

在这场影子的游戏中，并不只有主体人物这一个主角。干净的白色背景确实很不错，但如果再来点衬托呢？换句话说，找点什么东西可以装点一片死白的背景，把主体包围起来。这太容易了，只要在闪光灯前面扔些别的东西，就可以看影戏啦。

在上一页的照片中，模特Hope站在白色无缝背景前，模仿Lady Gaga的造型，而全部粉丝在观众席上高举双手向她致意。再一次使用一只SB-900作为唯一的光源，将其放在很远的地方，位于观众席后方。当光源距离主体很远的时候，影子会变得更硬，边缘更清晰，这条古老的命题再次得到了证实。请看背景上Hope的影子，干净利落如同用手术刀切割而成。她距离位于右上方的闪光灯足够远，而距离白色无缝背景则相当近。在她与闪光灯之间是高举的手臂，能看到它们的影子稍微有一点模糊。这至少部分是由于它们的位置距离闪光灯更近，而距离背景墙更远。

这张照片的拍摄参数设置为快门速度1/250s，光圈值f/2.8，ISO 400。闪光灯头变焦至200mm，以最大限度地聚光，最小限度地扩散光线。一束汇聚的光线，从相当远的距离投射到拍摄对象身上。想象一颗棒球，当投手全力投出一记回传快球，捕手的手套接到球的时候会听到什么？"啪"的一声脆响！这种类型的用光也是同样道理。

友情提示：在SB-900的菜单中，有一个"照明模式"选项，可以将其设为平均、标准或中央重点模式，以控制光线的集中或扩散。对于现在讨论的布光条件，会希望光线尽可能集中，所以花上一点时间把照明模式设为"中央重点"模式（而不是标准或平均）是非常明智的选择。虽然只是个小动作，但任何能够进一步提升闪光效果的设置，又何乐而不为呢。

"当使用基本上完全来自摄影师背后的硬光进行照明时，还有一件事需要注意——那就是摄影师自己的影子。我蜷缩在窗户下面，否则我的胖脑袋的轮廓将会正好出现在墙上。"

另外，用这种布光手法，从这种闪光距离上来说，TTL就没用了，至少据我所知会是这样。没有任何需要，也没有任何道理让系统自行决定闪光输出。如果动作很快，可能会反复改变镜头的焦距，在画面中收进大面积的白色背景，也可能构图中几乎没有多少白色背景，每张照片都各不相同。相机透过镜头看到的白色背景面积各不相同，那么每一次控制闪光灯发出闪光的指令都各不相同，这样就会导致曝光量不断增减变化。但这里要的不是暗淡的灰调，而是完全的曝光，彻底的白色。所以，跟飘忽不定忽上忽下的TTL说再见，直接踏踏实实地切换到手动模式。命令闪光灯以手动模式工作，1/1全光输出，把闪光灯能的能量全部榨干。

这样，就已经达到了极限，身后的小小闪光灯已经掏心掏肺，毫无保留。不像TTL闪光模式那样，躲躲藏藏遮遮掩掩有所保留。

不过在大多数情况下，并不建议这么干。在此要特别警示——不要让SB-900长时间以最大功率工作，也不要试图进行高速连拍闪光。如果冒险这样干了，那么就有可能把闪光灯变成一块烫手的山芋。放慢节奏，照片该拍还是拍，但要有所选择。如果霸王硬上弓，要么电池，要么闪光灯，就会烤熟啦。

所以，在继续往下进行之前，先来草拟一个清单，比较一下使用大小两类闪光灯分别有何得失。

大型闪光灯，放得远远的，优缺点如下。

● 优点：硬阴影，功率大，可使用的光圈值也大，可以有效压暗阳光。

● 缺点：需要连接电源，电源箱很重，需要操心的地方很多；有时光量有点过剩；需要大型灯架，甚至需要沙包。

小型闪光灯，放得远远的，优缺点如下。

● 优点：小，灵活，易于使用无需助理，需要的灯架也很轻小；便于控制视线。

● 缺点：小，功率不够，无法在大光圈值下使用，阳光强烈或距离很远时往往不管用；视线控制随机性强。

摄影：也许好，也许坏，也许特别丑——假如没有使用正确的布光方法的话。

噢，还记得我说过在拍摄跃起的Bleu时，为了让我的胖脑袋躲开闪光光路，所以蜷缩在窗台下面吗？在为Hope拍摄的时候，我妥妥地站在光路之外，但是猜猜什么穿帮了？看到画面左下方的螺旋线缆了吗？那是用来连接我的相机与主闪光灯的SC-29引闪线缆，它的影子进入了画面。没错，我成功地把自己躲到了画面以外，不过这样一来恰好就没办法用安装在机顶热靴的指令闪光灯触发遥控闪光灯了。是SC-29（实际上是3根，串联在一起）救了急。指令闪光灯离开机顶，被布置在相机左侧相当远的位置，多亏有离机引闪线缆。不过这样一来就会有一个小小的影子，恰好出现在画面中与Hope同台亮相。🔲

新闻闪光

使用闪光灯会毁掉照片，由此得出的推论：一张好照片可以挽救糟糕的闪光效果。由前述可知：世界上最大的柔光灯箱也救不了一张构思糟糕的照片。

作为一名摄影师，是否曾感觉到身陷这样一种状态：本该运筹帷幄，创作出一系列环环相扣、故事性强的优秀摄影作品；而且本该，比如说，思如泉涌瞬息可就。摄影师的任务是向那些无法身处其所在情境的人，毫无保留地阐释所见到的世界，而实现这一切的手段，就是水晶般通透的、叙事性强的、散发着炽热情感的影像，而这些影像必须逻辑性强，充满力量，而且具有清晰的故事脉络。那么，是否还对此毫无头绪？

生活纷繁芜杂，甚至不知道该把相机指向何方。既不知道该从哪里开始，甚至也不知道该举起哪支镜头（也许当时当地，唯一能够肯定的就是当时带着的镜头并不是想要的那支）。心中的绝望警报器即将爆表，因为想要报道的生活正在上演，一切不会为谁做片刻停留，而我总是错过关键镜头。人们开怀大笑，孩子们被高高举起，老人们在打扑克，学生们在玩各种有趣的游戏，而我一张照片也没拍到。

我就站在那儿——一位闯入者，不知道该干些什么，担心光线的质量，我满脑子想的都是这个。

我看到一幕幕发生在眼前，希望把它们拍下来，我做出一系列笨拙的反应，迟疑着把相机举到眼前，而吸引我的场景在还没来得及说出"我应该减1挡曝光的"就已经结束了。我站在那里张望着，感到非常棘手而且很不自信。绝望之际，我真想从包里掏出一个大喇叭，冲着它大喊："好吧，你们所有这些穿得花花绿绿的当地人听着！你们这些新奇古怪的本地人！在我布光的时候，请把你们手头所有自发的、美好的、自然的行为都停下来！接下来我会让你们在闪光灯的照射还有我的指示下，再重复一遍这些行为，就像你们真地在做这些事一样。"

听起来好像我在说笑，但我没有。我不知道是不是每一位摄影师都经历过这种感觉，由于事件或环境超出了逻辑、思想与能力的控制，而感到自我迷失与无能为力。我想遇到这种情况的可能性非常大，因为我们本该抓拍并再现这些瞬间，而这些瞬间不会编好号，排着队，等待摄影师来拍。作为摄影师，可能会感觉像身处巧克力工厂的Lucy。生活总是扑面而来，就像在传送带上拼命想捡起来抱走的那些糖果一样，五彩缤纷格外诱人。它们中的很少一部分将会被装进盒子，但大多数则会被错过，打碎在地板上。而不可避免地，总会有人，就像Lucy的监护人，大喊着："加快速度！"结果变得一团糟。有时候，最好把闪光灯扔在一边，在相机上提高ISO，然后只管拍。不管在任何时候，自然生动的姿态总比完美的光线更重要。何况，在每一位摄影师的职业生涯中，坏运气总是像常年潜伏在阴影中的怪兽一般不期而至，就在决定回车里拿上闪光灯和手柄的时候，人们还正都赤裸着身体，身上涂满油脂，聚集在村里的广场上庆祝春天到来，万物复苏，然后各自回家。等拿着全套装备赶回来的时候，一切都已经结束，只剩下一两个醉鬼躺在野餐桌上，一边咕嘟咕嘟地喝着温热的烈酒一边醉醺醺地说："唉呀，你怎么没早点来，刚才上百人聚在这里热闹极了。呃，好吧，明年他们还会再聚的。"

事情就是这样。至少在某些时候，我们会自然而然地倾向于希望掌控一切——设置好场景，布置好光线，完全精确和自信地完成曝光，然后把这一堆井然有序的像素存到商业照文件夹里，就像笼中漂亮的小鸟。直到这时它才完全属于我们。我们拍摄了照片，而现在我们才得到了它。它被困在笼中，随时准备好展示给邻居们。但万事万物并不总处于我们的掌控之中，总会有意料之外的小混乱，例如，生活——更加难以拿捏，当然是从摄影的角度。生活不会老老实实待在无缝背景上，它会跑出工作室，穿过大厅。端着相机跟上它需要不同的技巧，还有一点运气。

我在路上偶遇乡村音乐明星 Travis Tritt。他举办了一场大型舞台表演，有许多特效。最特别的要数每场表演的末尾，这哥们戴着黑色帽子消失在激光漩涡之中，大家无不为之疯狂。我看到了这个场景，心里想：布置好照明，让他们打开激光，拍一张壮观的肖像照片。我对于在表演过程中抓拍还是心里没底，所以布置好一切让我感觉更好些。如果我能布置整个场景并控制一切元素，我知道我能拍到一张满意的照片。

他同意在演出之前为我摆出这个姿势。我们在舞台上施放烟雾，开启了激光，我还把一个柔光灯箱放在舞台上，位于相机右侧，并使用中画幅胶片拍摄。技术性的部分在这里并不重要。我用宝丽来相机测试了激光的曝光，又测量了闪光功率，并将这些参数与舞台的暗部相结合。而真正重要的，是这些照片本身带来的视觉感受。

毫无生气，过度紧张，完全舞台化，照片本身拍得中规中矩。而在这么做的同时我就已经扼杀了它，就在当时当地。它就像一颗毛茸茸的驼鹿脑袋，就那么挂在墙上。我迫切想要的不过是一尊"Travis的激光表演"的奖杯而已。

这并不是他的错。他就站在那，把摇滚明星的魅力表现得淋漓尽致。失败的原因完全归咎于相机前的我。我为了用相机赶上生活的脚步，强迫让生活戛然而止。我没有试着抓拍摇滚演唱会中令人血脉喷张的咆哮嘶吼，而是让它安静下来，让它构成某种姿态，呈现在我的镜头面前。结果不言自明。

我确实在现场抓拍到一张激光退场秀的实景镜头。当时正在演出过程中，我

冒险使用手动对焦控制300mm镜头，在演出大厅的后端完成拍摄。我来不及祈祷，直接高速连拍了一系列照片。结果其中有一张足够清晰的，并且效果足够动感和震撼，当然还有清晰的帽子的轮廓。这张照片自然成为这组照片中的最佳。我在路上奔波了3个星期，拍摄了各种不同风格的照片，其中有摆拍也有抓拍，而最后这张封面照片完全来自好运气，没有任何人为的控制，也没有任何预先计划的成分，就在Ektachrome拍到了。没柔光灯箱什么事。

另外，我确实喜欢跟Travis同路，他的歌词和歌曲标题让我感觉简直就是为摄影师而唱的。

例如，作为对摄影师致敬的标准对话模式是："嘿，关于我就谈到这吧，咱们聊聊你对我的作品是怎么看的吧！"：

"手中一枚硬币，电话打给在乎的人……"

对于那些已经逝去的日子，一切都那么美好，而手握相机的我也不用担心会犯错：

"若为八尺男儿，无惧枪林弹雨……"

摄影师生涯的真实写照：

"艰难时光，困苦相伴……"

真是设身处地啊。专注于某样东西，倾注了大量艰苦工作并寄予厚望，而照片只是静静地被摆在那里，就像一个布娃娃松垮无力地坐在书架上。有些不作他想，拍过就扔的东西，甚至明知道拍得很烂的东西，最终都变成巨大的幻景。在这个圈子中的每一天都交织着成功与失败，紧随的是或好或坏的运气。

各种事情都会发生，尽管老话说"机遇偏爱有准备的头脑"，而事实上总是很难真正完全准备好，总要有所妥协。有时候明知道是在以牺牲技术为代价，但抓拍的瞬间获得的自然效果是值得以牺牲技术的完美作为代价的。几年前我曾经全程跟拍高尔夫大师赛，跟现场解说员Dave Feherty和Verne Lundquist一起出现场。

这二位悠闲地开着电瓶车满场绕，想要在果岭上找到更好的角度为现场解说创造更棒的气氛。Feherty是一个性格顽皮的爱尔兰人，总喜欢大呼小叫的。我拍了一些他工作中的照片，还有一些球迷的照片，因为他们总是被球迷拦下来索要签名。事实上，他们被拦下的次数过于频繁了，以至于David开始有点不耐烦了。

一位球迷，以世界上任何地方的标准都是一个大块头，拦下了他们的车。Lundquist正在热心而执着地帮球迷签名，就在一瞬间，正当我移步从他们的车子转向另一部车子时，Feherty就那么盯着我看。我立刻停下脚步，按下了快门。机顶闪光灯直接闪光。若论技术？那真是太糟糕了。表现力呢？则是无价的。

　　我把闪光灯调整到反射闪光位置，又拍摄了一张，并拍摄了好几张光质更好、更柔和的照片。光线的扩散性更好，效果更轻柔。我提到的反射闪光位置，是指将闪光灯头向上抬起45°角，实际上并没有什么反光面用来"反射"闪光，但拍摄对象仍然处于闪光灯柔光罩形成的360°散射范围内。有些摄影师，特别是婚礼摄影师，会将闪光灯头旋转到反射闪光位置，让实际发出的大多数光线远离拍摄对象。这个方法需要更高的闪光功率输出（或更高的ISO值），但确实意味着，拍摄对象被散射光所照亮，而不是完全笔直的闪光。它们的区别就像是夏日的一场阵雨与一场烦人的大雷雨之间的区别。

　　但是，当我把闪光灯调整到更好的状态时，表现力已经不复存在了，那一刻就像新闻收报机一样从我身边溜走了。除了第一张照片以外，我再用平滑的闪光效果拍摄的照片中没有一张抓到点上的，但任何人看到第一张拍摄技术并不完美的抓拍都会发出会心一笑，这意味着我完成了我的工作。这就像赢了，但赢得并不漂亮。或许并不会对自己的表现感到骄傲，但赢就是赢。乔

来点阳光，
让裙角飞扬！

每一次同时拍摄边厅与乞讨者的时候，总能得到一幅满意之作。而当直接打上一束光时，成功的机会则几乎为零。接下来有那么一阵子，我会盯着LCD，觉得第一张照片的布光过于平淡无奇，心里想着"本该带个V8的"。当然，接下来我可以装出一副成竹在胸的样子，自信地点点头，然后沉默一阵子，接着自言自语地说："我想应该就这样多拍几张。"

我当时身在拂晓前的威尼斯主广场，这是一天当中唯一的机会，让这个美丽的、历史悠久的地方不会被如潮的背包客与各种不同的口音和语言所淹没。太阳正在升起，阳光通过外面的水道反射进来，而我则被古老拱门的独特与美丽深深吸引，这个区域仍处于大片的阴影中。

当试图采用简洁的布光，只用一只小型闪光灯对整个场景施加影响时，大面积的阴影区域可以成为摄影师最好的朋友。不必调高闪光功率来对抗位置又高、光质又硬的阳光，而柔和的影调让有效影响场景色调成为可能，无需调动影视车这样的大家伙。

就像我前面提到的那样，整个布光极其简单。我用到了随SB-900附带的塑料闪光灯座，在灯头前面加上全饱和度CTO暖色凝胶滤光片；摘下柔光罩，并将灯头变焦至200mm端，这样光束将会保持集中；接着把闪光灯放在历史悠久的石头广场上。灯头变焦功能有助于将光线直接指向舞者，同时可以把扩散到地面的光线控制在最低程度。由于广场瓷砖受到一定的磨损，受到光照就很容易形成明显的反光，因此如果闪光灯头变焦至广角端，闪光四处发散，就有麻烦了。收紧闪光光束可以有效地把光投射到所需的方位——舞者身上，并尽量减少散射到地面的光子。一点光就能获得很棒的效果，大量的强光轰过去反而效果不好。曝光过度的地面总是个大问题，很显然，当把闪光灯放在地面的时候尤其明显。我可不打算使用这种战术，不过解决起来也很简单：将几片电工胶带相互重叠在一起，粘在闪光灯头朝向地面的一端，就可以起到隔断或旗板的作用，非常管用，如左图所示。

我恰好随身带了一位芭蕾舞演员。我曾建议在我的拍摄团队里加上几位舞蹈演员，这个一时兴起的想法得到了大家的大力拥护。把一位舞蹈演员带到曙光中的威尼斯广场绝对有点异想天开玩票的性质，但对于寻找闪光肖像摄影的拍摄对象来说可以算是一个不错的点子。这总比把从街上找到的戴着奇怪帽子的醉老头放在这片绝美的高光之中要靠谱多了（当然，除非是在扫街，寻找偶然发生的瞬间。但这完全是两种不同的活）。

"收紧闪光光束可以有效地把光投射到所需的方位——舞者身上，并尽量减少散射到地面的光子。"

重复排列的背景与长焦镜头简直是天生一对。镜头的视角让灰色的石柱漂亮地堆叠在一起，形成一幅看上去似乎没有尽头的图形格局，正好把穿着蓬蓬裙的舞者置于其中。光源位于相机左侧，石柱的外面。有人可能会想到，必须依赖光线直射的TTL引闪会被遮挡。该普威引闪器和手动闪光大显身手了！

这当然是一个有效且可行的办法，每个人都会这么想，除非无线电引闪意外失效。但它们不会的，对吗？不过我并没带无线电引闪器。所以这个选择也就自动退出了。我所做的是仍然依靠TTL，直射光引闪技术。我把3条SC-29引闪线缆串联在一起，将SU-800闪光指令器与相机热靴相连——换句话说，采用硬连接。利用3条线缆的延展能力，就可以把指令器接续到位于相机视角以外相当远的地方。我让团队中的一位成员拿着指令器一直朝相机左侧走，直到指令器可以看到作为主光源的闪光灯，而该闪光灯放在距离指令器15~18米外的地面上。在拂晓柔和的环境光线下，在这个距离上引闪不会有任何问题。

所以，用到了两个闪光单元，但只有一个参与曝光。作为指令器的SU-800，手持，位于相机左侧约6米；一只遥控闪光灯SB-900，被放在地面上，位于拍摄对象左侧，从石柱之间发出闪光。没有使用控光附件，也没有用灯架。就是这样，最基本的物理设置，就像我说过的，非常简洁。但这张照片的关键并不在于当时的光线或色彩（当然它们也同样非常重要），重要的在于保持曝光的饱满度，并保证整个漂亮的场景作为芭蕾舞演员的舞台——就像在剧院，用SB-900作为她的聚光灯。

大部分数码相机的设计和操作极其复杂，当它们看到这样的场景时往往会反应过激，希望把所有的细节全部通曝光过度光呈现出来；它们会深入阴影部分，力图挖掘出实际上并不需要的暗部细节。它们不会失误，也不会做错任何事，它们只是在表达工程师们为它们铸就的灵魂。现今的数码相机勤勤恳恳，天赋异禀。只要让它们去做，它们就会拼命发掘整个画面之中尽可能多的细节。它们可不会按照老话所说的"不要唤醒沉睡中的阴影"，它们不能理解什么叫情绪，也不会微妙地表达。它们一旦就位，就会穷追不舍，试图捕捉一切细节呈现在摄影师眼前，所谓的智能曝光。

然而对于这个拍摄场景来说，并不需要把一切全部暴露出来，只需要它在那里就够了。这里所希望的结果是，只要它们像古老的岩石本身应该呈现的那样低调和古旧就好。它们是静谧的——当然也可以来点背景音乐，而身着令人振奋的粉红色衣裙的舞者充满年轻的活力，就像音乐由弱到强渐次加强的效果。

因此，在拍摄这张照片时采用光圈优先模式，机身设置-2EV曝光补偿。曝光不足2挡让我得到了正确的影调，当然只是对我来说正确，而不是相机，相机被蒙在鼓里。而我必须为它指引方向，把它带到我所需的地方，如果它会说话，一定会跟我争论："你确定你要这么干吗？"是的。我希望现场曝光尽量低调。通过这么做，我遵循了长久以来的环境光曝光原则，获取可用的环境光，然后开始摆弄闪光。

并且在这种情况下，通过调整可见光TTL控制的遥控闪

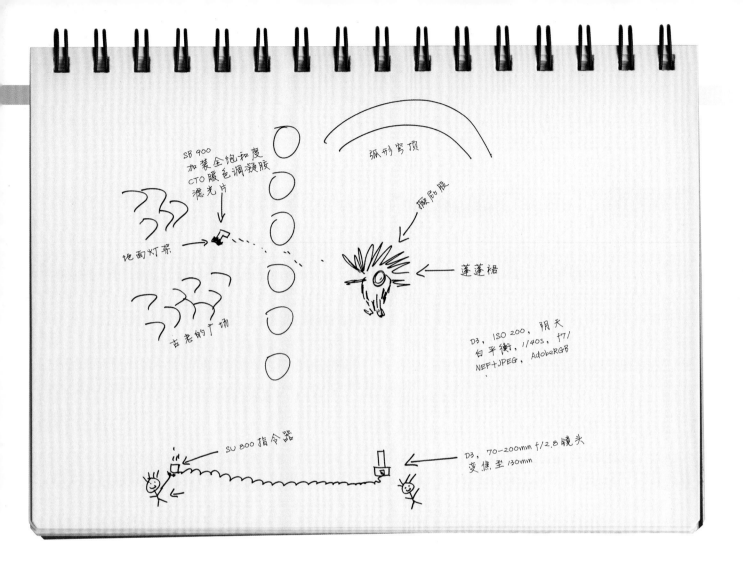

SB 900
加装全饱和度
CTO暖色调凝胶
滤光片

地面灯架

古老的广场

弧形穹顶

腰肢腿

蓬蓬裙

D3，ISO 200，阴天
白平衡，1/40s，f/7
NEF+JPEG，AdobeRGB

SU 800 指令器

D3，70-200mm f/2.8 镜头
变焦至 130mm

光，我可以非常轻松地改变闪光功率，然后通过相机液晶屏查看效果，再让拿着闪光指令器的工作人员做出相应的调整就可以了。本次闪光曝光的效果需要具有一点时尚味道，因此在闪光灯上设置了 0.0 曝光补偿，这样就足以压过在相机上设置了 -2 EV 的环境光曝光。这种工作模式的好处就在于，无需一次次地走到闪光灯跟前调整它的功率。凭借无线技术，可以在相机旁控制指令闪光信号，高效调整遥控闪光灯的参数。这种办法并不总是奏效，但当它正常工作时，一定能让摄影师生涯稍微轻松那么一点，就像我一直以来追求的那样。

使用 70-200mm 镜头变焦至 130mm，手持相机拍摄，光圈值 f/7.1，快门速度 1/40s。看上去这个参数搭配还比较合理，可以创造一定的景深，同时让我可以比较稳当地完成手持拍摄。顺便说一句，这些数字没有任何神奇之处。我从来没有仔细想过为什么用 f/7.1，像这样的光圈值对于我来说还是非常陌生的，一般我会考虑更大一些的 f/5.6，或者更小一些的 f/8。当我用光圈优先模式拍摄时，我会让相机决定曝光参数，接着我会吹毛求疵地调整光圈值与相应的快门速度。我主要关注的是获得清晰锐利的影像，并保留一定的景深。

这些数字之所以特别的唯一原因，是因为它们用在此时此刻、此情此景。

一如既往，我总是觉得如果再多拍一些就好了，但我对最终的效果也足够满意了。正如所看到的，这组照片的得意之处就在于并没有考虑如何照亮她的背部。我们先是拍摄了几张非常古典的舞蹈姿势，从构图的角度来说，我对于她与石柱的相对位置并不满意。其实拍摄效果还不错，但我还是几乎走到她面前，指导她进一步改善站位，并重新布置了闪光灯的位置，这时我想到了让她的动作更加舒展，并调整了她的芭蕾舞鞋。

对我来说，这样的动作总是美得令人感动，让人不安。当一位芭蕾舞演员身着经典的蓬蓬裙做出这样的动作，她看上去就像正欲潜水的天鹅一般。蓬蓬裙的末端呈扇形展开，同时由于其特殊的材质，总是能够很好地呈现光照的效果。此时此刻，裙摆的形状与拱门的造型彼此呼应，相得益彰。

还有，假如我说这是早就设计好的，那我一定是在撒谎。来到现场，拿起相机拍上几张，有些事情，比如f/7.1的光圈值，就会出现。 ☷

用光线
装点桌面

偶尔,当我们布光时,我会对大家说:"好吧,咱们把主光放在桌面上。"不同的人在现场会有不同的反应,这句话可能会让有些人歪着脑袋不解地问:"什么把光放在桌面上?"

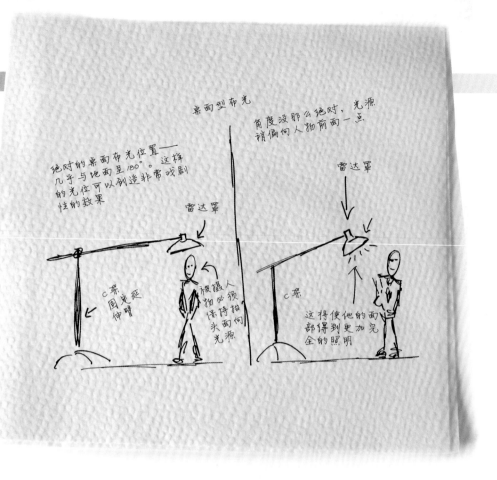

桌面型布光

绝对的桌面布光位置——这样几乎与地面呈180°。这样的光位可以创造非常戏剧性的效果

角度没那么绝对，光源稍偏向人物前面一点。

雷达罩

雷达罩

C架固定延伸臂

被摄人物必须保持抬头面向光源

这将使他的面部得到更加完全的照明

C架

这里是指光源表面的位置与拍摄对象的相对位置，桌面是指与地面平行呈180°的平面。这种用光的原理也一样，只不过通常比桌面的完全水平角度略微小一点，大多数情况如此。换句话说，光线的角度很大、光源位于拍摄对象头顶，但并不是绝对水平的。举例来说，可不要把一个盘子放在所创建的这个角度的平面上。请看素描图，就会对这种用光角度有一个粗略的了解。

想象一下类似悬崖侧壁的一张脸。它具有突出的部位，比如额头、鼻子、脸颊与下巴，其他区域，最明显的是眼睛，则向内凹。如果太阳直接照射，完全位于崖壁的上方，那么只有那些突出的部位才会被阳光照亮，其他的一切都会淹没于阴影之中。戏剧性很强，既有高光也有阴影，而两者之间没有明显的过渡区域。

位于头顶的闪光光源也是同样道理。一个绝对的桌面位置布光将会形成极端的高光与阴影。但是，如果把光源的角度从绝对的180°倾斜一点，比如140°，又会怎么样？把它稍微拉向拍摄对象面部的"崖壁"前方一点点，这样就会有一部分光线射入斜面与凹陷部位，例如双眼。这样就获得了戏剧性，但又不是完全突兀、毫不留情的戏剧性。

我已经提到过，这种顶光是那种"好家伙"型的光线——它是真正的硬汉，是那种"你在跟我说话吗？"型的光线。它可以把过去一贯和蔼可亲的一个人，变成看上去像联盟中惯于暴力铲球的中后卫，以断腿而著称的暴徒，或者一张满是严肃戏剧性的脸。

这只是我说说罢了，但我在一瞬间忽然想到，这样位置的光源通常都是用雷达罩实现的。其光效是短而锐利的效果，

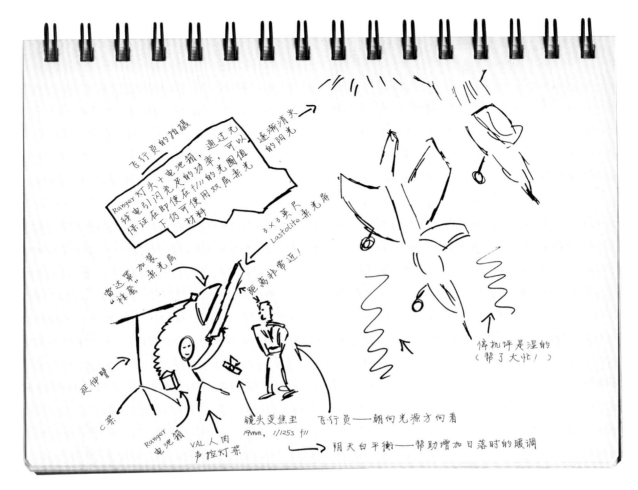

飞行员的拍摄

Ranger灯头+电光箱，通过无线电值的功率，可以逐渐消灭的阴光
线电引闪光灯的功率，可以保证在即使在f/11的光圈值走光
下仍可使用双层走光材料

逐渐消灭的阴光

3×3英尺 Lastolite 柔光屏

雷达罩，加装"袜套"，柔光屏

距离非常近！

延伸臂

C架

Ranger电光箱

VAL人肉声控灯架

镜头变焦至19mm，1/125s f/11

飞行员——朝向光源方向看

偏机坪是湿的（帮了大忙！）

阴天白平衡——帮助增加日落时的暖调

可以产生简短、利落的光质，并强调面部结构；其光质的指向性很强，并迅速衰减进入阴影区域。顾名思义，这种光效毫无疑问非常受时尚人群的欢迎，使用这样的光源将呈现出毫不妥协的前卫光效。但是，当然了，也可以通过控光附件使用柔光手段，降低这种光效的反差。许多放大版雷达罩，例如爱玲珑27英寸雷达罩或其他类似产品，都具备这样的功能或附件，改动虽小但对于最终产生的光质却有显著改善。

大多数雷达罩产品都会带有某种形式的导光板或遮光板，有的是与产品设计为一体，也有的是随产品附送，摄影师可以自行选择加装该附件。爱玲珑出品的型号提供不同颜色与密度的遮光板——包括银色、金色、白色（雾面），以及半透明。还可以给雷达罩套上一个有弹性的"袜套"来达到额外的1挡柔光效果，把弹性束带套在雷达罩外沿即可。

另外，也可以选择银色或白色的内壁颜色。大多数雷达罩的结构设计上都是为了产生快速衰落的高反差光效，因此对我来说，白色的内壁颜色就挺好。当然银色内壁对于某些人的使用需求来说可能也不错——例如，Halle Berry的私人摄影师。不过在我看来，世界上大多数人还是更适合反差略低一点。

另外，还可以采取额外的、进一步的控光手段。如果雷达罩即使加上了"袜套"仍然显得过于夺目，可以在它与拍摄对象之间再加上一层柔光手段，例如3×3英尺Lastolite柔光屏。结合这两种布光形式的一种有效布置方法，是把雷达罩放在拍摄对象头顶上方足够距离处，然后把柔光屏插入到光源与人脸之间，接着慢慢把柔光屏下降到画面构图边缘之上，直到正好位于相机视野所及的范围之外。这样一来，闪

光灯与柔光屏之间就会相隔一段距离，让雷达罩发出的光线可以传播一段距离，稍微扩散一点之后再击中柔光屏的布面，接着进一步发生扩散。其结果就是光效非常突出而夺目，但同时又能保持一定的柔和度。

看看这张飞行员的照片，正是用我前面所描述的元素组合拍摄而成，光源位于相机左侧而不是头顶（没有哪个摄影规章说这套组合就只能放在头顶上方）。光效非常饱满，同时阴影衰落的方式又提供了一点戏剧性。有一点限制因素就是，他的视线必须离开相机，面对光源的方向。因为如果他对着相机看，那么面部与光源的角度就太大了，只能照亮一半脸。

对于眼睛直视镜头的拍摄方案来说，光源位于头顶上方更为适合。对于舞者 Bernard 来说，当他毫无掩饰地、优雅地直视镜头，顶光正是非常合适的光源。既有丰富的细节，又有一定的戏剧性；面部轮廓得到很好地呈现，同时眼睛里还有眼神光。这样的顶光效果通过放在他脸部下方与胸部的反光板，得到进一步修饰和完善。可以看到，在

他的眼睛里有一道微弱的低位眼神光。此举可以使相对极端的顶光变得柔化，如同将光线揉捏、按摩一番，使光路反射回来进一步提亮面部。它可以是被动的，就比如这里，使用了一块简单的反光板反射主动的顶部光线，也可以作为另一个光源。在这种情况下，我通常把大型闪光灯放进雷达罩，而把小型闪光灯设为非常低的输出功率，作为填充光使用。

我选择作为填充反光板的是 TriFlip 三角形反光板。可以非常轻松地手持这种反光板，放在画面之外，也可以干脆把它扔在地板上。该套件包括各种不同颜色和反光强度的反射层，让摄影师获得对于反光量与色调的更多控制。作为填充光使用的 SB-900，通过作为主闪光灯的大型闪光灯进行光触发（SU-4 模式）。获得这样的光效无外乎角度和功率。闪光灯可以 1/3 挡曝光为步长调整输出功率，因此可以进行非常精细的微调。这无疑是非常方便的设计，因为每一张面孔所需的填充光量都各不相同。正如我前面提到的，比主光源降低 1~2 挡曝光量是很好的调整起始点。但这里可没有什么自动追踪子弹，也没有永远适用的方程式。这里是光的游乐场，必须到处跑来跑去乐此不疲，并最终找到那个设置方案，适用于摄影师本人及其眼光、品味，还有拍摄对象。

我在拍摄现场得到这一切，而这一切真不算多，对吗？一盏灯，经过柔光固定在一副灯架上，还有一块手持反光板作为填充——就这些。但我让一切就绪，测试了曝光，并得到一张很棒的照片，照片中的主人公简单而平静地凝视着相机。在这个基础上，我更近一步，用一个喷雾器把他打湿。

对于这样的效果来说，准备一点婴儿油或光泽油会很不

错。市面上有各种不同种类的产品可供选择。（所有的化妆师似乎都有他们的个人偏好，而他们的化妆包中总会准备一些的。）在皮肤上涂抹这类产品以后，再喷上去的水就会呈现出人体自然出汗一样的效果。（对模特好一点！最好用温水。）

我们对这位忍耐力超强的模特就是这么干的，先抹上光油然后喷雾。旁边有人目睹了全过程，并好奇地问："为什么要把他喷湿？"我记得提问的问题有点刺耳，并带着点审判的语调，而他们真正想问的是："为什么要费力做这一切呢？这看起来很愚蠢而且完全没必要。"

我没说很多，只是回到相机旁，拍了一张照片，接着把照片显示在屏幕上给所有人看。我转过身来面对大家，说："这就是为什么我要把他淋湿。"

有时候当一个人浑身湿透，看起来就是要更酷一些。

而有的人则不同，当只能看到他们的一部分时，看上去会非常酷，并且充满神秘感。要实现这种效果，采用雷达罩桌面布光法真是再合适不过了。对于类似于Aimiende这张照片（右上图），我用到了雷达罩加柔光"袜套"，但没有额外使用柔光屏。另外，光源的角度几乎采用经典、全面、彻底的桌面式布光——换句话说，几乎在她上方完全水平的位置。

为了让这样极端的布光方式具有更加突出的效果，可以让模特略微低头，并稍稍耸起肩膀，只要一点就够了，并把人物安排在闪光灯的正下方。想象一下：光线像瀑布一样洒落，如同倾泻而下的水流，人物的面部更接近光源，向下逐渐形成渐变的层次，并不需要用大量的光线使高光区域延伸得太远。

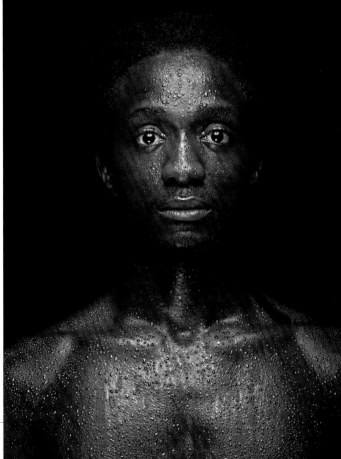

但这仅仅是开始……运动员轮廓光肖像的开始

这种极端的顶光布光方案，还仅仅是现在极其流行的硬汉风格运动员肖像摄影的单灯初级阶段，这种风格广泛流行于ESPN体育杂志的封面，以及各种极富戏剧性的体育运动海报之上。这类照片——运动员的上身正面照，各种流汗，各种秀肌肉，期待着人们的关注，同时周身勾勒着几乎能赶上核辐射的轮廓光。

说到这种风格的照片，现在就有一张。Aaron摆出拳击手的架势，当然他本身就是一名拳手。头顶正上方使用雷达罩，极端布置，眼部几乎没有细节。再一次地，用这样的布置作为起始点。接下来，我增加了两道轮廓光（都用小型闪光灯）并让他站在一面巨大的银色反光布上。另有两只小型闪光灯对其向下直射，让光线从反光布投射到他的身上。往他的身体上涂油，让他摆出架势，然后，就完成了。时髦的雷达罩光效让一切生动起来。

我们之前讨论的顶光布置是整个布光方案的基石，或者说起点。下面就来抽丝剥茧，逐一讨论整个脉络的各个组成部分。

对于像雷达罩这样美妙绝伦的光源，我在旅行之中很少把它带在身上。有那么一阵子，我会把它塞在鼓箱里，但事实证明鼓箱过于笨拙沉重。我还试过把它放在行李袋中，周围塞满柔软的东西，结果还是被挤得凹凸不平。所以，我找到了一个很酷，而且更便于运输的光源——24英寸Ezybox热靴闪光灯柔光箱，折叠之后非常小巧而便于携带，还附带三款创意柔光面，Lastolite出品。这次的救世主不是电工胶带。我在过去经常使用电工胶带，横跨整个控光附件以收窄光束，或限制光照范围。现如今，有许多可以买到的现成产

"这样的光效可以缩小面部中央，勾勒出轮廓分明的颧骨阴影部分，光线向肩部及手臂快速衰落。"

品可以达到同样的目的，只需将其用魔术贴粘在柔光箱表面即可。

使用柔光箱的效果不像雷达罩的反差那么高，但通过创意柔光罩，将整个光束限制于相对较窄的一个区域，同样可以获得明显的戏剧性光效。我把这个窄长条附件安装到模特头顶的柔光灯箱上，并将其垂直布置，与模特的鼻子处于一线，位于他的头部上方约0.6米。基本上，这是一条头顶上的带状光源，以较大的角度倾斜，位于模特面部靠前一点，与相机的拍摄角度处于一线。照明角度与镜头光轴呈一线，就像一条瘦长的高速公路。这样的光效可以缩小面部中央，勾勒出轮廓分明的颧骨阴影部分，光线向肩部及手臂快速衰落。

对于这样的布光方案，假如像这样照亮某个人，那么看上去效果并不会太好。但如果模特是一位优秀的运动员，具有饱满的肌肉和一张充满竞争力的脸，那就再合适不过了。有一点非常重要，那就是让模特的头稍稍抬起一定的角度，迎着闪光射来的方向。没有任何戏剧性，稍微抬起就好。当然，不要让他们往下看，否则会像他们深陷的双眼一样失望。

赶紧让蜂巢束光格来帮忙。把它放在较低的位置，就在画面低端边缘外面一点，与顶光处于一线，瞄准模特的面部并将他打亮。如果只用这束光进行拍摄，而没有任何其他光源，模特的脸就会像漂浮在黑色大海中的狰狞的骷髅。但是当它作为填充光使用，并与头顶的光带配合使用时，却可以适当缓解由于阴影造成的强烈戏剧性，同时添加它自己独特的硬汉感觉。

（快速提示：这完全属于小型闪光灯的领域，我们要面对这一事实，试图为小型闪光灯配备有效的造型灯是不现实的。对于如何让安装了蜂巢束光格发出的光线准确对准目标，我是用测试闪光按钮来实现的。多次按下测试闪光按钮，就可以准确地把闪光的中心对准模特的面部。把闪光灯在灯架上锁紧，告诉模特保持住现在的位置不要动。）

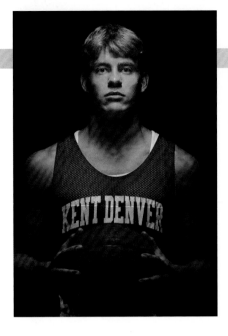
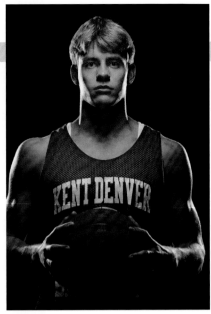
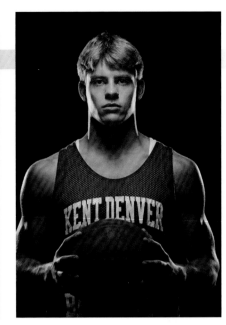

任何低于面部或双眼位置的灯光都应该被理解为稍微有点（或者明显地）不祥的感觉，这主要取决于在实际用光方案中的使用强度。在此，对于Richard来说，这束低位光被处理成明显曝光不足的效果，用以让面部的阴影轻微地化解开来，并且几乎不会引起注意，但它确实存在——经典的填充闪光。直到将它彻底拿走，才会意识到它的存在。顺便说一句，对于B组填充闪光的解读证实了这一点。该组闪光灯手动设置为1/128功率输出，这是它能够实现的最低输出功率。

在对面部进行了非常轻微的填充之后，仍然面对关于立体感的难题。所有这些正面的戏剧性光效都无法改善这样一个事实，那就是他看上去几乎是贴在一块黑色的表面上。下面就该创造出一点深度与层次感了，办法就是利用轮廓光。

2只（或4只）小型闪光灯，布置在相机的左右两侧，大约以45°角面对拍摄对象，距离大约为3米，恰好位于画面边缘之外，这样就够了。（为了保证这些闪光灯的对称性，我通常站在拍摄对象的身后，回望这些闪光灯，从右到左反复目测其距离与摆放位置。假如从相机所在的位置作出判断，

那么永远不可能获得真正对称的摆放位置。如果有两只闪光灯——左右各一只，我通常会把它们布置在眼平高度。假如我使用豪华的4灯布置方案，那么就将另外两只分为高低两个位置，一只放在头部高度，另一只照顾躯干部分。）将闪光灯头设置在垂直的初始位置。人脸与身体是垂直的，由此发挥闪光创意吧。

控制这些闪光灯来一次测试闪光。然后检查它们的对称性，以及光线射中目标的方式。如果仔细设置了它们的摆放位置，那么第一张照片就会很轻松地获得正确的效果，尽管它可能会曝光过度。另外，尝试一下闪光灯变焦灯头的各个焦段。我本能的第一反应是将闪光灯头变焦到光束最为集中的焦段，为主体提供侧方照明，也就是200mm端，这也是SB-900的变焦范围上限。但是，可能会发现这样会让光线过于集中与生硬，所以请做好让光线发散一些的准备。

我并不担心那些灯产生的热量。首先，我可以在相机上随时按键控制它们的输出功率，这样我就可以通过指令闪光灯告诉它们如何动作。其次，我会在这些闪光灯上加装凝胶滤色片，为闪光引入一些色彩，这会显著影响照片的观感与

氛围。加装滤色片后，再次拍摄测试照，并据此对参数进行微调。更高的闪光功率会冲掉滤色片本身的色彩，而较低的功率则可以增加色彩的饱和度。对于我自己来说，如果我花费时间和经历把滤色片固定到闪光灯上，那么当然希望能够看到它们的色彩效果，所以通常来说，作为一项原则，我会降低这些闪光灯的功率。此举可以让蓝色从粉彩的淡蓝色变成高贵的皇家蓝，让红色从粉色变成消防车一样的鲜红，让绿色从苍白、讨厌的荧光灯色调之中跳脱出来，变成生机盎然的绿。

成功！

呃，不。看见篮球了吗？（见上页，右图）"只是勉强看到一点"，我同意。篮球没有得到足够的照明，还只是他手中一个黑暗的球体。需要再来点低位光带给它生气、让它看起来像一颗篮球。怎样去做？能够调配的只有3个闪光灯组，而它们已经全部派上用场，正在努力工作呢。这就是全部，别的再也指望不上了。当前（几乎）完成这张照片拍摄的闪光灯度数为：A组，0.0闪光补偿；B组，手动闪光，1/128功率输出；C组，–1 EV。这些不同组别的闪光灯都在尽其所能发挥着作用，但它们所处的位置都无法照亮篮球。

拿出另一只闪光灯，希望其能够作为对现有的已经布置好闪光光比的闪光灯群组的补充？那可真是一个不小的愿望，而作为现场摄影师，我们都明白希望变成失望是常有的事。或者，干脆关掉反复无常的TTL闪光，用无线电引闪器纯手动闪光？这当然是一个可行的选择，不过已经用TTL技术折腾了半天终于设定好各组参数，最后一刻又回到徒手肉搏的手动闪光模式，似乎一切全都白忙活啦。最坏的情况，我们甚至还可以使用光触发从属闪光模式（SU-4），通过相机发出非常轻微的一道闪光来触发所有的闪光灯群组，尽管发出的闪光非常微弱以至于不会对拍摄画面的曝光产生任何影响，但其亮度也足以触发遥控闪光灯组。以上几种方法全部可行，也全都是有效的。

但是，确实拥有第4组闪光灯——主控闪光灯可以同时作为闪光灯与闪光指令器使用。另外，通过一根SC-29引闪线缆（或者两根），可以让主闪光灯离开机顶热靴，向下对着放在地上的金色或日光色TriFlip反光板发出闪光，闪光将会反射到健硕而又无比耐心的篮球运动员身上。这一招将会打亮篮球的下半圈，只是轻轻的一点光线，同时触发其他全部闪光灯组。虽然有点不确定性，但绝对可能。

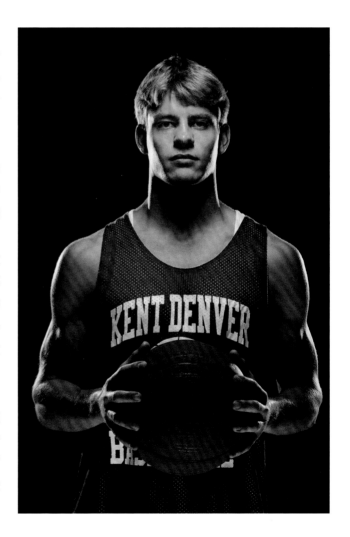

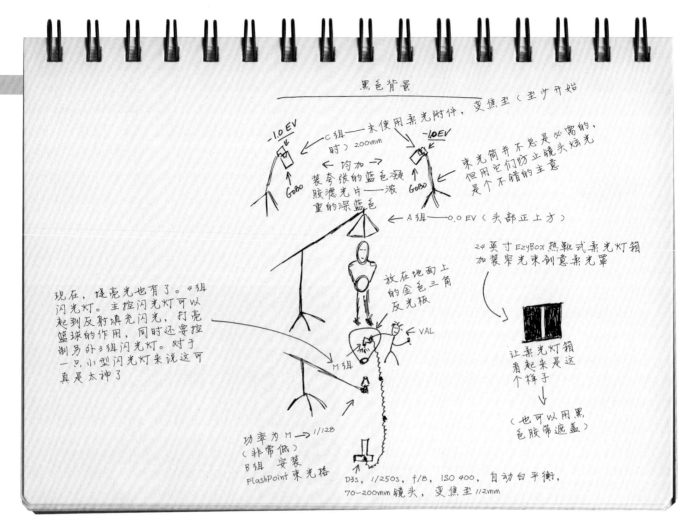

黑色背景

-1.0 EV
C组——未使用柔光附件，变焦至〈至少开始
时〉200mm

-1.0 EV
束光筒并不总是必需的，
但用它们防止镜头炫光
是个不错的主意

GOBO
均加
装夸张的蓝色凝
胶滤光片——浓
重的深蓝色

GOBO

A组——0.0 EV〈头部正上方〉

24英寸EzyBox热靴式柔光灯箱
加装窄光束创意柔光罩

现在，提亮光也有了。4组
闪光灯。主控闪光灯可以
起到反射填充闪光，打亮
篮球的作用，同时还要控
制另外3组闪光灯。对于
一只小型闪光灯来说这可
真是太神了

放在地面上
的金色三角
反光板

VAL

M组

让柔光灯箱
看起来是这
个样子

〈也可以用黑
色胶带遮盖〉

功率为M——1/128
〈非常低〉
B组 安装
FlashPoint束光栅

D3S，1/250s，f/8，ISO 400，自动白平衡，
70-200mm镜头，变焦至112mm

接下来，参数设置变成了如下所示。

主闪光灯设为手动闪光模式，1/8功率输出；A组闪光灯设为0.0；B组闪光灯设为手动闪光模式，1/128功率输出；C组闪光灯设为-1 EV闪光补偿。4组闪光灯，全部听从在相机上发出的指令，并通过主闪光灯相互交换信息，而主闪光灯则担负着双重责任，参与场景曝光的同时还要作为全部遥控闪光灯的指挥官。

稍微有点复杂。4个不同区域的灯光，全部具有不同的功率输出，全部担负照片中不同的、特定区域的照明。这可能会令人有一点儿发懵，但这就是我一直坚持的Speedlight策略，只是为了能让一切对我来说简单一点。

一张照片通常分为3个区域——前景、中景及背景。这确实不算什么新鲜内容了。但是，我要做的是尽量让用光与这3个不同区域相互配合。这样一来，当我满头大汗地回到相机旁，被光圈值的选择、人物的情绪、艺术总监的神经质搞得一团乱麻时，我仍然能够清醒地认识到我的用光是针对哪个区域，不同的光源将如何发挥作用。主光永远由A组闪光灯担任，中景照明光——填充光、轮廓光、发型光、背光——永远是B组闪光灯的活，而背景光则永远由C组闪光灯提供。一切由此变得简单。而我执著于生活中那些简单的事情。

如果想疯狂一把……

还记得我说过吗，如果把光源放在脸部以下的较低位置向上照射，那么，取决于用光的方式，可以造成不祥、危险甚至令人毛骨悚然的效果。如果把这种手法单独使用，并且光质很硬而且作为主光……那么，呈现在眼前的将是一个诡异的怪物。

年轻的 Michael Cali 与我们一起在摄影工作室工作，他是个很棒的家伙，是一位极具才华的新生代婚礼摄影师。另外，他跟 Justin Bieber 简直是一个模子刻出来的。我是认真的。我曾经有一次跟他在一起，女孩们冲他高喊："嘿 Justin！"，完全是情不自禁的。

抱歉跑题了。他同样也非常上镜，可以做出各种各样的表情，这张照片就是其中之一（见下图）。说实话，我当时让他冲相机尖叫，他从了。工作室的家伙们在我和他都不知情的情况下，在轮廓灯上安装了粉色滤光片，干得漂亮。

让我们重新审视一下这张照片。粉色很漂亮，彻头彻尾的甜蜜柔美，严格说并不适合用来表现强硬。注意到，Cali

的轮廓光的光质非常柔和，影调均匀。这是因为轮廓光是用带状柔光箱创造出来的——狭长高挑的非直射光源，设定在模特身后，就在无缝背景纸前面，从模特身后向前照射，打亮脸的两侧。

给篮球运动员的轮廓光更加直接，光质更硬一些，因为使用的是小型闪光灯，发光面积更小，光效更冷酷。带状柔光灯箱发出的光线明显柔滑得多。带状光源的另一个好处是窄而瘦长，正好符合站在镜头面前的拍摄对象的外形。

我们把这幅照片从前到后分析了一遍，主要介绍了我是如何进行布光的。带状光源使用 Ranger 闪光灯套装，通过无线电引闪器触发。它们发出闪光，并由此触发作为正面主闪光的蜂巢束光格发出闪光。另外，还为他使用了一只柔光灯箱，同样使用 SU-4 模式触发，将其布置在头顶上方，但发光功率设置得非常低。前额部分的混合光与拍摄运动员时的用光正好相反。在那张照片中，主光是来自头顶的光线，而来自低位的蜂巢光只作为填充光。而在这张照片中，蜂巢光取而代之成为主光源，立刻让照片具有更强烈的戏剧性。这样的变化完全是通过调整不同光源之间的光比，以及它们相互组合的方式来决定的。想象一下，各种光源就好比是乐队，而摄影师是指挥。有时候，部分段落要演奏得雄浑有力，而其他段落则如同轻声细语，刚好能够听到但仍需清晰可闻。而在其他时候，所有的声部同时奏响，共同达到乐曲的高潮。

Cali 拥有来自大型闪光灯发出的柔美流畅的轮廓光，同时混合了来自小型闪光灯发出的硬光勾勒出他的面部与双眼。拍摄参数为 ISO 200，快门速度 1/200s，光圈值 f/8，D3x。我劝他不要对碰上的姑娘们展露他的这一面，至少别马上。🔲

用两只小型闪光灯
拍摄个性肖像

我将试着像我拍摄时那样，尽可能快地解释一下。
现在开始。

① 让模特坐在椅子上，然后拿着镜头往后退。如果不想，也可以不让他们坐着。我只是发现在构图的时候，拿把椅子会更方便，这意味着他们不会到处溜达，而我也有了一个固定的参考点。当我动动这、动动那调整各种参数的时候，至少他们会觉得舒服点。一旦我鼓捣完毕，总是会把椅子撤掉。

② 把两只灯放在灯架上：一只放在相机左侧，打亮人物的面部；另一只放在相机右侧，人物身后一点点，用来制造轮廓光。拿掉柔光罩，将灯头变焦至200mm。在轮廓光闪光灯偏向相机的一侧捆上一片Honl Speed Gobo遮光板，防止闪光灯的光线射入镜头形成炫光。然后拍一张测试一下。背光一般都是八九不离十，通常都是这样，因为在一开

常会希望轮廓光更强一些，然后随着拍摄的进行，再慢慢降低输出功率。主光通常会曝光过度。对于 TTL 来说，当光线从画面一侧射入的时候，总是会曝光过度大约1挡。因为此时从拍摄对象反射回来的光线，其中一大部分无法被相机镜头接收，而相机镜头"看到"的场景又是一片漆黑。如果不加入人为的干预，那么闪光指令器的小脑袋瓜毫无疑问将会命令提高闪光输出功率，因为外面是一片漆黑。几乎总是要降低主光的输出功率。上图使用快门速度1/250s，光圈值f/5.6拍摄，A组闪光灯作为主光，设置-1.3EV闪光补偿，而

轮廓光则保持0.0。

③　在轮廓光上加装蓝色滤光片。它不一定是蓝色的，想要什么颜色都没问题。再测试一次。参数保持不变，但是似乎背光在加装了蓝色滤光片之后有所降低。很难弄清到底是为什么。谁在乎呢？反正看起来挺好（对页，上图）。

④　将70-200mm镜头从92mm变焦至140mm，看看是否喜欢更加饱满的肖像构图方式。唯一改变的参数就是镜头焦距。令人惊讶的是，TTL功率仍然保持在-1.3与0.0。

⑤　主光很漂亮，但是过于偏向一侧了，所以别让模特盯着相机看，而是要侧向光源的方向。深情一点，深沉一点。接下来找人拿一块TriGrip1挡柔光板，切断这束硬光，挡在光源与模特之间，让柔光板离人物面部越近越好。用同样的参数再试拍一次（见下图）。

⑥　使用柔光板后，需要适当提高主光的输出功率。将功率输出往回调1.3挡，变成0.0。背光仍然设为0.0。模特捏着香烟吞云吐雾，面对镜头（下页，下图）。

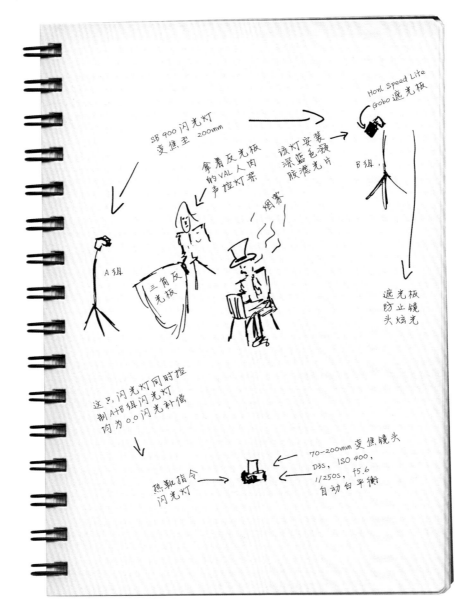

SB 900 闪光灯
变焦型 200mm

Honl Speed Lite
Gobo 遮光板

拿着反光板
的 VAL 人肉
声控灯架

该灯安装
深蓝色额
胶滤光片

烟雾

B 组

A 组

三角反
光板

遮光板
防止镜
头炫光

这只闪光灯同时控
制 A+B 组闪光灯
均为 0.0 闪光补偿

70-200mm 变焦镜头
D3S, ISO 400,
1/250S, f5.6
自动白平衡

热靴指令
闪光灯

⑦　如果举柔光板的志愿者心不在焉，让柔光板偏离了人物的面部范围，照片会呈现这样的效果（对页，上图）。脸上部分是软光，其余则是硬光，这可不怎么样。还是请做灯架志愿者调整柔光板吧。

⑧　模特深深地吸了一口烟，然后呼出大大的一团烟雾。烟雾飘到蓝色的高光区域，他的面部得到了适当的照明，显得个性十足。这组照片的最后一张仍使用快门速度 1/250s，光圈值 f/5.6，自动白平衡，ISO 400 的参数拍摄。两只闪光灯设置的闪光补偿均为 0.0，焦点对在较近的眼睛上。第一张坐在椅子上的测试照拍摄时间为 5:27:26，最后一张——本章首页的照片拍摄时间为 53:6:49。总共不到 10 分钟，从开始到结束。

⑨　一定要确保模特戴着一顶高礼帽，长得像 Keith Richards，并且抽起烟来活像抱个烟囱。🔥

工业之光

走进Charlie的店铺，就像被什么东西绊倒后一头栽进某人凌乱不堪的衣橱，各种乱糟糟的东西堆得满满的。屋里有各种机械、管子、报纸、油漆、工具，当然还有风笛的各种零件。这就是Charlie的职业，他制造并维修风笛。

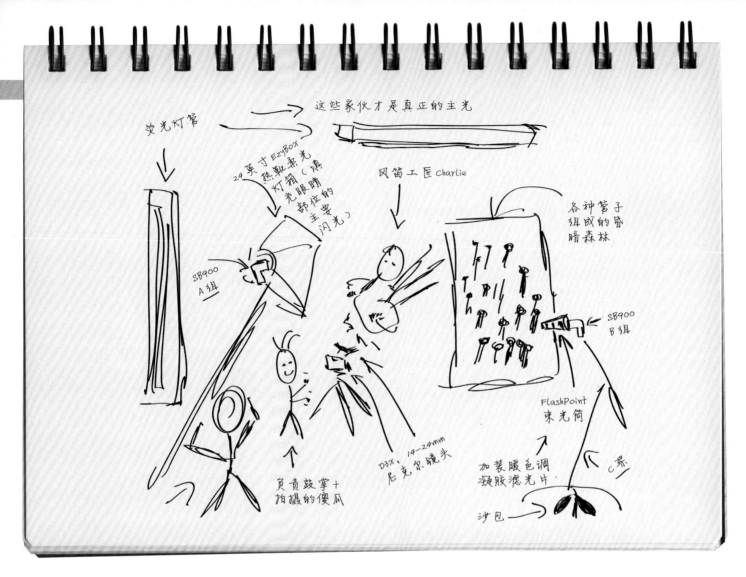

这些家伙才是真正的主光

荧光灯管

24英寸 EzyBOX
热靴柔光
灯箱（提
亮眼睛
部位的
主光）

风笛工匠 Charlie

各种管子
组成的昏
暗森林

SB900
A组

SB900
B组

FlashPoint
束光筒

负责鼓掌+
拍摄的傻瓜

D3X, 14-24mm
尼克尔镜头

加装暖色调
凝胶滤光片

C架

沙包

室内所有的一切，不管是精美绝伦的，还是乱成一团的，都由几盏吊在屋顶上的又脏又破的荧光灯管来照明。没有任何窗光可用，也没有透过板条墙的缝隙透过来的漂亮光柱，现场唯一的光源就是这些荧荧绿光，更加显得混乱不堪。

每当我想到工匠，特别是像 Charlie 这样的传统风格的工匠，仍在用古老的手法实现这看似不可能的任务，让这些管子仍然能够发出悠扬的哼鸣，我的脑海中就会自然而然地浮现出许多电影中的情景。几位头发胡子都已花白的老者，伏在古旧的工作台上，小心翼翼地雕琢着一件件精美的器物，一切沉浸在柔和的窗光之中。换句话说，这是一幅多么完美的画面。

到了 Charlie 这可就完全不是这么回事了。他的小店介于改车狂人的车库与疯子

发明家的暗室之间。这是个让人着迷，元素十分丰富的地方，但很难称得上漂亮。所以，会怎么做呢？拖进来一副74英寸八角形柔光灯箱来模拟大面积窗光？把这个地方打扫一新？把它收拾得好像苏格兰旅游局的宣传片？或者干脆顺其自然？坚持使用小型闪光灯，并且只对现场光线进行调整？请记住，这是一幅肖像照片，所以怎样拍摄都不为过。作为摄影师，要控制照片的走向与姿态，除非希望它看起来就是一张平常的照片。

　　我坚持走真实路线。Charlie是一位个性人物，看着他的小店，我能感觉到自己正在注视着他的人格。所以我遵从这一切，这凌乱光芒下的一切。（实际上他向我道了歉，显得非常局促不安，并说道："对不起，这地方平时还是要规整一点的。"我想："呃，当然了，Charlie。你是指杜鲁门总统执政那会儿吗？"）

"这两只闪光灯——已经把灯光的数量控制到尽可能少——对几乎不可用的现场光线，起到了延展、转向、调整和塑形的作用，使它变成能够展现Charlie身份特征的、会讲故事的光线。"

我选择使用广角镜头，水平取景拍摄。这是个不错的思路，对吧？要展现尽可能多的环境信息，但同时仍要保持让Charlie作为画面中的主角。在这种情况下，14-24mm镜头的19mm焦段让我能靠得足够近，同时仍然保持足够广阔的视角。我把白平衡放在自动挡上，这样就可以让画面色彩更加统一，但又不会太过。整个场景仍然是暖调的，略微有点偏绿，感觉不错。毕竟我不是在为*House Beautiful*（欧美家居装饰设计杂志——译者注）拍照。

画面中的主光基本为头顶的荧光灯，确实如此。拍摄模式采用光圈优先，−2.0 EV曝光补偿，这样可以让画面获得更加饱和与深沉的曝光效果。如果我采用"正常"曝光量即曝光补偿为0，相机的电子大脑至少会让画面中部分阴暗的角落获得正常曝光，使它们尽可能地大白于天下。这样一来，画面中的灯管以及Charlie身后的墙壁就会曝光过度，呈现出一片耀眼的白色，而正在演奏风笛的主体人物，就会变成明亮背景前面暗淡的前景，也就没人会去注意他了。通过控制曝光，我对环境光进行压制，让它老老实实地为我服务——照亮背景并为Charlie的头发与面部提供混合高光照明。

两只SB-900闪光灯与荧光灯密切合作，与它相互搭配，更重要的是，对它重新定向。环境光全部来自上方，照亮人物的头顶，但无法照亮面部与双眼。我必须从侧面与正面为Charlie增加一些照明，突出他的双眼与手中的乐器。按照相机左侧上方的荧光灯管的方向，我加入了一套24英寸Ezybox Hotshoe柔光灯箱，布置在画面以外距离主体人物尽可能近的地方，就位于荧光灯下方，以此作为Charlie的关键光。用它可以打亮他的双眼，并给我足够的闪光输出以确保他在照片中的清晰锐利，避免他在演奏乐器时由于手臂的摆动造成1/10s快门速度下发生模糊。

另一只闪光灯装上束光筒。它的外形就像一支冰淇淋筒，这个很酷的附件可以生成一团集中的光束，可以以指哪打哪。

在这种情况下，我需要把这套黑色管子布置在相机右侧。如果没有这些曝光上的小细节，这间小店的部分神奇之处，还有最重要的，部分可供编辑的重要细节——换句话说，属于 Charlie 的故事——也就随之丢失了。

这只小小的射灯并没有什么特别的，分组为 B 组（主光为 A 组）。它只是用来让那些木质的管子显得更加熠熠生辉，让它们成为画面关键信息的一部分，而不只是 Charlie 身边黑乎乎、乱糟糟的一堆摆设。除了将这组光向下打以外，我做出的唯一修整就是加装了暖色滤光片。整个店铺的整体色调是暖色的，如果我用未加修整的纯色白光直接打上去，这片区域就会吸引观众的注意力。也就是说，人们会盯着白光区域看，而不是把注意力放在那些管子上。

这样的布光手法就好像扔一块石头到池塘里，而不造成一点涟漪。人工光，或者说额外引入的光线，完全融入环境现有的照明模式中，闪光没有留下任何痕迹。尽管看不到明显的闪光效果，特别是对于非专业的观众来说，但它仍具有强大的力量。这两只闪光灯——已经把灯光的数量控制到尽可能少——对几乎不可用的现场光线，起到了延展、转向、调整和塑型的作用，使它变成能够展现 Charlie 身份特征的、会讲故事的光线。

我把这张照片的各项参数显示在 LCD 上，这在教科书里当然是不推荐的。但在当时的情况下，动作必须够快，相机已经固定在三脚架上，Hoodman 液晶屏放大镜也已就位，高亮显示已经开启，直方图显示也打开了，我有充足的信息作为参考。接着我按下了快门，然后倾听 Charlie 优美的音乐萦绕在这凌乱而又奇妙的小店。

顺便说一句，所有这一切都已成为过去。Charlie 搬出了这里，到了一个更狭小逼仄的地方。他那些生出铜锈的工具、多年累积的汗水、木屑、油泥和污垢，全都不复存在。很高兴我能在这一切消失之前拍下了这张照片。这些照片，就像 Charlie 演奏的那些忧伤的音符，永远回荡在这里。▓

寻找面孔

有一回，有人联系我到一个摄影组织教授布光技巧。这真是一群很不错的家伙，我跟他们一起度过了一个美好的周末。一般来说，他们会安排模特协助拍摄。这些模特都非常年轻，人都很好，渴望协助完成拍摄，工作中非常配合。她们的面庞光洁无瑕，而且不光人长得美，也非常友好和开朗。她们也非常善于在镜头前展现自己的性感与魅力。这一切对参与这次教学活动的每个人来说都是非常棒的经历。

到了最受欢迎的工作室拍摄场景与闪光灯布光环节，我提到的那些年轻姑娘们将美丽表现得淋漓尽致。现场的每个人都在专注于拍摄。"再翘一点……对，就这样，性感一点，好的。现在继续，继续……"（我知道被拍摄的模特也有男性。但到了最后，大多数站在镜头前面的都是女性，而大多数站在相机后面的都是男性。）

最终的作品不乏精彩之作，可见创作者的才华与功力。但也可以看出有许多作品明显是在模仿，一看便知是从某本杂志上看到某幅作品，然后简单地搬下来拍摄而成的。换句话说，照片中的姿势是我认为自己曾经见过的。假如我穿得很暴露，摆出同样的姿势，把我的胸部塞进胸衣高高托起活像导弹发射管……还有谁会觉得这样很热辣？

把某段久负盛名的名曲稍加修改，让它变得更优美、更热辣或者更性感，这本身无可厚非，但毕竟不再新鲜有趣了。或者会有不同，或者拍摄过程很有趣，也可能会热气腾腾大汗淋漓。而在无缝背景纸前闪转腾挪的模特，或者干脆说是体操运动员，可能确实在专注地工作，但像这样拍了几十张以后，会开始意识到这一切与其说是摄影创作，倒不如说是在锻炼。相信我，在这方面我与其他任何人一样难辞其咎。为某个魅力四射的人拍照总好过用尖头的棍子往眼睛里戳，对吧？任何事情都无法与拍摄这些热辣、年轻、活泼、弹性十足、美眸传情、浑身每个毛孔都流露出青春与激情的姑娘们相提并论。

有时候，当预期会见到这样充满活力的场面——也许我确实老了——我实际上希望这些人停下来。请先停下来看着我，当然也让相机停止拍摄。好好想象，四下看看，记住那些关键点。就好像这些照片就是一系列问题的答案，每次一点点，带给观众关于摄影师及其生活的大量信息，但不要一次全说完。就像一位调查记者，用相机记录点滴，随后将各种元素片段组合在一起。就让我们每次积累一个像素，好吗？

当我拍摄戴上了美国国家宝石藏品的 Michelle Pfeiffer 时，我当然会感到紧张。我能胜任这项工作吗？我知道我们能够相处得很好，因为我们已经见过面了，但我的相机能跟上她的节奏吗？我的点子到底好不好？她会不会把我看成是个疯子？或者白痴？

我们相处得很好，很顺畅。我认真做了功课，几个不同场景都拍得很棒。她非常美，再配上各种光彩熠熠、如同传说的宝石，就更加摄人心魄。有时候，她显得博学而睿智；而有些时候，她又变得恬淡、空灵。她只要动动眉毛，就能改变情绪和表现力。她很少笑，而当她微笑时，总是显得沉静而知性——而不是牙膏广告中伴随着尖叫的夸张的笑："看，这瀑布是红色的！"（当然，确实有个地方是这样的。）

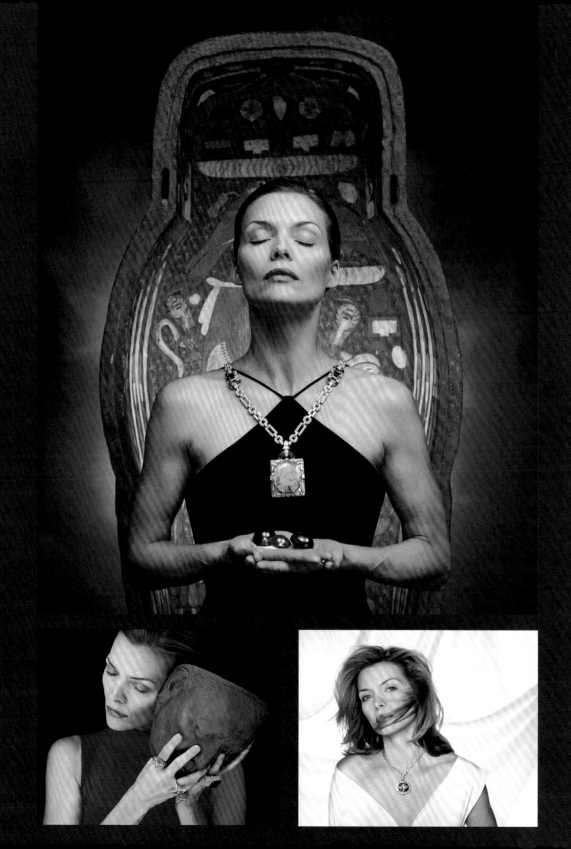

但她盯着相机看，就好像它是个同谋共犯；有两位他们的工作人员因为什么事情走了进来，而我们其余的人，如果足够耐心，最终会赶上。她在整个场地内织了一张大网，所有一切都被禁锢住了。当这种情况发生时，作为一名摄影师，必须向前一步，了解到发生了什么特殊状况，并做出保护的姿态，即使这意味着有点像守财奴的作风。就在我们的一组拍摄正在进行之中，Smithsonian（这次宝石藏品展的承办方）的董事与一名随行人员直接走到场景内，送给Michelle一份礼物，她大方地接受了礼物。接着，他与他的助手就站在我的相机后面不走了，以为他们身处电影拍摄现场。我又拍了两张照片，然后转过身，请大家离开。我表现得非常礼貌，但同时也很坚决，Michelle非常感激。尽管作为摄影师创作的是非常大众化的艺术形式，但有时这种艺术的创作过程必须是私人的。与拍摄对象的交流意味着一切，而如果身处嘈杂忙乱或人员密集的场合，这种沟通就根本无从谈起。

真正有效地与相机会话就像求爱——发出纸条和鲜花，在深夜拨通情意绵绵的电话，这就叫加深了解；展示一些别的地方拍摄的照片，就像一次次约会，逐步得到对方的喜爱和肯定。相机扮演着热情、真挚、得体的求婚者。这个过程可以说是唆使和诱惑，但更加微妙、迟疑并且尊重对方。就

像任何关系的进展一样，全过程一定要处理得微妙，就像对待一件珍贵的圣诞饰品。许多网上流传的摄影作品传递出的充满塑料感的性感，就像毫不修饰、直接把篮球扣在脸上一样，这反映出手持相机的摄影师并不是一位充满好奇与趣味的绅士，而更像是酒吧里的醉汉溜到一个美女面前脱口而出："交个朋友怎么样？"

我又跑题了，但在这里我要说的是，我是一个寻找面孔的人。不同的面孔驱使着我，我凝望着人们，简单而直白。我很庆幸到了这把年纪，还没遇到过有人冲上来要揍我，误把我兴致盎然的侧目凝视——由于琢磨光源与角度而出神——当成是浪子的眉目传情。这是非常尴尬的，特别是当我感兴趣的对象是女性的时候。但是，如果到了挑选模特，比划布光的时候，那我可就当仁不让大大方方地盯着人家看了。

在工作室里就是这样，我总是在扫描着放在相机镜头前的一张张面孔。而我在此前提到的那间摄影棚也没有任何不同。现场邀请的这些年轻姑娘们让我感到必须以我的勤勉相报——为之倾注才智，但我仍在处于扫描模式。寻找，寻找，永远在寻找，寻找合适的面孔，寻找能够在面对相机时表现出吸引力的人。远在房间的尾端，我找到了一位名叫Eirc的绅士，不算年轻，但也不算老，但绝对运动型的外貌揭示了

"尽管作为摄影师创作的是非常大众化的艺术形式，但有时这种艺术的创作过程必须是私人的。"

他积极的生活态度。很显然他对自己的身体条件感到非常舒适与满足，这从他随和的举止就能看得出来。对于我让他在200人的注视下站在相机前拍照的邀请，他感到有点惊讶，但并未拒绝。

我们在一起合作拍照的时间总共只有大约10分钟，如果可以选择，我会进一步微调一下背光照明，这调整一点，那改进一点，所有技巧性的东西都是一名摄影师在拍摄肖像作品时必须追求的。不过在那一刻，关键点并不在用光，而是在于沟通。他的个性、他的信心、他的外表——所有这一切全部叠加在一起，成为我们手持相机追求的一种无法形容的品质：存在感。实际上我认为Eric最棒的照片应该出现在某个不同的时间或环境设定下——也许在一间有窗光的咖啡馆，在交谈之中按下快门。

"镜头前的存在感。该如何去衡量它？又怎样确信某个人拥有它？这真地很难说。"

镜头前的存在感。该如何去衡量它？又怎样确信某个人拥有它？这真地很难说。当然，有的人简单地把它归结于身体外表特征的出众。外表，确实非常重要。但是徒有漂亮的外表还不够。我并不是否定那些年轻貌美的模特们，但是必须接受这样一个简单的事实，那就是他们的个性尚未形成，所以拍摄到的只是他们的外表。当然这样的结果也还不错，因为毕竟表现出了他们美丽的一面。就像汽车摄影一样，完全由铬、高光以及斑斓的色彩所组成。

但事实是，某些内在的东西超越了外表，也许是某人安静的举止、坚定的目光，恰巧被镜头捕捉。在这次交流活动的第二天，我做了一个现场演示，有一位年轻的女士是现场化妆师的朋友。当看到她的那一刻，我就决定要为她拍摄。我请现场模特同我一起完成了现场教学。而接下来，我在佛罗里达州的阳光下设置了一个布光场景，为Antoinette拍摄了一组照片。

从她的外貌与说话的音调里，我就能断定她来自神奇的非洲大陆，并在那里度过了很长一段时间。她出生于尼日利亚，在佛罗里达读书。在这种情况下，我决定把用光做到尽善尽美，并完成这次肖像拍摄。与此同时，我准备为摄影交流活动增加一节课的内容，专门介绍如何在正午的烈日下拍摄。

如此灿烂的阳光意味着非常明亮，同时光源面积非常小。一个遥远的光谱光源，创造出刀削般锋利的高光与阴影。

暴露在这样如同炙烤的烈日下没有任何宽恕可言。在这样的条件下，第一要务当然是赶紧找个阴凉处躲起来，寻找大片的阴影地带。谢天谢地，这样的黑暗地带让我重获对光线的控制权，让模特不至于变成煎锅中的鸡蛋，让他们可以完全睁开眼睛，而不是眯成一条细缝，还让我能够真正看清LCD上显示的内容。（顺便说一句，强烈的日光下必不可少的就是Hoodman液晶屏放大镜。在这样的天气，最好弄这么一个，否则相机LCD几乎起不到任何作用。）

典型的开放式阴影区域通常是由不透明的物体造成的，比如树木的枝叶或办公大楼的背阴侧。另一个策略是留在太阳下，然后用一块柔光板简单地遮在离人物很近的地方。这时模特所处的环境被我称为明亮的开放式阴影——不是通常的开放式阴影，例如会在建筑物的北侧找到的那样的阴影。强烈的日光击中的不是光线无法透过的实心物体，而是半透明的材料，从而创造出非常明亮、充满活力的阴影。引导和修正阳光的力量，接收来自空中的小而强烈的直射高光，将它转化为距离拍摄对象非常近、质感非常润泽的美妙光源。

不过，即使模特现在沐浴在非常适宜拍摄的光线之下，还需要做些什么？把现场光线的曝光量降低至少2挡。这对于拍摄对象与他周围的区域来说正合适，但背景怎么办？如果背景的曝光仍然是肆无忌惮的烈日占主导地位，无论怎么拍都会接收曝光的能量而导致背景完全曝光过度（相对于前景）或者濒临高光溢出的边缘。

如果想追求那种逆光小清新效果的背景曝光，那么尽管拍就是了，拍完就行了。但如果想征服背景曝光，就必须把前景使用了柔光板带来的光线损失补回来。换句话说，再补充一些太阳的能量，但要尽可能做得优雅漂亮。借助于最新的高速同步技术，（在外景地条件受限的情况下）可以用两只使用AA电池的热靴式闪光灯令日光屈服，我就是这么干的。当然了，看上去这似乎并不匹配——一对小型闪光灯对抗来自天界的强大力量，但是如果将闪光灯组合起来放在离拍摄对象很近的地方，再借助极高的闪光同步速度，就能够做到。

本书的其他章节中会对高速同步闪光做具体的介绍，所以在这里我们不会过于深究光圈与快门的设置。相反，我们来谈谈更重要的，关于美学方面的重要事项，关于如何去拍。我特意把Antoinette安排在我可以用长焦镜头拍摄她上半身的位置，从这个角度相机的视野中背景只有树木。下面请见证我用如此简单的背景拍摄出的令人惊叹的照片效果（右图）。在这样一个艳阳高照的天气，树木可以作为非常合适的背景，因为绿色植物可以形成快速的阴影衰落而不必担心反光或高光溢出的问题。另外，当一片树木处于焦外区域时，将会呈现出非常斑驳和令人愉快的背景虚化效果，只有纹理与阴影。从摄影的角度来说，没有必要跟容易曝光过度的地面较劲。

　　这让我能够专注于人物主体的拍摄。看工作照片会发现她坐在一张银色反光毯上，为什么？正如我刚才指出的，绿色能够很好地吸收光线，所以草地无法带来足够的提亮与反光效果，反而很可能向镜头中反射许多略带绿色的光（光照射到什么颜色的物体上，就会带有什么颜色）。所以我选择屏蔽掉草地反射的绿色光，而是借助银色反光毯的反光特性为主体补光。它的尺寸是6×6英尺（1.8×1.8米），跟丝质柔光屏的尺寸相同。这就是Lastolite套装的好处——套装中包括柔光屏，还可以选择同样尺寸的反光屏。我穿着短裤，我的腿在大多数测光表看来都相当于曝光过度2 EV，通过策略性地摆动双腿，我可以为拍摄场景加入微妙的填充光与高光。

　　Antoinette所坐的位置与主光源同样很近，头顶是一块6x6英尺柔光屏，由两支C架提供支撑。

　　并不一定非要用两支C架，可以拿走一个，或者使用通常类型的支架。关键并不是支架，而是支架底部压在腿上的沙袋。如果指望它尽可能地稳定，就得增加重量。基本上，这套系统跟风帆差不多，即使是最小的一阵微风也能把布光设备吹到不知道什么地方。支撑热靴闪光灯的灯架并不需要压沙袋，因为它几乎没有什么风阻。

　　据我所知，有些家伙真地带着他们更大尺寸的丝质柔光屏跑到布店或裁缝铺，让裁缝在上面剪开通风口，并在周围缝上以避免开口被进一步撕裂。经过这样一番处理，可以降低风压，而且有趣的是，留出了一个可以把相机伸过去的洞。如果我距离拍摄对象非常近，而且是把丝质柔光屏放在人物正前方而不是侧面的话，有了这个通风口就非常方便了。如果没有通风口我就不得不用后背贴着柔光屏，后脑勺顶着柔光材料，才能有无遮拦的视野来拍摄照片。

关于支撑系统与防风手段已经说得够多了。真正重要的部分是模特与全部柔光、反光材料到底离多近比较合适。我使用了长焦镜头以获得饱满的构图，透过由柔光屏表面构成的水平通道与两侧的灯架构建的垂直通道完成拍摄。使用200mm镜头时，我无需过多空间。不过，在这样的布景用光中，就别考虑用广角镜头啦。如果希望获得更广的视野，我会用C架从后面支撑6x6英尺柔光屏，将它向前托举到预定位置。角度与位置非常重要。从直觉上，我感觉光源应该略微向拍摄对象倾斜，而不是保持完全平行的相互关系。通过将光源倾斜一定角度，可以为所需的部位（如面部）增加一点亮度，并且（非常轻微地）光线随着向身体下方延伸而逐渐消减。

两只SB-900均安装了柔光罩，它们发出的光线被泼洒到距离Antoinette非常近的一张丝质柔光屏上。它们都额外加装了SB-9外挂电池盒，这虽然不能提高它们的最大输出功率，但可以提高闪光灯的回电效率，缩短回电时间。另外，在这么毒辣的太阳下，我偶尔会用铝箔将SB-900（一旦频繁使用就很容易过热）包裹起来。闪光灯本体用黑色塑料制成，非常容易吸收强烈日光下的热量，以至于在还没来得及拍摄之前就因为过热而罢工了。因此，尽管在这次拍摄中我并没有这样做——像往常一样毫无准备（没有铝箔可用！），并且把灯架藏在阴影里直到最后一刻，但如果我准备在没有任何遮挡的沙漠地区拍上一整天，我一定会用铝箔把闪光灯包裹起来的。

顺便说一句，这条建议并不科学。我还没带着SB闪光灯、铝箔和温度计去过Mojave。我只经历过把相机三脚架支在烈日下面一整天，就为了等待某个新闻事件的发生，而相机装的是6英尺黑色长焦镜头。在这种情况下，很有可能就像在把全套装备架在火上不停地转着烤——不停地转动镜头。大多数摄影师遇到这种情况，会把他们的镜头用铝箔包裹起来，从而反射掉部分热量。因此，至少偶尔我会对我的闪光灯们采用这一古老的策略。

最终这张照片用快门速度1/6400s，光圈值f/2拍摄而成。景深已经达到最小，焦点落在最接近镜头的眼睛上。背景强烈虚化，色彩非常饱和。我华丽的模特面向光源，而她严肃的目光掩盖了她的年轻。我能感觉到岁月的痕迹，就在那双眼睛的深处，像是有许多故事要对人诉说。简单的姿势，美妙的面部与肩部曲线都在表达一种静谧而威严的存在感，完全抓住了相机的注意力。

有许多值得我们学习的经验——大量的相机与用光原理在发挥作用，多种操作相互结合；拍摄中的许多物理要素——大面积的光源、支撑系统、角度设置；小型闪光灯在拍摄中的运用策略；背景的选择与处理；镜头与光圈值的选择……全部都值得讨论、分析与辩论。

到现在，最重要的一课是什么？寻找征服镜头的面孔。乔

怎样才能
被《生活》杂志
开除

这是一桩古怪而讽刺的生意，不是吗？这是创造照片的艺术、工艺和生意。我们搞摄影的总是要接受祝贺，接受可笑的奉承和不真实的东西，还要被人拍拍后背，拍拍头。演出落幕，颁奖晚宴正酣，聚会一直持续到深夜，所有人都在热烈祝贺那些摄影作品与它们的创作者。我们站在领奖台上，接过黄铜块、玻璃锭、数额不大的支票，接受各种溢美之词，赞颂我们那一瞬间透过镜头观察这个世界的方式把对它的理解提高到了更高的层次。

BALLET'S
MOST
FAMOUS
COMPANY
SEEKS TO
REKINDLE
THE
MAGIC.

BOLSHOI
OFF
BALANCE

ONCE UPON A TIME, not very long ago, Moscow's legendary Bolshoi Ballet was making plans for a 1997 tour of the United States. Indeed, the company wanted to be here . . . oh, right about now. Well, it ain't comin', even if it could use the money. Rather than visit Lincoln Center or even Lincoln, Nebr., the Bolshoi has chosen to keep its leaps and lunges, pirouettes and arabesques in Moscow, where it will help the city celebrate its 850th anniversary in September.

For a taste of what you're missing, enjoy them here as they twirl through the streets and neighborhoods of their exotic, ever-changing hometown.

Photography by **Joe McNally**   Text by **Charles Hirshberg**

Nadezhda Gracheva, as the Swan Princess, en pointe—and on high—in Moscow

64

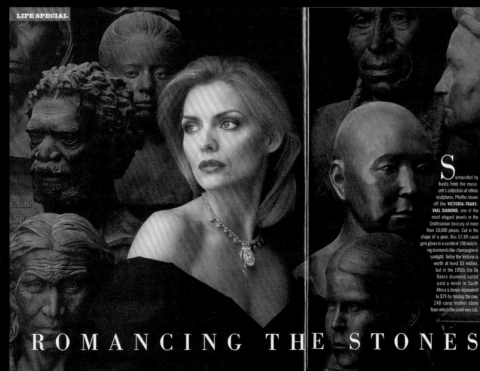

Surrounded by busts from the museum's collection of ethnic sculptures, Pfeiffer shows off the **VICTORIA-TRANS-VAAL DIAMOND**, one of the most elegant jewels in the Smithsonian treasury of more than 10,000 pieces. Cut in the shape of a pear, this 67.89-carat gem glows in a circlet of 108 matching diamonds like champagne in sunlight. Today the Victoria is worth at least $3 million, but in the 1950s the De Beers diamond cartel paid a miner in South Africa a bonus equivalent to $75 for finding the raw, 240-carat mother stone from which the jewel was cut.

Here is a feast for the eyes, America's national jewels, a galaxy of gems more magnificent than the British royal family's. The sinister Hope Diamond, the stunning Hooker Emerald, the colossal Logan Sapphire—they are all kept in the Smithsonian Museum of Natural History, their safety assured but their splendor dimmed by shatterproof glass. Now for one brilliant moment, removed from their cases while the Gem and Mineral Hall is under renovation, the collection's masterpieces glitter for the camera. They are displayed for the very first time as jewels are always best displayed—worn by a beautiful woman: Michelle Pfeiffer.

Photography by **Joe McNally**

Text by **Brad Darrach**
Reporting by **David Duncan**

ROMANCING THE STONES

73

When the Shooting Stops

有些慌乱是在所难免的。这并不是一件轻松的差事，而许多摄影师打破陈规走出了属于他们自己的路。他们的生活诠释了什么是坚韧不拔、无休止的好奇心、对他人境况的同情心与百折不挠的韧劲。最棒的摄影师，从他们的本质来说，是善于讲故事的人。他们目睹了人世百态，至善至恶，并以他们的视觉元素丰富、点化、感动、扭曲、烦扰、挑逗，或者带给我们这些人彻底的挫败感。

太多这样的人总是用尽花招想让我们接受他们的观点，或者干脆迫使我们屈服。

我们拒绝随波逐流。作为一个群体，我们就像一个大号的玩具球。在一个地方碰壁，我们会从另一个地方闯出一条路，关上前门，我们会翻过篱笆去敲后门。我们卑微、执著，我们不约而同地拒绝享受安逸的生活，悄悄溜走，或是默默地站在角落。别人在走，而我们在跑。别人在玩耍，而我们在工作。我们的生活总是丰富多彩充满激情，透过那一方再熟悉不过的视野，洞察千变万化的世界，定格一个个决定性的瞬间。每一次按下快门，偶得的或唯美或经典的某个瞬间，是一次忏悔、救赎，也是一次自我证明，全部浓缩在这方寸之中。

考虑到出好片的难度很高，偶尔赶上一次确实值得感激，这是当然的。但是一定小心！阅读别人的赞美就意味着将很容易信以为真，而一旦沉醉于自我的神话之中，之

What is the cost of war? For millions uprooted by the decade's armed conflicts—and for one photographer who traveled the world to capture these panoramas of devastation—it is too big. PHOTOGRAPHY BY **JOE McNALLY**

AFGHANISTAN
One of every 129 Afghans is, like these patients at a Kabul clinic, an amputee; most were maimed by land mines. Some 110 million of the devices are planted around the world.

后的作品难免会"跑焦"。对于我来说，很难解释为什么每一个摄影师都可能受到盲目自我崇拜的困扰，并因此放弃努力。

我们自己并不是关键，关键是画面所述说的故事，是对一件事所持的观点。我们只是一个容器，一条管道，最重要的是做好自己的本职工作。但同样重要的是开辟出一条道路，剩下的交给照片去完成。就像教育孩子一样，必须首先以身作则，他们才能有样学样。

我们活着就是为了讲述故事，去亲身体验，然后传播这种体验。我一直非常喜爱 Paul Gallico 的例子，他是一位从体育专栏作家转行的小说家。他是一名作家，但他从来不做电话访问。就像摄影师一样，他会深入事物的中心，这意味着他曾经亲自踏上拳击台对阵素有"Manassa 的狼牙棒"之称的 Jack Dempsey，体验与这位著名的世界重量级拳王针锋相对的感觉。

他被击倒了，然后他把这一切写了下来。他的描述极其真实和震撼，假如换成是他描述别人被打得眼冒金星，那一定不会如此身临其境。对于 Gallico 来说，故事就是实实在在发生的事情。我一直很喜欢他曾经对《纽约》杂志说过的一段话："我是个很烂的小说家，我几乎没什么文学素养。我只是喜欢讲故事，而我所有的书都是在讲故事……如果我生活在 2000 年以前，我将会在山洞之间转来转去，我还会说'我能进来吗？我很饿，我想吃顿晚饭。作为交换，我可以给你讲个故事。从前有两只猩猩……'而我会给他们讲关于两个穴居野人的故事。"

我们用照片讲故事。所有其他的东西，包括各种奖项以及对我们工作的溢美之词，全都是废话。

在《生活》杂志的历史上，我曾经是有史以来最后一位专职摄影师。可能会有人觉得这是个相当棒的活，或许吧，一份有保障的职业，现成的、衣食无忧的工作。确实如此，保持了差不多 3 年。下面我就来讲讲这个小故事。

我是在 20 世纪 90 年代中期受邀成为《生活》杂志员工的，并因此成为其 23 年来的首位职员。原来的工作人员随着《生活》周刊的消亡而解散了，重生的月刊只用自由撰稿人。能够冠以《生活》杂志的"专职摄影师"名头，不管怎么说在当时也可以算是不大不小的新闻了，但一切都是短暂的。

这项工作持续了 3 年。在那段时间里，我为 3 名不同的总编工作过。（对于杂志来说，总编就是老板。照片是否能够发表，完全由他的眼光来决定。）

　　我就来描述一下我作为《生活》杂志职员期间的乐趣吧。感觉就像玩过山车——各种紧急转向、各种左摇右摆，而且是在极高速、极短暂的情况下。期间发生了许多值得一提的故事，最后一件是我被要求接拍一个叫做"战争全景"的专题。正如标题所示，我拖着两部617相机去了许多危险的地方，拍摄冲突后的景象，以及世界上这些不幸角落中的居民们的日常生活。

　　这个专题很难做，但最后收效甚佳，好到最终赢得了《Journalistic Impact》颁发的第一届 Alfred Eisenstaedt 奖。

　　颁奖晚会上气氛热烈，各种美食和美酒一应俱全，办得很不错（白吃白喝的餐会总是吸引许多记者。）

　　叫到我的名字了，我走上讲台领取属于我的那块厚玻璃——一尊雕刻着抽象人眼的雕像，还有一张1500美元的支票。发言——尽挑好听的说，向每个人微笑，甚至是 Norm Pearlstine——整个公司的总编，坐在前排的他看上去就像坐在牙医的椅子上，他是《华尔街日报》的前任编辑，所以当天晚上庆祝的照片并不是他喜欢的风格。

● THE ART SCENE

FAR OUT'S IN

YOUNG ARTISTS
PAINT NEW YORK'S
EAST VILLAGE
GOLDEN

Ten years ago artists transformed a decaying New York City warehouse district called SoHo into the center of the international art world. Now that SoHo has become the establishment, the newest, hippest galleries and artists are popping up in the rundown East Village, a section of Manhattan better known to those who push drugs than to those who push art. Though its mean, arson-riddled streets make it look like the victim of some terrible siege, the area now has 60 galleries and three of the city's most outrageous nightclubs. The residents have their own newspaper, the *East Village Eye*, and the normally staid Guggenheim Museum has run tours of the burgeoning scene for its members. What did they see? An eclectic array of painting, sculpture and performance art that can be funny, shocking, raunchy or simply bizarre.

Japanese performance artist Poppo, 33, whose troupe Poppo and the Go-Go Boys plays at a local club, stands atop an East Village building. One critic described a Poppo performance as "an ancient Japanese tea ceremony inhabited by punk rockers."

Photography: Joe McNally
Text: Todd Brewster

46

透过我的微笑和点头，有一件事我很清楚——整个房间也只有另外两个人知道——就在我获得自己获得过的最高荣誉的前一个星期，我刚被《生活》杂志炒了鱿鱼。

新老板刚刚到任，立刻专门开掉了一批人，包括我。在我们为《生活》杂志工作的最后一天，她身穿一袭白衣，从走廊上飘然而下，每隔15分钟左右发出一张粉色纸条。据我回忆，我的约会时间定在1∶15。我在便签上写好时间提醒，在上面画了一张小笑脸，并把它贴在我的电脑屏幕上。

我知道将要迎来的是什么结果，所以决定找点乐子。她首先发难："乔，你可能已经想到了，我们将不再设置专职摄影师这一职位。"我回答道："当然，一本图片杂志为什么要设专职摄影师呢？"

于是，我的职员工作泡汤了。我回到大街上，在我人生接下来的40年里将一无所有，只剩几台破旧的相机，当然，还有我的玻璃眼Eisie奖杯。当时的情形跟我20年前第一次来到纽约时惊人的相似，那时我一样处于失业状态，我拥有的只有一些想法、希望和两台破旧的相机。我曾在桥下拍摄了许多照片，而此时此刻我站在这里，丢了工作，孑然一身。我的人生，也同样几乎消逝。（杂志社在新老板的管理之下艰难运营了一段时间，终于彻底垮了。作为正式职员的好处就是我让我家宝贝上了杂志封面。）

我必须专心致志，重新定位，找到工作。

这个比喻恰当吗？不论为谁工作——《生活》、《时代》，还是 *East Bramblebrook Daily Astonisher*，自己的博客记录的永远是自己的生活或者自己的Facebook页面——为自己而工作。不能自己手里拿个相机，却寄希望于别人。永远不能感觉到安逸，或者自满。如果作为摄影师不具备自我价值、自尊或者成就感，总是人云亦云随大流，那可就要

惨了，因为没人，特别是没有哪家出版物，会以摄影师本人的标准对待其作品。假如在大街上随便拍几张就能让某位编辑认为其是世界上最伟大的摄影师，不仅大加赞扬，高薪聘请，还肯报销头等舱机票，那这样的编辑离被解雇也就不远了。

作为一名摄影师，不管取得过什么成绩，请理解这一点：它总会蒸发、堕落、变坏或者枯萎，随风而逝。

挺有意思，对吧？

摄影师的人生需要激情来驱动，而不是理由。这并不是什么合理的事情。我认识的一位同事给出了这样的建议："如果你想要这么干，你必须让你的朋友感到出乎意料。"的确。然而在这个充满不确定性的人生中，唯一能够确定的就是，

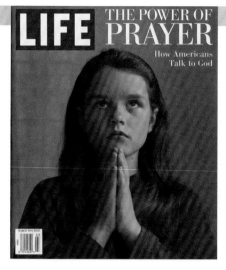

总会遇到点什么不顺的事。

下面是关于如何应对。

如果某一天，或者在某一项工作中，好运降临，让人感觉良好——甚至有点飘飘然——但是请翻过这一页，不要再去想。明天的工作可能会像垃圾场里的狗，紧追不舍，这在纽约随时可能发生。

如果赢得了什么奖项，请心存感激，并表现得高尚一些，感谢所有参与其中的人，特别是编辑和杂志社，即使他们没做任何事，甚至实际上总是极力阻挠。参赛获胜会让人心里暖洋洋的，但是请摆脱这种感觉，因为明天还是要花费2元钱去挤地铁。

请理解那些财务总监，他们总会出现在宴会上，上气不接下气地说："太喜欢你的作品了！"，他们会用两只手一边握手一边想，而现在免费的照片到处都是，为什么我们不能用那些？向他们回致以微笑，感谢他们肩负财政重任还能在百忙之中前来捧场，并感谢他们给出的一点点预算让摄影师去做那些本来只对自己极其重要，但由于其激情与执行力，并通过照片的影响力，让这件事成为对许多人十分重要的事情。

要明白在视内容为生命的大型出版物领域，以及拥有它们的跨国出版集团，竞争总是一年比一年惨烈。如果把合同搞砸了，他们实际上可能会雇佣一些人加入并以各种方式展示什么才是"干得不错"。要知道，"干得不错"这句话随时可能变成"你完蛋了"。

有些时候，会感觉自己是在穿着厚重的衣服，试图穿行在汹涌的海浪之间。或者，像是行走在泥泞之中，浑身像灌了铅一样沉重，甚至连相机都显得更加沉重。

总会遇到这样的日子。平静地挨过这些日子，别让它们毁了对这一行的热爱。只要拿着相机在那里，试图生存下去，并拍些东西——不管是否精彩，甚至干脆就很平庸——可以得到报酬，或者至少活到东山再起的那一天。

总会有连账单都付不起的时候，巴不得相机能变成一台ATM提款机，或是一位更有远见的股票投资人。要有信心，回复那些打来的电话，继续拍摄，哪怕只是为了自己。实际上，特别是为你自己，用这项工作不断提醒自己仍然坚持到底。

STRONG WOMEN

Xena. Buffy the Vampire Slayer. Ripley. In a year of cartoon women warriors, we found six of the genuine thing.

PHOTOGRAPHY BY **JOE MCNALLY**
TEXT BY **JEN M.R. DOMAN**

Fiona Apple
She grew up on the West Side of Manhattan, a true daughter of the Big Apple. Her lyrics are as moody as the city's streets after dark, her voice full of urban pain. Since the success of *Tidal*, her first CD, Apple, 20, can afford to take limousines, but she'd rather ride the subway—even if she has to wear armor.

"I WILL ALWAYS HAVE THE COURAGE TO SAY WHAT I WANT."

WHILE CONGRESS DEBATES THE WISDOM OF CONTINUING OUR PARTNERSHIP WITH RUSSIA'S SPACE PROGRAM, THE ASTRONAUTS STATIONED OUTSIDE MOSCOW IN STAR CITY GIVE COOPERATION A THUMBS-UP.

High-flying cosmos and astros (from left): Yuri Gidzenko, Jim Voss, David Wolf and Sergei Krikalev

STRANGERS in a STRANGE LAND

Photography by **Joe McNally** Reporting by **Lisa Sonne**

　　强烈地去爱，在每一天。万事万物总在改变，对于孤独的摄影师更是如此，而他们不会去变得更好。那些今天还在抱怨的东西，也许一路走下去转过几道弯，又会在美好的遐想中回忆起来。"还记得那些我们从邪恶媒体帝国（Evil Media Empire，作者虚构的公司——译者注）电报服务得到的活吗？他们为此付给我们50美元，还拥有我们的全部版权，而我们不但要自掏腰包解决打车费和停车费，还要让他们免费使用我们的器材。天呐，这就是我们的那些日子。"

　　请记住我们是幸运的，尽管处境艰难。我们身在这个世界，呼吸着未经过滤的空气，不必盯着电脑屏幕上永无止境的数字或报表。大部分商业或者跟商业有关的努力，其结果在一定程度上都是可以预见的、一致的、可重复的。他们好像知道市场将要如何动作。相比之下，我们就像在走钢丝，为极不可知的成功瞬间而活，并且实际上希望那些融合了运气、计时与观察的魔术永远不要重演。

　　我们不知道会发生什么，而大多数时间，当它真地发生时，我们又错过了。或者我们认为自己正在等待的东西却从未真正发生。这让人感到焦虑，伴随着让人猛拍自己脑门的那种挫败感。如果我们从事的是股票或债券行业，毫无疑问我们将会获得垃圾评级。这并不是明智的选择，一点也不。

　　但这又是多么美丽的双刃剑啊！过去撕碎希望的东西有一天突然缩减了，只是有时会如此，还让镜头有了如虎添翼的感觉。豁然开朗！坏运气与惨不忍睹的照片就像秋雨中的枯叶一般消失不见了。

　　在那样的时刻，相机将不再是充满了神秘的数字、设置与选项的铁疙瘩。它变成摄影师的头脑与思想的延伸，并与它们协同运作。多少次透过镜头看到的只有疑虑，而在这些时候看到的将是清晰、明确与绝对的目的性。

　　要知道这些时刻只是偶尔才会发生。好好珍惜，它们让所有苦难变得值得，它们把这一行变成最棒的职业。🔲

LIFE

Naked
POWER

Amazing
GRACE

A Photographic
Celebration
of the Olympic
Body
by Joe McNally

A Meditation
on Athletic
Beauty
by Lisa Grunwald

JULY 1996/$3.95

DIVER
RUSS BERTRAM

LIFE

Naked
POWER

Amazing
GRACE

A Photographic
Celebration
of the Olympic
Body
by Joe McNally

A Meditation
on Athletic
Beauty
by Lisa Grunwald

HEPTATHLETE
JACKIE
JOYNER-KERSEE

JULY 1996/$3.95

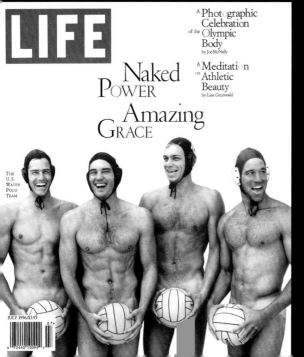

LIFE

A Photographic
Celebration
of the Olympic
Body
by Joe McNally

A Meditation
on Athletic
Beauty
by Lisa Grunwald

Naked
POWER

Amazing
GRACE

THE
U.S.
WATER
POLO
TEAM

JULY 1996/$3.95

LIFE

A Photographic
Celebration
of the Olympic
Body
by Joe McNally

A Meditation
on Athletic
Beauty
by Lisa Grunwald

Naked
POWER

Amazing
GRACE

JULY 1996/$3.95

SPRINTER
GWEN TORRENCE

小闪光，
大光线

我们正处于一个强烈喜爱小型的、便携闪光摄影的时代。以尼康Speedlight为代表的便携式闪光灯，以其通用性和易用性而得名，并且由此可以推断出，其使用的速度也是颇具震撼力的。小型、轻量，以及快速，进退自如！

这很酷。更大型的闪光灯相对来说仍然属于影室摄影的世界——预算高昂的工作，离不开助手，沉重的灯架，以及各种各样的大箱子。

另外，基于上述事实，很容易就可以推导出这样一个结论，那就是大型闪光灯也需要使用大型光源来进行匹配，例如身型巨大的八角形柔光灯箱。小巧的便携式闪光灯搭配的控光附件通常是可折叠的，通用性强、便宜、便携，便于快速安装，因此体积上也不会很大。当然也足够大到可以获得良好的光效，这是肯定的，但肯定不会达到为2400瓦特秒的大型闪光灯配备的控光附件那么巨大的尺寸和复杂程度。

但是，技术在不断进步，不断为我们打开一扇扇新的大门——也提供更多可能性，让使用小型闪光灯的摄影师也能得到优质的、大面积的光源，即使他们用的是小型便携式闪光灯。从技术上来说，这些小型闪光灯实际上完全可以胜过它们体形硕大的兄弟们，当然这还要视情况而定。下面举个例子。

拍摄这张照片，我使用了一把84英寸反光伞。没什么特殊技巧，也没什么复杂的，花了我100美元。通过柔光伞控制灯光是基本的控光技巧，它往往是闪光摄影王国蜿蜒小路上的第一站。对于以覆盖为目的的应用，这种广泛使用的光源需要配备影室型的闪光灯头：一只巨大的灯头，配上一把巨大的反光伞，就等于优质、巨大的光源。

而且说实话，我对把一只单独的小型闪光灯塞进这套像大海一样宽广的控光附件之中感到怀疑。它会轻易淹没在其中。但如果3只呢？用一副三角形闪光灯架就可以很舒服地固定3只小型闪光灯，将其分别锁紧在3个单独的冷靴上，对反光伞的套管组成环抱之势。而且这3个冷靴可以通过棘轮调整角度，这样闪光灯上的感应器接收窗就可以转向统一的方向。在老款的三角形闪光灯架上，冷靴的角度是固定的，这样一来3只闪光灯上的接收窗彼此的角度就被固定了。

那么，为什么要用这么大的反光伞，而不是Ezybox热靴型闪光灯柔光灯箱，或者一把小一点的"常规"尺寸的反光伞？

这张照片中的人物名叫Claudette，这位加勒比音乐家的个性是一分的异想天开，再加上两分的神秘感。我想把她安排在圣卢西亚丛林的繁茂枝叶之中，这意味着要用广角镜头后退两步拍摄，也意味着要把光源继续拉远，还意味着，如果使用尺寸更小的柔光型光源，光效就会变硬，阴影更加明显，光线衰落得更快。这可不是我想要的。

光源的大小与光源距离拍摄对象的远近都会明显影响光线的质量。小光源，远距离？更硬的光线。大光源，近距离？更柔和的光线。（本书中我已经几次提到这个问题了。）在肖

像摄影中使用广角镜头展现更多环境信息，迫使光源位置必须尽可能远离拍摄对象，这样就会导致光线扩散效应变差，失去光质原有的优雅和柔美。抵消这一损失的方法之一，就是直接把小型控光附件撤掉，换成大个的。[友情提示：永远别忘记试拍一下，看看照明效果，即使这意味着需要亲自站到模特的位置（右图）。]

　　用小型闪光灯组建大面积光源。这里是指，由于当前对一切照明手段的强烈兴趣，对于摄影师来说，在他们的套件中使用2只、3只甚至更多的便携式闪光灯都不少见了。把它们塞到一个大型光源之中，比如这把反光伞，这样就可以在森林里用大面积光源获得细腻的光质，来表现这位传统文化的智者。还可以借助相机的TTL闪光控制，只要按几下按钮就能完成闪光控制，格外方便。

　　另外，还可以利用高科技，得到高速同步闪光的便利。

如果想控制景深，让背景中的绿叶像本照片中一样获得适当地虚化，小型闪光灯就可以带来这样的便利——借助高速同步闪光来实现。可以使用的快门速度几乎不受限制，只要2只或3只便携式闪光灯可以输送足够的功率提供足够的闪光

就没问题。现场的情况就是这样，随着我旋转拨轮设置到f/1.4的光圈，快门速度立即提高到1/500s（将在下一章详细介绍高速同步）。

试试在使用大型闪光灯的同时设置f/1.4光圈会发生些什么。会发现，需要使用B或C端口——提供最低输出功率，还要在闪光灯上设置最低的绝对功率值。接下来，很可能还要在灯头上安装一层ND滤镜。（中性灰度滤镜即ND滤镜，是一组凝胶滤光片，它们不会改变光的颜色，但是可以起到降低光线强度的作用。它们呈灰色，通常可以将通光量降低1挡。）

不过这样一来，如果把大型闪光灯的闪光输出调低到适合f/1.4的程度，就很难把快门速度也调到足够快以获得如此大光圈下的正确曝光。对于大型闪光灯的高速同步（high-speed sync，有时也称为hyper-sync），现在有许多经验可供借鉴，但使用影室闪光灯时的传统同步速度通常限制在1/250s，有些时候甚至只有1/200s。对于这个拍摄场景，在f/1.4光圈下使用1/200s的快门速度将意味着整个场景完全曝光过度。现场环境光强度，再加上"正常同步"快门速度，将强迫我不得不大幅度收缩光圈。更小的光圈就意味着更大的景深，也就是更多的丛林景象将被清晰地再现出来。这样的表现手法或许没什么不好，但并不是我现在想要的，我要的就是最小的景深。

这种布光方案真是简单得不能再简单了。一把大型反光伞，布置在相机右侧，光源由灯架、三角闪光灯架以及反光伞组成，使用3只便携式闪光灯，相机安装大光圈定焦镜头，热靴上安装指令闪光灯，所有闪光灯都设为一组（A），因为从光效上来说，它们是作为一个光源使用的。当我把模特从永恒的吟游诗人Claudette换成纯洁的新娘Alana时，只做了一处调整。对于后者，我只是增加了一块银色三角形反光板，提供一点漂亮的补光。布置在反光伞下方，角度很平，就像桌面光一样，使主光中扩散到下方的一点光经过反射再次照到模特的面部。只是这一个改动——而并未增加另一个光源，闪光灯形成的光效就从柔和的个性塑造光变成了一个大号的美型光。

总有人会争辩认为使用多只小型闪光灯确实可以完成拍摄，而使用单只大型闪光灯也能做得很好。他们当然是对的。使用一只Ranger闪光灯或保富图7B可以轻松提供高功率的便携闪光，而无需担心使用小型闪光灯常见的AA电池问题、直射闪光触发问题甚至TTL间歇性抽疯问题。但在这个场景中，我认为使用多只小型便携式闪光灯替代单只大型闪光灯，在技术上是有其道理的，而不是为了用小型闪光灯而用的。我不知道会有谁去做这样的事。也许真有人这么做，我不知道，那也太蠢了。

那么，该怎么叫？大号小型闪光灯？小型闪光灯大型光源？不知道。但是它确实很好用，既得到了昂贵的大型光源的唯美光质，又拥有了小型专用闪光灯的一键式控制的便利性。

不管选择哪条路，都要掏腰包，这是必须的。正如我多次提到的，工作流程与拍摄风格将决定把银子砸向小型闪光灯还是大型光源。能够决定自己选择什么品牌的昂贵产品的人正是自己。摄影器材，不管是什么品牌，什么类型，都很烧钱，这是肯定的。

接下来就是丛林中的漂亮光线，这是无价的。🌿

高速闪光
之美

听起来挺玄乎，又很无聊——对我来说。

对高速闪光，除了在用户手册中"引人入胜、声情并茂"的介绍以外，在各种不同的闪光技法的介绍中已经多到让人想吐了。

这项技术面世已经有一段时间了，现在它已成为完全公开、人尽皆知的相机功能，而不像当年刚刚出现时被标榜为一项全新的高新技术。想当年，要想获得高达1/8000s的闪光同步速度，简直是闻所未闻的事情。

对于佳能用户，开关就在闪光灯上；对于尼康用户，则在相机上进行控制。激活这项功能对于闪光灯与相机相关的各项正常操作没有任何影响。另外，关于"正常"操作，我是指在通常意义下的普通同步速度，最高快门速度1/250s。而一旦激活高速同步选项，就等于打开了一扇大门，可以在非比寻常的极高快门速度下实现闪光同步。这项功能在明亮的阳光下非常实用，而显然，高速快门可以使动作凝固。

这项功能，我认为尽管它有拗口的、学术化的名称，而实际上任何关于其原理的讨论都离不开闪光脉冲、快门叶片极高的运行速度以及随着不断攀高的快门速度成指数降低的闪光输出功率。用户手册中的描述让人感觉是在控制核聚变，而不是在简单地拍摄一张摄影作品。人们很容易就翻过了这一页，心里想："我永远也不会用的！听着也太高深了！"但高速同步闪光自有它的用处——即使并不打算凝固一颗子弹穿过苹果的瞬间。

比如，如果想让背景完全消失，或者追求非常强烈的散焦效果，那么它还是非常简单实用的。由此带来的输出功率上的损失也可以转化成与之相称的收获，只要能够通过开大光圈抵消这种损失。

（为什么输出功率会有所损失？还是从头说起吧。在非常高的快门速度下，无法获得全部闪光，而是其中的部分闪光脉冲——实际上，是许多条闪光片段——穿过高速运行的焦平面快门叶片。闪光灯发出的大部分闪光都被快门叶片的背面所遮挡，而无法真正参与成像，只有其中的一些片段可以。因此，为了抵消这部分损失，需要运用一定的基本策略，例如让闪光灯非常贴近拍摄对象，将闪光灯

"如果想让背景完全消失，或者追求非常强烈的散焦效果，那么它还是非常简单实用的。"

设为全功率输出，开大光圈，不使用任何柔光附件，以避免闪光功率被吸收。）

　　比如说，身在阳光非常明亮的户外，这正是高速同步可以帮助正常实现闪光摄影的典型场景。在直射阳光下使用比较合理的ISO 200感光度，根据"阳光16"法则——在明亮、开放的阳光环境下，以f/16拍摄时，快门速度等于ISO的倒数——当时测光表的读数可能为1/250s，f/16。参数组合可以按照以下排列：250对应16，500对应11，1000对应8，2000对应5.6，4000对应4，8000对应2.8。

　　大多数情况下，我在拍摄街头肖像或新娘的时候，更喜欢使用f/2.8而不是f/16。另外，如果能够在足够有效的工作距离上使用便携式闪光灯，那么在强烈阳光下使用闪光灯仍然是可行的。而这也是符合逻辑的，大太阳等于高速同步。

　　当然，在环境光线并不绝对要是高速同步的拍摄条件下，也完全可以很轻松地使用该功能。请看使用环境光拍摄的Rebecca在小巷中的这张照片（第1张照片）。拍摄参数是ISO 200，快门速度1/80s，光圈值f/11。背景是明亮的阳光，左上方是开放的阴影区域。我觉得禁止停车标志和垃圾桶都是不错的点缀，不是吗？

　　好吧，拿出一只闪光灯——在本例中，使用一只SB-900单灯，加装30英寸 Ezybox热靴闪光灯柔光箱。这张照片也不是我尽最大努力的结果（照片第2张），没有眼神光，闪光灯相对于背景来说功率不足。使用快门速度1/160s，光圈值 f/11，仍然处于普通同步速度范围之内。很平滑，对吗？我仍然对照片呈现的效果不满意，背景太杂乱，前景的照明也很糟糕。我还需要做得更好。

　　最终让画面效果更加漂亮的原因，还是要归功于把镜头光圈打到全开至f/1.4。我不知道是由于来自专业摄影师的压力，还是相机制造商面对的现实就是可变光圈变焦镜头的吸引力是非常有限的，而目前市场上出现了一批新款大光圈定焦镜头。在集中精力于变焦镜头技术多年之后，我开始转向快速、锐利的定焦镜头。这张问题照片使用24mm f/1.4拍摄（上页）。

Marc Koegel 摄

　　好的。我把光圈开到 f/1.4 并把闪光灯移动到尽可能近的位置，稍稍降低一点。这位女士有着深陷的眼眶。我把快门速度设为 1/8000s，背景立刻融入漂亮的散焦纹理之中，而她则从中跳脱出来，并不只是因为光线的运用，同时也因为她是照片中唯一保持清晰锐利的元素。即使是巷子里的脏水坑，在 f/1.4 光圈下也显得魅力十足。

　　保持这个方法不变，换成 70-200mm 变焦镜头，变焦至 200mm，把参数降低到快门速度 1/4000s，光圈值 f/2.8，拍摄了一些构图更加紧凑的头部肖像。通过使用 f/2.8 远摄镜头，就跟背景彻底说拜拜了。我知道 1/8000s、f/1.4 在曝光量上并不等于 1/4000s、f/2.8，实际上曝光量暗了 1 挡。为了在这个参数组合下完成拍摄，我需要闪光灯发出更高的功率。我不再使用 TTL 闪光，而是通过无线信号将它设为手动闪光，1/1 全光输出，也就是闪光灯能够达到的最大功率，刚刚够。

　　但是这样的参数配置也有它的好处：并不在于参数本身，而是在于对参数的控制，以及它们反过来如何影响照片的美感。在这一点上，我采用竖构图进行拍摄。另外，我很喜欢那些沿 Vancouver 巷延伸出去的横梁和立柱，所以我切换回普通闪光模式，并在光圈优先模式下用 1/160s、f/11 拍摄。通过将光圈收缩至 f/11，以及非常近的闪光距离，我获得了足够的景深，现在全部背景景物都可以分辨出来了。同时我还通过在相机上设定 -1 EV 的曝光补偿，有效压暗了背景的影调——此曝光补偿是全局性的曝光调整，这意味着场景的环境光曝光与闪光灯曝光都会降低 1 挡。相应地，我把闪光灯的TTL引闪信息设为+1EV曝光补偿，并增加了一块银色反光板，从模特面部下方提供一点填充光。完成。根据元数据，这组全部照片的拍摄只花了20分钟。

在香港的人行天桥上，我保持了同样的快节奏。我不想让模特看起来像路人一样平淡无奇，所以我希望尝试至少两种不同的风格。当手上拥有一名超级模特时，最好动作麻利点。

我们身处大面积的开放阴影区域，所以无需使用高速同步把我从刺眼的阳光之中解救出来。我也用不着凝固动作，我只是用它来与天桥的图案做游戏。

第一种情况：高速镜头大显身手。我把可爱的Evon安排在天桥栏杆旁边，使用85mm f/1.4镜头拍摄。我希望压暗所有金属部件的光芒，把观众的注意力集中在模特身上，所以使用手动曝光模式，将光圈开大到f/1.4并把快门速度提高到

Louis Pang **摄**

高速同步范围——1/2000s。这一参数组合让我获得了适当的、可用的场景曝光与饱和度。（记住，要首先获得合适的场景曝光。获得准确的环境光曝光在闪光摄影中同样重要。）我把一套24英寸Ezybos热靴闪光灯柔光箱放在她上方很近的地方。正如在工作照片中看到的，地面上放置了一块金色三角形反光板，而Drew手持一只B组填充闪光灯向下闪光打到反光板上并反射回来。主光设为+0.7（即+2/3）曝光补偿，低位光则直接设为0.0——没有任何补偿。金色反光板用于给低位光增加一点暖调。

此时闪光灯的功率并未达到极限——主要原因，我认为是1/2000s的快门速度并不算太离谱。请记住，随着快门速度逐步增加到1/8000s，会损失更多的功率。使用1/2000s快门速度，并将闪光灯尽量接近模特，通常可以避免功率不足的问题。不过我仍会建议，任何时候当使用高速同步，都应该使用外置电池盒。因为是在将整个系统逼到极限，特别是只有一个主光源的时候，额外的电池可以带来更大的回旋余地，在系统达到极限的时候仍能保持很短的回电时间。

接着我让Evon来到天桥中间。在这里，我决定有所改变，使用更大的景深，以及不同的构图手法。我回到普通闪光同步模式，当然，是通过快门速度、光圈值与闪光功率的变化共同实现的。无需大费周章，只需轻按几下按钮即可完成。

获得这种视觉效果所做的改变如下。

改用14-24mm镜头，变焦至16mm；

将白平衡改为白炽灯，B4（非常酷的色调）。

在闪光灯头上加装全饱和度CTO（色温橙）凝胶滤光片。这样一来即使相机上设定为钨丝灯白平衡，闪光灯发出的光线仍可还原"正常"的皮肤色调。根据希望模特呈现出的不同风格，通常需要调整一下，适当增加暖色滤光片——在原有的全饱和度滤光片上叠加一片1/8、1/4或1/2 CTO滤光片。通过使用凝胶滤光片，可以让闪光灯本身发出的日光色温实现与相机上设定的钨丝灯白平衡相互中和。（简单地说，凝胶滤光片可以将日光色温的闪光灯发出的光线，变成具有钨丝灯白平衡的闪光，基本上与床头灯上的白炽灯泡发出的光具有相同的色温。）

但也会有变数，例如多大数量的场景环境光线会渗入前景，混合闪光对拍摄对象曝光。如果发生这样的光线渗透，将会呈现冷调，人物的肤色也会受到影响而偏冷。同样地，也可以在相机上对白平衡进行少量微调。我把白炽灯作为整体工作环境色温，但随后通过副指令拨盘把它调整到略微偏蓝。（类似这样的白平衡自定义功能，大多数高端数码单反相机都支持。请查阅用户手册。）必须自己决定这些很小但也非常重要的决定，就在相机上，在拍摄现场，根据想让照片呈现出来的视觉效果做出决定。

将光圈收缩到f/8，配合广角镜头获得非常大的景深。

在光圈优先模式下，我在机身上设置了-1 EV的曝光补偿，从而获得1/80s的快门速度。曝光不足让背景中的蓝色

调更加浓郁、饱和。

我只用了一只闪光灯，没有填充光，通过无线TTL指令，在相机上的指令闪光灯上对那只SB-900设置了+0.7的闪光补偿。

全部搞定。

注意到一个趋势吗？在我所熟悉的普通同步闪光范围内，我倾向于依赖光圈优先模式，而我可以很自在地调整相机的EV与闪光灯EV之间的光比。当然，这是一个不断变化的游戏，而在拍摄现场可能会发现，先在相机上执行一条指令，然后在闪光灯上执行一条相应指令，最终完成拍摄时会为它们分别设置不同的参数。

正如我一直一来强调的，并没有绝对的对与错，而绝大多数时候要想追求绝对的精确是不可能的。在相机上设定了-2 EV的全局环境光曝光，并不一定非要在闪光灯上设置+2 EV。世间万物千差万别，彼此关系错综复杂。必须不断地做出判断，全凭摄影师的直觉。拍摄现场制定的策略通常是有针对性的，并需要根据大量不可预知的因素做出判断——不断变化的天气、云朵、光线，人物的肤色以及他们昨天是否晒过日光浴，他们穿的什么，使用的构图方式，影响到闪光灯可以放置的距离……

"世间万物千差万别，彼此关系错综复杂。必须不断地做出判断，全凭摄影师的直觉。"

但是，一旦习惯了这些参数，逐渐熟悉并可以灵活掌控，那么到了拍摄现场，即便是刀山火海也可以临危不乱。其实我非常喜欢相机的数字游戏——相信我，在学校的时候数学可不是我的强项。

所以，你处于"普通"模式的时候，翻跟头打把式想怎么折腾都没问题。在这些参数范围内，可以随意混合搭配，只要看着顺眼就行。但高速同步可不是普通操作。当真地迈入高速闪光的领地，一切操作就必须受到闪光灯与极端的光圈快门组合下的一系列限制，闪光有效范围也会随之缩短。在这种情况下，我倾向于接管相机，放弃光圈优先模式，自己亲自掌舵。如果我希望更暗，在手动模式下我会通过改变光圈值或快门速度达到目的，这些改动随之将会影响我接下来需在Speedlight闪光灯上做出的调整。对于闪光灯来说，如果我距离拍摄对象很近，我可以保持在TTL模式，按照我觉得合适的量调整输出功率。然而，通常当我来到1/4000s或1/8000s这样"空气稀薄"的"高空"，我会直接发出信号让闪光灯工作在手动闪光模式——而且通常手动设定的输出功率都是1/1，或者换句话说，火力全开。

好的，咱们回到屋里。屋里？为什么要在室内使用高速同步？因为窗户光可能会太过明亮，需要柔化窗光，或者干脆让它们消失。

Tavish天生一副适合运用硬光的脸庞。他拥有电影明星一般英俊的面庞和漂亮的颧骨，我敢说不管他走到哪，回头率一定很高。这恐怕就是他成为时装模特的原因。

这张照片的器材非常简单：一只SB-900闪光灯，加装

SD-9电池盒，一套LumiQuest III手持柔光箱。之所以选择手持光源，是因为Tavish在镜头前一直在动。他能给出一个模特能够具备的所有优点——不断改变身体姿态与面部表情。这很酷，而相机和布光也要跟上节奏。

太阳西斜，但仍然非常明亮。我装上50mm f/1.4镜头，让Tavish站在距离一组大窗户前面6米的位置。拍摄使用的最终参数是快门速度1/800s，光圈值f/1.4，ISO 100。在这样的光圈下，窗户的形状被虚化为一个个柔和的色块，而夕阳则投射出暖调的高光。

挑战是在f/1.4光圈下保证关键部位的锐度。Tavish一直在动，我拿着相机一直在持续调整对焦点位置，以保证对准他的眼睛。我不想错过他的面部表情以及脸上持续发生的细微变化——我的工作就是不能错过这些瞬间。不过一切都是快节奏的，也有点冒险，因为在这样的大光圈之下不允许出现任何差错。

看来高速同步在室内确实有用武之地。但如果是几乎全黑的房间呢？

有时候我只是想看看，用各种不同的设置和技术，能玩出些什么花样来。这并不是由需求来驱动的，而是由好奇心驱使。有时我是为了向别人展示可能性，并希望用我的言行来现身说法。其他时候，我只是看到一张面孔，好像它对我说了些什么，让我感到就是要用某种方式来表现它。Elex就拥有这样一张脸。

他有一副坚毅的面孔，棱角分明，质感强烈，不管是他的表情还是他注视相机的眼神都是如此。他的额角与面部结构简直就是为轮廓光照明而生的。即使在没有任何环境元素

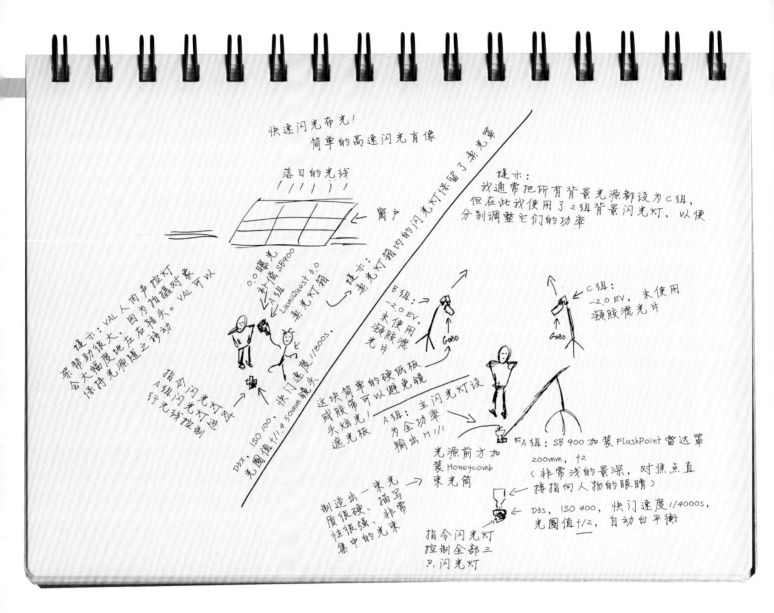

快速闪光布光！
简单的高速闪光肖像

落日的光线

窗户

提示：
我通常把所有背景光源都设为C组，
但在此我使用了2组背景闪光灯，以便
分别调整它们的功率

提示：VAL人肉声控灯架。因为功劳很大。因为拍摄对象会大幅度地左右摆来。保持光源随之移动。VAL可以

0.0 曝光
补偿SB900
A组
LumiQuest 3.0
莱光灯箱

提示：莱光灯箱内的闪光灯保留了莱光脚

B组：
-2.0 EV，
未使用
凝胶滤
光片

C组：
-2.0 EV，未使用
凝胶滤光片

GOBO

GOBO

指令闪光灯对
A组闪光灯进
行无线控制

D3S, ISO 100，快闪速度1/200S，
光圈值f/1.4，50mm镜头

这块简单的硬纸板
或胶带可以遮光镜
头炫光！遮光板

A组：主闪光灯设
为全功率
输出 M 1/1

光源前方加
装 Honeycomb
束光筒

A组：SB 900 加装 FlashPoint 雷达罩
200mm，f2
（非常浅的景深，对焦点直
接指向人物的眼睛）

制造出一束光
质很硬、描写
性很强，非常
集中的光束

指令闪光灯
控制全部三
只闪光灯

D3S, ISO 400，快闪速度1/4000S，
光圈值f/2，自动白平衡

的室内，我也希望能为照片带来一些不同寻常的东西，用完全不同的方式拍摄这张肖像作品。我可不想用寻常的手法埋没这么富有个性的肖像，这可不是一张寻常的面孔。

这就是选择拍摄地点的规则。没有任何环境元素——没有满是裂纹的斑驳的墙壁，没有锈迹斑斑的锅炉房，没有巨大的换气扇叶和透过烟雾的迷离光柱，就像好莱坞电影经常喜欢放进电影场景里的那样。我没有背景，只有前景——他

的脸。所以我使用长焦镜头，超大光圈——200mm，f/2，把自动对焦点直接对准眼睛。通过这样的长焦距与大光圈的组合，获得的景深可以薄如刀刃。

这张照片的光源采用小型Flashpoint雷达罩，我在本书之前的章节曾经提及并对其做了详细介绍。它可以使光束非常集中，达到硬而纯净且指向性很强的光效，非常适合像Elex这样极富立体感且轮廓分明的面部。但是，如果只有简

单的正面单灯照明，他就会显得像是漂浮在黑暗之中，这张照片就会失去深度或者说纵深感。

到了轮廓光出场的时候了。在高速同步模式下，可以使用2只、3只甚至20只闪光灯，用多少只闪光灯都没有问题。同样的问题依然存在，最主要的问题是控制闪光功率。对于2只轮廓光闪光灯——从它们的入射角和反射角相对于相机的角度来说，功率并不是问题。它们"跳过"模特的额角，制造出两道很明显的高亮轮廓。

最终使用的拍摄数据为ISO 400，200mm镜头，f/2光圈，1/4000s快门速度。模特上方的主光设置为其功率上限，即1/1全光输出，手动模式。2只轮廓光闪光灯，仍设为TTL模式，均设置-2 EV的闪光补偿。看到闪光功率上的巨大差异了吗？主光穿过一个控光附件，因此在前面加装了点状束光格以增强光线的汇聚效果，并使闪光中央区域的光效更加突出。整个画面中绝大多数曝光由主光提供，而高速快门与蜂巢束光格吞噬了大量闪光能量。我必须让光源在构图允许的情况下尽可能接近模特的面部。

与主光相反，轮廓光并未使用任何控光附件或柔光手段。它们的闪光灯头变焦至200mm，因此除了勾勒出Elex的侧面轮廓以外，几乎没有光线泄露到其他部位。此外，我对这两束光的唯一诉求就是勾勒出一道淡淡的亮边。乔

Favish

Elex

靠墙站好

直射闪光很难看。如果某个人本来还有一点希望可以看上去更加富有吸引力，那么糟糕的用光足以把他变成阿西莫多。

但有时候这是唯一的选择。这时候，不得不使用直射闪光。而有时候，也许它并不那么糟糕。尽管我明确表示对机顶直射闪光持批评态度，但我还是打算看看当不得不使用仅有的一只闪光灯，而且还是固定在机顶，与镜头指向相同方向时，到底会是怎样的效果。

可能是我的想象力过于丰富了，但当我透过镜头观察某个人，而相机顶部安装着一只闪光灯时，我总觉得自己好像是一艘潜水艇的指挥官，正通过潜望镜盯着那些无缝背景纸前面无助的人，他们更像是目标而不是一张潜在的肖像作品。随着相机内部的一声呼啸，紧随而至的就是几乎致盲的大量光子，轰到如同商船一般毫无防备的拍摄对象身上。我继续通过取景器观察着他或她，被我的愚蠢无能所重创，缓缓地没入波浪。

我又跑题了。回到手头这张照片，它用的是直射闪光手法，直接用全功率轰击整个场景。当为现今市场上销售的大多数闪光灯安装上柔光罩时，它们都会自动变焦至最广角焦段，通常以毫米为单位。根据闪光灯的不同型号，可能会有各种不同的数值，不过相机安装的镜头通常可以覆盖约14～20mm的视角，或多或少。因此，如果闪光灯变焦灯头读数为14mm，它在理论上即可覆盖14mm镜头的视角。从理论上讲，闪光所覆盖的范围是完全的、边缘重合的，四角不会有光线衰减的状况。另外，许多闪光灯支持"自动变焦"模式，在正确的程序控制下，闪光灯将会追随镜头的焦距设置。换句话说，当操作镜头变焦时，闪光灯头也会随之调整焦距。闪光灯一般可以覆盖一系列常用焦距范围，与镜头保持一致直到"过度变焦"，也就是超出闪光灯头可以支持的焦距。大部分闪光灯变焦灯头的焦距上限一般不会超过200mm。

　　我很少使用全开测试模式，但我决定在一面白墙面前试一把。我摆放了一位非常诱人的拍摄对象——Ashley，把我的帽檐转向后方，开始进入潜水艇艇长模式。

　　第一张试拍照使用了24-70mm f/2.8尼克尔镜头，变焦至50mm。闪光灯加装柔光罩，让光线广为扩散，充分覆盖镜头能够看到的"正常"视野。咔嚓！瞬间覆盖。边缘重合，光线充足，细节丰富，零暗角。非常明确，在这种情况下，充分表达出Ashley的态度，几乎拿到了及格分。说实话，这样的照片完全可以跟报刊亭里比比皆是的照片相比，许多摄影师往往一知半解却自我感觉良好。而在墙面上，完全在意料之中地留下了非常清晰的阴影，而且可以看出闪光是在镜头上方发出的。光源位置略高于镜头，所以拍摄对象形成的阴影略微向下移动。这张照片的用光绝对直接，没有任何反

射、弯曲或柔光手段。硬光就像 Mariano Rivera（美国职业棒球著名投手、终结者——译者注）的快球一般，从相机上方略高于视线的位置直射在她身上，而她的身型轮廓被原样"钉"在墙上，分毫不差，只不过比实际人所在的位置略低一些。因此，她耳朵的形状被复制在墙上，非常突出。这对她的形象是一种伤害，因为她的耳朵本来就很显眼。那对耳朵的阴影看上去就像是从躯干上凭空生出一对獠牙。

所以，我向自己证明了相机生产厂商并未说谎，至少在这个例子中是这样。安装了柔光罩的闪光灯确实可以覆盖大片的范围，但是这样的拍摄手法无异于按下录音机上的录音按钮。相机就像一台机器人，忠实地记录下它所看到的一切。作为一名摄影师，请摆脱公式的桎梏，特别是不要让 TTL 测光成为相机与闪光灯的唯一对话方式。这会让摄影师成为一名闯入者，徘徊在鸡尾酒会的边缘，而又无法熟络到完全融入其中。

如果相机热靴上安装了一只闪光灯，不能离机闪光只能直闪，能做些什么？怎样才能尽可能地提高画面的表现力？把闪光灯保持在原位不动，我卸下柔光罩，重新获得对灯头变焦的控制。这意味着我可以将镜头变焦与闪光灯头变焦独立开来，分别进行控制，而不是两者完全同步。我把镜头保持在 50mm 焦距，而把 SB-900 闪光灯头的焦距变焦至 200mm。

正如在前一页中看到的，这样的闪光灯设定在模特周围形成了一个高光核心区域，而边缘则出现明显的衰落、变暗。在对闪光灯直射闪光的效果诟病多年之后，我几乎喜欢上了现在的效果。光质很硬而且集中在画面中央的光线，让观众的目光集中在模特身上，这是当然的，同时画面的其余部分形成了一定的层次和过渡。整个画面的叙述性得到了加强，更像是舞台上聚光灯的效果。也许是受到这种效果的带动，我鼓励 Ashley 摆出更加戏剧性的姿势。

由于我工作室里的代沟，现场的年轻人都喜欢这张，觉得很漂亮，并表示打算找机会效仿一下亲自拍拍看。我倒觉得他们实际上是被类似 *Spin*、*Eat It Raw* 这类杂志中的拍摄效果震到了，这类城市风格的杂志专门刊载一些受年轻人喜欢的照片。

接下来，我仍然让光路与镜头光轴保持相同方向，但为 SB-900 加装了 Ray Flash 适配器，这是一个著名的小型闪光灯环闪套件品牌。环形闪光灯——这个名字真是再合适不过了，因为这种闪光灯的造型就像闹钟一样。通常只有在医生的诊室里才能看到这种呈环形的专用灯具。从字面上来说，这种闪光灯的发光部分是环绕在镜头外圈的，从而保证光线投射到拍摄对象的视角与从镜头中观察拍摄对象的视角相同。环闪有时被称为无影灯，但实际上这样叫并不是非常恰当。阴影效果实际上还是非常明显的，但是会直接落在拍摄对象的正后方，因此如果从比较接近的位置拍摄，是无法看到阴影的，或者至少大部分阴影都看不到。

那么这种效果到底是如何实现的？原本诡异的医疗器具是怎么被移植到流行时尚领域的？我能想象它最初在诊室

里是如何流行起来的。在某些家伙的口中，它可以照亮一切——每一处瑕疵、裂纹、色斑、歪斜。再加上我猜大多数整形医师都会偷偷用到的把戏：用偏广角一点的镜头近距离拍摄，不难想象那些人的脸会被拍成怎样一幅圆滚滚的样子——广角镜头加上近距离拍摄，可以把轻微的龅牙拍得跟马的牙齿一样夸张，吓得父母恨不能立刻拍钱给我们的"视觉魔术师"，希望这张"手术前"照片赶紧变成"手术后"照片。

　　我认为当下风行使用环闪，是因为摄影师们对各种器材和附件孜孜不倦的追求，特别是对于用光。环闪如果运用"得当"，可以获得决定性的光效。（用光有什么固定的"得当"的方法吗？）它看上去，或者说至少可以看上去，显得非常酷。如果只是随意使用，那么光效就会很糟糕。而且不同于反光伞，如果环闪放置在错误的位置，光效看上去会显得非常空泛，直到关闭环闪，拍摄对象才真正得到解脱。该到了用 Photoshop 紧急救援的时候啦！

　　如果要对环闪的使用指出一条"规则之路"，听起来实在荒唐。（就像在电影《虎豹小霸王》中，当 Butch 在帮派内的控制权受到 Harvey 的挑战，他们准备来一场匕首对决，Butch 对他说先停下，等一会儿，因为他们要先讲清楚规则。Harvey 愤怒地反驳道："规则！拿刀决斗还要什么规则？"）

　　这里就有一条，也可以叫建议：使用环闪的时候要正对的拍摄对象。如果乱无章法地用，比如从低位进行照明，向上打亮人物的面部，那么最好是有人肯花钱，否则就要血本无归了。一般来说，没人愿意照亮自己的鼻毛。

　　对于 Ashley，我确实是直射闪光的，正中目标，之前

有点烦人的影子大部分消失了，藏到了她的身后，只留下环绕她的一圈淡淡的轮廓线，这正是环闪的独特之处。我能说什么呢？使用环闪鼓励冒险，把镜头拉近，并让她的姿势更加夸张。再加上时髦的妆容，效果一下子就出来了。至于效果是令人愉悦还是太过突兀，就留给观众去评判吧。当把环闪作为主光使用，就知道自己已经够买了进入闪光灯奇幻屋的门票。任由它疾驰，看看它能奔向何方。

顺便说一句，Ray Flash套件单独使用时可以很好地支持TTL。当然，这意味着与使用任何TTL闪光手段一样，一定会遇到曝光有可能不准的问题。手动模式也完全没问题，请自行选择合适的模式。需要注意的是，如果想把Ray Flash作为主串联闪光／闪光指令器（例如，有另一只TTL闪光灯作为离机闪光或背光），A、B或C组闪光灯在接受TTL闪光指令信号时可能会遇到一些问题。环闪显然是一种指向性很强的光源，光线的扩散相对不是很强，所以将它作为指令器使用可能会有潜在的问题。如果遥控闪光灯布置的位置偏离的程度较大，即使是稍微大那么一点，它们的光感应器就很容易接收不到来自闪光指令器的预闪信号。

　　目前市场上比较流行的环形闪光灯附件主要有两款：Ray Flash与Orbis。可以考察对比一下这两款产品，看看哪一款更符合需要。关于Ray产品的小提示：当把它安装到闪光灯头上时（至少，我发现对于SB-900来说是这样的），请带上捆绑扎带。本品自带的锁定机构并不是很有效，锁定以后最好再用扎带捆绑一下。

　　使用环形闪光灯就意味着需要对曝光、影调与摆姿不断进行实验和调整。这并不是伦勃朗布光法，当然也就不会产生经典的3:1肖像光比。这并不是一种大多数摄影师可以每天都用的布光手段，可以说它是如此的独特以至于作为一位摄影师可能并不会自己买一套，而只是出于实验的目的偶尔租来用。

　　我已经通过一位拍摄对象，以相对安静、客观的风格展示了环闪的感觉。不过考虑到这种光源有一种非常特立独行的个性，这里还是要给出一些概念和实例。

以高调拍摄

　　这属于个人喜好，不过我更喜欢用高调的手法来表达环闪的曝光感受。热辣、直白与明亮的效果似乎非常适合。Vanessa永远是我最喜欢的模特之一，现在她站在白墙前面，一身性感的粉色衣裙，头戴古怪的头饰，流露出"谁，我吗？"的表达方式，环闪风格的用光绝对非常有效。她身上有一种无家可归的小可怜的感觉。与之相反，用光效果就像是警察的巡逻车在一条小巷里用探照灯光把她罩住一样。

装疯卖傻

环闪时间也就是聚会时间。粗暴的面孔完美配合粗暴的用光。砰！这光线正好用在垃圾摇滚乐团，WWE头条人物的投资合伙人，或者，也许还挺适合带着高礼帽的明星，她有一个令人感到亲近和愉快的绰号 Pistol Whip。

果然有效

Bleu 是一位美丽惊艳的漂亮女士——酷酷的气质，面对错误又很优雅宽容。同时她又很温和，在镜头前表现得豪不羞怯，她超凡脱俗的形象简直就是女性版的神奇先生（Mr. Fantastic，美国漫画《神奇四侠》人物之一——译者注）。而现在，邪恶的妆容与夸张的造型让她摇身一变成了 X-Lady，完全配得上这个冷酷、邪恶、漫画书式的绰号。我可不会用柔光伞完成这种照明。

全速前进吧，环闪

内容到了关于环闪的部分——我们过去通常会非常小心地隐藏闪光效果，还要想办法消除窗户上的反光痕迹，现在直接放心大胆地去拍就行了。我发现某些叠加了环闪闪光后的最佳效果，恰恰出现在闪光直射到某些高亮的反光物体上的时候。周围受到环形闪光的照射，几乎形成一种光环效果，或者说光晕，而反射的高光效果虽然在用光教科书里面并不推荐，但确实很有趣而且效果明显。把人物放在离反射面很近的地方，就可以形成反光效果，不妨试一试。记住一定要让他们戴上帽子。

来自相机顶部的直射硬光。谁知道直射闪光还能这么富有趣味？ 乔

乔说乔有理

我以为
灯光将会点亮

亲自做一番调查研究，仔细检查清楚，尽可能博览群书，成为万事通，特别是当有机会用36米的云梯车把纽约市第五大道堵上半条的时候。

我受《国家地理旅行者》杂志的委派，使用全景摄像机格式拍摄纽约各大著名博物馆。这真是一项宏大的工作，它强迫我用不同的方式来思考。我不得不扛着笨重的120相机，进入到一些光线非常昏暗的场所，拍摄非常广阔的场景。我必须以不同的视角来观察，例如，尽可能保持水平。这绝对是一件极其依赖三脚架的工作，更不要提大量的前期规划与侦查。何况，我此前一直为总部设在华盛顿的编辑工作，他们显然对纽约的城市街区规模没什么直观的概念。

在第五大道有一项称为Museum Mile的活动，即将82街到104街上的所有博物馆相互关联成为一个整体参观活动。这是纽约市8座著名博物馆的集中展示，在世界上恐怕也是绝无仅有的。这对于很少出外景、一直宅在总部办公桌前的编辑来说，听起来简直太迷人了。也许摄影师可以把所有这些博物馆用一张照片展示出来。

这可真是个好建议。我的意思是说，实现起来几乎不可能。"你能不能用一张照片把所有这些博物馆都拍摄下来？"实实在在的问题，来自总部。

"呃，当然，只要租用那些照相卫星就行了。"听起来还比较靠谱，因为这样的拍摄要求显然也只有外太空才有。

我礼貌地解释说，就拿纽约最著名的两座建筑物来说，大都会博物馆与古根海姆博物馆相隔至少6个街区，而且，它们分别位于第五大道的两端。这就是人们常说的真实的、现成的难题。

编辑们照例说了好多理由，最后还是把我派去拍摄这个专题了。我摇了摇头对这些华盛顿的白痴们表示不满，然后走到外面，在我的《蠢事百科》里写下了"对大型、昂贵的拍摄计划调研不彻底"这段话。

我用来替换他们的"博物馆群像"概念的想法是，找一个足够高的拍摄位置，高度超过第五大道的林木线，使用617画幅相机拍摄著名的、具有独特圆形外观的古根海姆博物馆。相机镜头沿着大街指向南方，将会拍下左侧的博物馆，而它的全景特性将会涵盖中央公园，出现在画面远方的将是中央公园南部的天际线、帝国大厦以及纽约城的一切。

说实话，我对这张照片的预期有点过高。我过去还从来没有用租来的云梯车堵上一座大城市的一整条街区。这太令人兴奋了！摄影的规则。我得到了许可与授权，租了卡车，

甚至从来没有跟博物馆方面商谈过。有什么必要？我是在公共场所，拍摄公众题材。实际上画面中甚至不会出现任何人的身影，所以完全不必多虑。

运气不错，我干活那天赶上一个好天气。阳光明媚，天空晴朗。早早到达拍摄地点布置卡车的位置，提升起重机达到需要的高度和视角，接着我开始等待。我将要拍摄的是日落十分的景象，此时公园的林木将会呈现极其丰富的细节，城市灯光将会随着古根海姆博物馆的外墙布景光一同点亮。

值得庆幸的是，在等待这一黄金时刻到来的时候，我拍摄了几张照片，事实证明这真是明智之举。远方是落日的金光，博物馆上的光线衬托出它的宏伟。但这还不是我等待的最终效果。我期待的是黄昏时分——深沉、饱满的落日之光，整个城市沐浴在一片如火的暖调之中，也许还有街上的车流绘出的光迹。

我站在起重机平台上，目送太阳渐渐西斜，等待着时间一点点流逝，偶尔按几下快门。那真是一幅美丽的画面，也是我之前从未拍摄过的全新视角。本能驱使我拍摄了几张照片，但我并没有把这几张照片放在心上，此时此刻我还在期待着脑海中设想的画面。

阳光渐渐黯淡，城市中的灯光开始点亮，进入自我照明的夜景模式——但唯独不见古根海姆博物馆的灯光亮起，整个建筑开始慢慢浸入黑暗。我开始紧张了，感觉到自己的身体里有冰冷的触角在抓挠，脑海中的低声窃语开始变成大喊，直到变成嘶吼。对我来说，就好像从恐怖小店买来的植物开始在我胃里生长，以我不断增加的焦虑为食，并开始吞噬一切自信心和逻辑性。

实际上，沉浸在不断增加的忧郁感之中的，只有起重机上的我，还有我的愚蠢。我的不安全感不断升级，随着确信

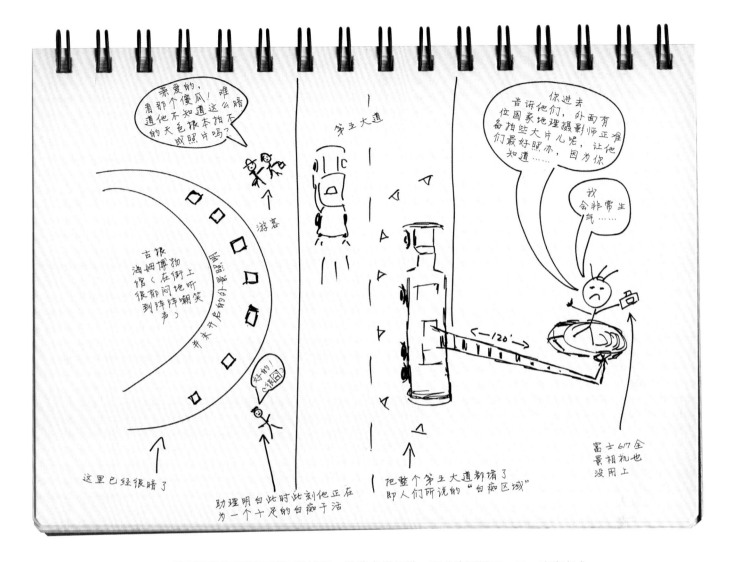

我已经犯下了不可挽回的错误，让我名誉扫地，职业生涯毁于一旦，让我变成一个没人雇佣、濒临破产、无家可归的可怜虫，在42街上的蒸汽炉边来回摇摆度过余生，不停地向经过身边的人们语无伦次地咆哮着污言秽语，说他们从来没有尝过作为一名失败的自由摄影师是什么滋味。在我的脑海中还曾经有过其他同样郁闷的想法与感受，那实际上是一种类似于被塞进小桶中的煎熬。

我抓起对讲机冲地面上我的助手Gabe大喊，让他赶紧跑到古根海姆博物馆问问他们什么时候开灯。他不一会儿就回来了，并且试图在对讲机里解释清楚，说博物馆正在展出一组具有重要历史意义的俄罗斯版画艺术品，整个展览期间都不会开启外墙布景光。因为策展人担心有毒的汞蒸汽灯通宵炙烤，会灼伤这些娇贵的艺术品。所以，可悲的是，建筑物仍将保持黑暗。

我鼓起仅剩的一点自尊，趾高气扬地站在升到顶端的起重机上，冲对讲机大吼着让他们回去要求博物馆把该死的灯给我打开，理由是"有一位国家地理摄影师正在第五大道上拍照片呢！"谢天谢地，Gabe并没有在对讲机里跟我争论，而是义无反顾地回去恳求展方为我亮灯。在一阵阵嘲笑声与我放肆的要求之间，Gabe听到了很强硬的"不"这个字，而且是好几次。

他把结果回报给我。这下任何事情都于事无补了，只有按下下降按钮。起重机平台隆隆地往下降，我的希望也随着升降平台落到谷底。手里剩下的只有等待过程中我拍摄的照片，但愿杂志社看到以后能够满意，而事实也是如此。在这次令人崩溃的拍摄全过程中，我唯一的明智之举就是事前并未透露给编辑说我要拍一张暮色的照片。我只告诉他们将是"一个完全不同的、激动人心的角度。"

以下是经验教训。

调研。一定要事先查明都有些什么人，建筑物里面发生了什么事，等等。永远不会知道什么因素会影响成功的机会。

拍摄。不要把所有的鸡蛋都放在"日落"这一个篮子里，或任何一个唯一的篮子里。涵盖工作的全部！让像

素歌唱！大可以随后把它们丢弃，在得到想要的那张大奖照片之后。但是那些"别的"照片——当时并没当回事的照片——或许之后会成为救生艇。作为一名摄影师，我一直感到内疚，多少次我都觉得我将要拍摄的照片比已经拍得的要更加精彩。热切的期望总是美好的，对于惊人影像的前视觉（Previsualization，对单个或一系列镜头的预览效果——译者注）总是伟丽的，但不要让那令人透不过气来的预期效果成为视觉的束缚。发疯一样地拍摄吧。特别是已经花费数千美元在纽约市中心租了一台起重机之后。

低调。不要跟任何人喋喋不休夸赞自己的创意是多么伟大，将要拍摄什么样的传世之作。这样会提高对方的期望，假如最终无法满足，那可就彻底搞砸了。相信我，总会遇到搞砸的时候，不管是自己造成的还是无法控制的状况，比如赶上坏天气。许多编辑就像温室里的植物，他们从来没有经历过现实世界里的狂风暴雨。对于他们来说，生活是美好的，永远温暖，阳光永远普照大地，总有人按时给他们"喂食"。

他们永远不会明白，有时灯光不会点亮。⚡

无线
TTL引闪

作为摄影师，我们绝对会与周遭其余的大多数人一起，被接下来即将发生的事情所吸引。迫切想要知道未来将会发生什么，就在现在。更高数量的像素！更快的速度！我们寻求各种软件程序，能够天衣无缝地修正我们的罪孽，把夏日时节的树木变成它们只有到了金秋十月才会呈现的样子，让皮肤像布丁一般光滑可人。而我们从不满足于直接从器材店货架上买来的东西，尽管它本身已经很不错了。每当发布某款全新的器材总是非常兴奋，不出48小时有些"摄影工程师"就会在博客上发布他是如何对这件新产品进行改造的，也许原本非常简单的一个柔光附件，现在摇身一变就可以传输文件或下载音乐了。

所以很自然地，当得知佳能与尼康闪光灯的TTL控制信号——目前为止该领域主要使用直线传输的红外线或光脉冲信号——可以通过无线电波进行扩展传输时，可想而知一定会得到很高的赞许、期待，以及眼馋流口水。坦率地说，我自己就是经常流口水的家伙。

简直如同涅槃啊！想想看，把一只或更多只小而棒的闪光灯放在拍摄现场，置于视野遮挡的地方，甚至远达百米之外，仍然可以从相机进行控制，只需拨动几个开关，而无需走上前去，多么直接，多么简单。这在我看来，并不仅仅是拆开信封这么简单而已，而是比急着查看信里是不是驾驶执照的16岁少年更快地撕开信封。

它的出现让类似新款iPhone上市这样的短期狂热风光不再，但当这些分属各个大系统下的小家伙发布的时候——佳能版本的产品比尼康版本的型号上市略早——毫无疑问，闪光灯爱好者们欢呼雀跃。无线TTL闪光！让来自未来的声音与今天的我们对话，就在现在。

这真是太棒了！当它正常工作的时候。我们只能说它有时候是可靠的，但并不总是可靠。我尽全力想要获得成功的测试结果，甚至为了等待厂家的最新升级固件的效果而超过了本书的截稿日期。但是目前，截止到我写完本书，我所能向大家汇报的就是仍然偶尔发现由于接收问题导致无法成功引闪，仍需进一步进行细微的调整。

这是预料之中的事情。这可不是安装在相机上的车库门，而是在相机已有的高度复杂且封闭的系统基础上实现高度复杂的通信联络。每当按下快门，这两个系统就好比在配合一段非常复杂的舞步。它们可能会相互牵绊而跌倒，就像所有高技术产品偶尔会发生的那样。我还记得在我最初接触这套产品时曾经遇到问题，于是打电话求助，结果被告知要关闭镜头上的VR防抖系统，因为那会对整个曝光过程的事件链构成非常轻微的影响。当在几毫秒的时间内解析系统数据时，哪怕极其轻微的干扰也会让整个过程失败。要让这些无线电设备正常工作并不是表面的修修补补那么简单，这些厂商的家伙们必须深入探究相机系统的最低层。

换句话说，整个过程是非常微妙的。但这套系统的潜力是巨大的，我迫切地希望它们现在就能够可靠地工作。但以我有限的经验来说，我还在时刻提心吊胆，等待着另一只靴子落地才能彻底放心。

在这里公布一个好消息：我们已经成功让它们正常工作了。海滩是为这些无线电引闪器量身定做的最佳使用场合。那是一次黄昏中的低照度拍摄，正如在照片中看到的，使用大量的燃烧瓶提供照明，圣卢西亚当地人称之为莫洛托夫鸡尾酒。场景布置完毕，火焰已经点燃，而太阳西沉后的天空呈现出漂亮而深邃的蓝色。两座茅草棚下，完全在视线所及

"当拍摄对象身处如此极端的照明环境中时，我通常会使用手动对焦，并使用类似iPhone闪光灯这类的手机应用程序照亮模特眼部，然后把焦点对在其眼睛上。"

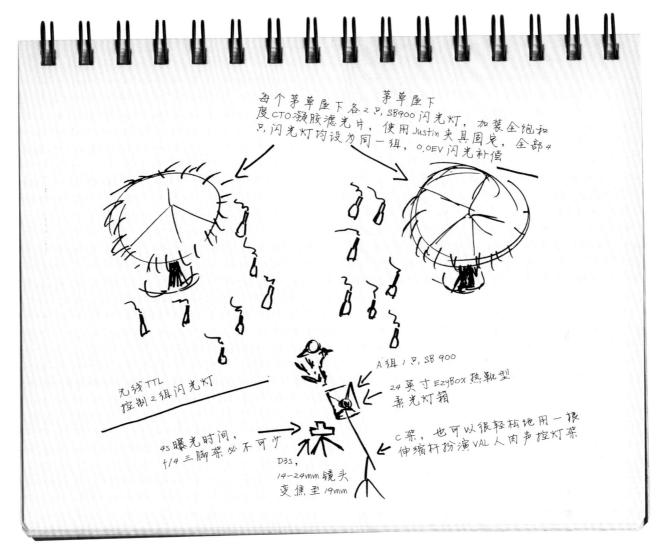

每个茅草座下各2只，SB900闪光灯，加装全饱和度CTO凝胶滤光片，使用Justin夹具固定，全部4只，闪光灯均设为同一组，0.0EV闪光补偿

茅草座下

无线TTL
控制2组闪光灯

4S曝光时间，
f/4三脚架必不可少

D3S,
14-24mm 镜头
变焦至19mm

A组 1只, SB 900

24英寸 EzyBox 热靴型
柔光灯箱

C架, 也可以很轻松地用一根
伸缩杆扮演 VAL 人肉声控灯架

之外，布置了多只SB-900闪光灯——每座茅草棚下各2只，用Justin夹具固定在木柱上。每只闪光灯都用凝胶滤光片过滤成火焰的颜色（全饱和度CTO）。

如果换成从相机的角度用直射光TTL引闪，就必须使用SC-29离机引闪线缆将主闪光灯离开热靴。而且很有可能必须灯头向下对着放在沙滩上的反光板，寄希望于TTL引闪信号能够通过反光面反射到草棚的棚顶下方，引闪布置在那里的闪光灯，以提供从相机到遥控闪光灯的控制功能。如果像我通常喜欢的那样，使用直射光引闪的方式，那么采用上述方法通常都可以正常工作。

但是，如果使用无线TTL引闪，就有点没头没脑了。至少要经过一阵忙乱和调整。D3s是我们唯一与普威Flex/Mini系统配合使用过的尼康机身。我们一开始在海滩上使用的是D3x，但不管是相机本身还是无线电引闪系统都没有任何反应。于是我们换成D3s，再次经过一番忙乱，把闪光灯与机身上连接的Flex/Mini都分别开关了一下，终于可以进行无线TTL传输了。

模特头顶上方是一套展开的24英寸Ezybox热靴闪光灯柔光箱，它被布置在构图视野上方一点点的地方，直接对模特打光。在模特膝盖前面的沙滩上放了一块TriGrip三角形反

光板，不过老实说我觉得它没起到多大作用，所以我们在实拍的时候甚至可以干脆把它拿走。模特的眼睛中并没有出现低位眼神光，这可以充分说明模特头顶的光源在整个布光中占有绝大多数比例。她必须保持稍微仰头的姿态，因为如果她向下看，随着她眼睛部分的光线变得暗淡，这张照片也就失败了。

两个TTL分组，通过无线电信号触发！太酷了。草棚下方的灯光无需调整，由TTL自行决定闪光量，最终设定的闪光补偿为0.0。柔光灯箱中的主闪光灯也是如此。最终参数为，D3s机身，ISO 400，4s快门速度，f/4光圈。她身处黑暗之中，在整个长快门过程中保持相对静止不动。可以看到她身后的燃烧瓶拖着长长的火焰。如果把这些瓶子放在前景，就会增加模特面部的曝光量，那么在长达4s的长快门曝光过程中就会遇到模特身体出现模糊的问题。不过由于处于相对很暗的位置，所以她的身形的清晰度主要受极短的闪光脉冲持续时间影响。（当拍摄对象身处如此极端的照明环境中时，我通常会使用手动对焦，并使用类似iPhone闪光灯这类的手机应用程序照亮模特眼部，然后把焦点对在其眼睛上。此时，由于她被包裹在火焰的光芒之中，令人惊讶的是相机顺利完成了自动对焦。）

因此，未来就在我们手中，而且格外光明，这是事实。当它显现出光明时，我会尝试着推动未来的发展，或者至少尽量减少各种限制。当尼康宣称可以把多只闪光灯编为一组时，我会想，多少只？（目前为止，就我个人经验而言，答案是128只，当时我们的"闪光灯大篷车"巡讲活动正进行到佐治亚州的亚特兰大市（左图）。

我最近在尝试对使用无线电引闪做一些复杂的设置，就在本书最后截稿之前，结果……最后我还是用直射光引闪方案完成本书。我并不十分肯定问题是否因为Flex收发器彼此间的距离过近，或者是否由于无线电信号无法穿透一大面水泥墙壁，或者是否由于我在中途更换了相机这一事实，亦或是其他什么故障所导致。我们在开始的时候一切顺利，小心翼翼地一步接一步进行下去，但接下来我们还是掉进了冰窟窿。在这个故事接近尾声的时候，咱们来看看那张照片。我们已经学到了许多，而其中最重要的一课可能是：在脑海里一定要提前准备好B计划、C计划和D计划。

在这一点上我完全被无线TTL引闪所诱惑了，我对于实现高速同步的可能性感到兴奋不已。令我激动的是，新一代的普威引闪器可以向前兼容我已经购买的普威产品。而我也非常期待着更多新产品涌现出来的那一天。

普威的团队简直是一群天才。他们现在所投身的开发任务显然意味着他们将不再仅仅局限于堪萨斯州，而是踏上一条不确定的、遍布陷阱的道路。对于通常的闪光灯来说，拍摄现场的无线电信号传送可能会遇到一些不确定的问题，因为无线电波毕竟是无线电波。大量复杂的使用环境、不可预期的状况都会影响无线引闪器的表现。而现在，简单的无线电传送还要加入来自相机的曝光信息，这相当于打开了佳能／尼康专有信息的潘多拉魔盒，现在还只能勉强传送这些信号。简而言之，普威所使用的大多数信号编码只能通过逆向工程的方式获得。对于尼康系统来说，我目前使用普威无线TTL引闪器的策略如下。

● 保持一切从简。

● 务必遵守各项协议。关闭镜头的VR防抖功能，确保SB-900闪光灯的照明覆盖模式为标准，而不是平均或中央重点模式。

● 严格遵守"自上而下"的开启顺序。闪光灯（flash）、Flex、Mini、相机（camera）——"FFMC"。

● 一切从简。

这些家伙一定可以迎头赶上的。他们几乎每天都在解决问题，并且定期更新固件版本。作为一名使用TTL的摄影师，我最热切期望的就是这些设备的可靠性能够得到质的提高。这个无线电平台真地可以成为未来的声音。

所以，我查看了这个已经被废弃、杂乱不堪的工厂大楼的一角，心里想："如果在这里摆上一个真人大小的洋娃娃，岂不是很酷？"我不知道为什么。也许20世纪70年代初期那些多彩的生活片段仍然萦绕在我的脑海吧。

旁边的两扇窗户进一步加强了这个角落的粗犷美。透过窗户的闪光——无论如何，那就是光线照进来的地方，所以我打算创造出可以由我控制方向和强度的阳光。"指向性"与"强度控制"是这里的两个关键词。如果看到相机左侧地面洒上的阳光，就会明白太阳实际上在模特身后，而位于相机右侧的窗户——如果愿意，它也可以作为主光——提供了非常柔软的间接光照，但其光效过于柔软因而并不适用。

我确实希望得到从窗户透进来的柔和光线，所以我在一个非常巨大的灯架上装上一把非常大的柔光伞（场景位于二楼，如图所示）。我要说的是，正是由于柔光伞的大面积、低价格，把我从喜爱使用柔光灯箱拉回到喜欢使用简

单的柔光伞风格的光效。巨大的尺寸可以带来两个效果：它让光效变得柔和，另外它还基本上阻隔了原本透过窗户照射进来的无序的日光。其阻隔效果增强了我对整个现场的控制。

一只小型闪光灯对付这么大的一把柔光伞显然是杯水车薪，所以我使用了TriFlash三角形闪光灯座，同时引闪3只加装了外置电池盒的SB-900闪光灯。它就在玻璃窗外面，而Martina则面向它所在的方向。

不过只到这步还不算完。尽管柔光伞的面积非常大，但发出的光线到达她以后就迅速衰落殆尽了。这样一来，她身后的可爱角落就几乎失去了全部细节。我必须使用很高的快门速度来避免她身后的窗户曝光过度，从而失去全部高光细节。但是这样一来（使用1/125s的快门速度）就会立即导致她身后的背景完全变成一团黑。那张我用手指着光源所在位置的照片的拍摄参数与美丽的洋娃娃Martina的参数几乎完全相同，采用1/125s快门速度，f/5.6光圈值。

光线必须来自建筑内部，而答案就是更多的闪光灯。总是"更多的闪光灯"，对吧？那可不一定。如果我只用一个光源就能应对自如，那我肯定会的。（事实上，本书中80%的内容都是关于只用一个主光源的。）但是，对于控制的渴求抬起了它那丑陋的脑袋。这要再次归结于相机，归结于它与生俱来的、尽人皆知的弱点——与它的优点同样突出——处理多个不同的曝光区域。要让角落获得足够的曝光和细节，窗户就会曝光过度；而降低曝光量让窗户重新得到控制，角落的细节就丢失了。为什么我非要在这个位置拍？因为角落里的破旧感。紧挨着角落的是哪里？旁边的窗户。

我在场景里加入2只装了凝胶滤光片的闪光灯，将其固定在一根高高的灯架上的延伸臂上，对着脏兮兮的天花板发出闪光。在这样的布置中，所有自然发生的室内光线都可能来自钨丝灯类的照明设备，所以2只闪光灯都加装了一半饱和度的CTO橙色滤光片，但并没有使用全饱和度滤光片——因为我只需要给室内的细节增加一点暖调，而不想让太多的暖色调光线洒到她的身上。通过加装凝胶滤光片，再加上把闪光灯向上朝着也许100年都没见过扫帚的天花

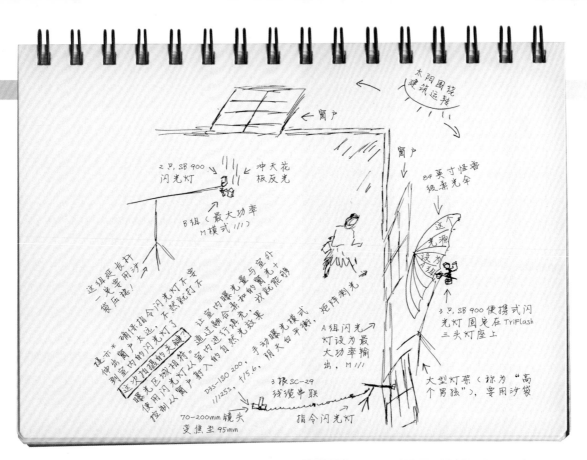

有依赖真实存在的光线，因为它们的方向并不适合，而是借助小型闪光灯的反射闪光，让它们"挤出"一束光线反射到角落里。这从礼节上讲就好比正忙着把地上的一堆衣服往壁橱里塞，刚巧有人不期而至按响了门铃。

　　这个布景起作用了。对于模特来说，我有一束很强的主光，看上去就像窗光一样，同时又有足够的细节来表现照片中一片凌乱的部分。通过设置光圈和快门的组合，我让窗户的亮度在我的控制之下，而这也离不开闪光灯的协助。这个场景拍摄中的难点在于，我在室外和室内同时布置了光源，我想这正是无线TTL引闪系统大显身手的好机会。

　　而且，在最初12张照片的拍摄过程中，它与D3s配合得很好。接着我想试用D3x拍摄，没反应。而事实上，不管什么原因，更换相机（这要怪我总是不能满足现状安分守己）被证明是个致命的错误。我们再也没能让普威引闪器恢复正常，最后只好采用直射光引闪，拍摄才得以顺利进行——即使在闪光灯分别处于不同位置的情况下。我

板打光，会在一定程度上削减闪光功率和效率，这是肯定的，但同时也保证了这一光源的指向性看上去非常自然。换句话说，这不是一束显性的光。它并不是用指向性很强的柔光灯箱，为她的头发和肩膀打出明显带有摄影工作室风格的高光，它只是提高了房间内的整体环境光。我并没

们把闪光灯指令器放在窗口处，但只往窗外探出一点。这样它发出的闪光指令就足够传递到室外和室内，同时被两组闪光灯所接收。最终的闪光功率设置非常简单——所有闪光灯全部设为手动闪光，全光输出。

在与一个系统的最初接触过程中，有一些上下起伏是在所难免的。确实发生了这样的情况，也没什么。最终我们一直使用D3x与直射光引闪完成了那一天剩余的拍摄工作。一切正常。

接下来说说拍摄现场遇到的故障。它们可能是灾难性的，并最终导致拍摄无法继续进行，也可能只是路上的一次颠簸。重要的是如何化解这样的颠簸——不管它的程度轻重，以及多么迅速和果断。当时间飞速流逝，同时太阳

正在迅速从建筑物的一端爬到另一端，而模特正在逐渐失去状态（幸运的是我们有Martina，她是一位敬业的资深演员——而许多拍摄对象则无法做到），必须随时准备偏离预定路线，抽出砍刀，披荆斩棘开辟出一条新的道路。这正是我们所做的。下一步本来应该转而使用传统的普威无线引闪器触发全部闪光灯，使用手动闪光模式完成拍摄。但是面对足有一条街那么宽的柔光伞，还有像移动电话天线塔一样又高又重的灯架，我们绝对不想上上下下一遍又一遍地折腾它玩。直射光引闪带给我们TTL控制的便利，直接从厂房的二层楼上就能做到。

现在就能体现出大尺寸光源、可靠的引闪，以及TTL技术的妙处了：可以随时做出调整。Martina换了身衣服，立刻彻底摆脱洋娃娃的形象。我换上200mm f/2镜头，以f/2的光圈拍摄了一张头部肖像，同时把A组（柔光伞）闪光输出设为手动闪光，1/4输出功率，完全压暗了室内的环境光，而这一切调整只需在指令器上按几次按钮就完成了。为了表现长裙的质感，我让窗外的光源保持1/4输出功率，而让从地面反射回来的阳光为她提供一点填充光。我用一支70-200mm镜头，f/3.5光圈，ISO 100完成这次拍摄，快门速度仍为1/250s。我重新恢复了室内光源，而这2只闪光灯由于天花板的反射而被大大削弱了闪光功率，所以在整个拍摄过程中一直保持全功率输出。

在这样的拍摄过程中可供选择的方法总是有许多，而且都非常简单易行。相信随着无线TTL引闪的不断成熟和完善，一切将会变得更加轻松。🔆

光线的
形状

多少次，我架起一盏灯，利用它的全部，因为这就是我的工作。我是一位慢节奏的摄影师，所以大多数时候我都是从布置一盏灯开始的。接着，灯光就会到处扩散，洒得整个地方到处都是，击中那些我并不想照亮的地方，或者把观众的注意力吸引到沾着昨晚盘子里的辣椒酱的可爱的领带上，或者吸引到贴满了各种标志，把我的模特弄得简直像纳斯卡赛车一样的衬衫上。呃……这可不太好。那么我可以肯定的是什么？用户手册上说，支起一把柔光伞，一切就都变得漂亮啦。

很惭愧，有许多次我都放弃了，任由光线肆意妄为，而不像我希望的那样。用了柔光伞，光线应该很漂亮才对啊，于是就成这个样子了。我支起柔光伞。我能获得奖赏了吗？尽管不愿承认，但我确实为此感到内疚。就算是懒惰吧，也可以说是放任。或者说就在某一天、某个拍摄现场，我没有能够按照自己的方式想出一个积极的解决方案；或者说认为我可以以后再改正；或者说，蠢到家了。

而其他日子里，我一直（谢天谢地）保持着更加高昂的斗志，可以说是在与光线做斗争，或者更准确地说，是在为光做手术。我用胶带粘，用遮光板遮，用旗板挡，挂上我的冬大衣，或者找人站在前面，全都是为了阻止光线到处播洒或者说扩散。我在拍摄现场用过手头能用的一切东西，就为了让光线按照我的意愿拐弯，让光具备一定的指向性和造型感——而不仅仅是一团四散飞溅的光子。

如果不想与设置的光线正面开战，就必须清楚为什么要这么用光。指向性和力度一般用来形容小型柔光灯箱，甚至是戏剧性非常强的束光格。在镜头前面活蹦乱跳的小朋友们可能需要宽阔、平滑的大面积光线覆盖，所以正在那边蹦跶的 Johnny 与在这边后空翻的 Suzy 拍出来一样漂亮。这样的场景可能需要尺寸巨大、光效朦胧的白色柔光伞，或者通过宽阔的墙面或天花板反射光线。而对于一位愤世嫉俗、对话中充满痛苦煎熬的年轻作家，为他拍摄的肖像照片可以表现他的情感强烈、喜怒无常。此时就需要柔和但富有戏剧性的光线，从一侧向另一侧迅速衰落。这样一来，他面部的一侧

是非常饱满、漂亮的光线，但会迅速衰落进入阴影很暗部区域，就像他的戏剧作品一样。

另一种在拍摄现场不至于那么头疼的办法，是看看拍摄对象的外形，然后再看看控光附件的外形。它们之所以被称为控光附件是有原因的。最起码，当光线通过这些附件发射出来时，就会模仿附件形状原本的外形。这很像一个烟圈，它会迅速消散，但光源确实会为使用的光线增加个性与质感。例如，来自小型光源的光线相对比较集中，并且在传播过程中倾向于保持这种特性。大型光源可以制造出包裹性很强，像毯子一样的光线，光质非常柔软、慵懒。

在此，我要展示两种不同的拍摄对象的形态——一种是非常水平的，另一种则是非常垂直的。一种是个性非常强烈的，适合放在灌木丛中。另一种则非常美丽而空灵，放在宛如仙境的雾中树林。如果需要的话，我可能会为这两种情况使用相同的布光——也许只是简单的普通柔光伞，但接下来我可能会搞点小把戏。对于坐在桌边的几位"水平"伙计们，我通常可能会让边缘部分的光线适当衰减，而不是让整个画面整体全部呈现柔软和个性化的光线。在外面的树林里，一把柔光伞就能照亮舞者周围的植物，因此需要对光线进行遮挡与塑形。但是如果要让光源的形状与拍摄对象的外形相契合，我并不需要拿出电锯把好好的一把柔光伞劈成几瓣。

对于唱歌的绅士，我选择3x6英尺 Lastolite Skylite1挡柔光屏。这些家伙隶属于一支完全由40岁以上男性组成的无伴

"如果要让光源的形状与拍摄对象的外形相契合，我并不需要拿出电锯把好好的一把柔光伞劈成几瓣。"

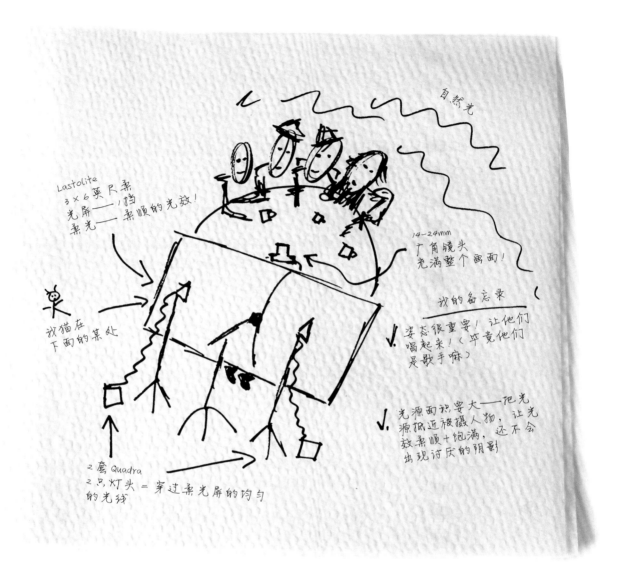

奏演唱组合，称为"胡子阴谋"（Conspiracy of Beards）。他们以旧金山为基地，只演唱 Leonard Cohen 的歌曲。他们才华横溢，拍摄过程非常愉快，而且毫无意外，他们极富个性。戴着猪肉馅饼帽（Porkpie hat，一种平顶卷边圆帽——译者注），每个人都胡子拉碴，穿着暗色的款式很老的衣服——如果布光方案不合适，那么接下来的一整天，甚至更长一直到深夜，都要一直跟"填充光线"滑块较劲了。从一侧打光，另一侧就会出现阴影，他们的花呢子服装就会从视野里消失，

这对于用照片讲故事来说可不是什么好消息，因为他们的装束是其外观与个性的重要组成部分。此外，处于阴影之中的那一边将会彻底毁掉他们的面容，这也许很好看，但绝对不是将很快在 Abercrombie 的产品目录中看到的那种风格。

柔和的正面布光，用于塑造他们的外形，才是我们正确的道路。我把柔光屏放在离他们超近的地方，从相机的角度看基本上就在我脑瓜顶。接着我为它放进 2 个光源——在本次拍摄中，是 2 个 Quadra 灯头，每只都接上它们自带的电池

> "带状光非常适合拍摄人的身体，长而窄，特别适合作为边缘轮廓光使用，或者用于勾勒出人物的侧面线条。"

盒。每只灯头都安装了扩散器，所以我尝试通过这套组合获得柔和且发散的光线。我正好夹在这些家伙与光源之间，2只灯头就在我的两边，一边一只。这真是格外亲密的一群人。

而结果是一个巨大的、美丽而顺滑的光线效果，完美地覆盖了这个拉什莫尔山脚下的咖啡店中的一桌子人，光线被发射到这帮家伙的脸与衣服上的每一条缝隙和每一道褶皱上。这束饱满而且细节极为丰富的光线，很柔和地把他们的个性显露无遗。这并不是一束让眼睛费力寻找细节的光线，不是眯起眼睛寻找"希望要是能再亮一点就好了"感觉的那种布光。而是"一大桶"光线，如果愿意，可以把他们从上到下浇个透的那种。如果那是一桶水，那一定是一大桶，而他们绝对浑身湿透。用光也是一样的思路。

现在——2只Quadra灯头，听起来这个解决方案似乎相当烧钱，有点过。但这并不算夸张，或者只是把摄影包里带的器材一股脑全用上。这个方法可以说是昂贵的疯狂。与当今市场上大多数高端的可控电池箱产品一样，Quadra属于非对称闪光灯。这意味着按照电池箱内预先编制好的程序，A端口可以全功率输出，而另一个端口——B端口——只能提供全功率的30%。如果用2只闪光灯头，而电池箱只用一个，那么我就只能获得不均匀的布光效果。一只灯头自动获得比另一只灯头多得多的能量，这可不太好。

如果必须这么干，我完全可以进行修正，比如拿一片减光0.5挡的中密度凝胶滤光片，加装在A端口连接的那只功率更高的灯头前面。这样就可以让左右2个光源足够平均，

尽管会让其中一只灯头的光呈现出一点平行光效果。"平行光"这个词的意思是将灯头朝向拍摄对象的角度略微偏转一点，使全功率的光线削弱一些。不要把它与真正移动光源的位置相混淆。灯架或闪光灯的支撑物仍然保持原位置不动，只是转动一下灯头，有时则需要彻底把拍摄对象放在光晕部分或高光区域的边缘，而不是光的主要通路的正中。

正如在摄影领域经常遇到的那样，精细的微调与控制可以成为"有点毛病需要修正的照片"和/或"在现场非常难熬的一天"之间的区别。在拍摄过程中经常会与各种突发状况作斗争，谁也不希望器材跟自己闹别扭。所以，对于使用外置电源箱的闪光灯，有一个普遍认可的规则就是每只灯头配一个电源箱，这样才能获得尽可能大的可控性。一旦用一个电源箱为多只灯头供电，就不得不做出妥协而被功率匹配问题变得团团转。

让我们步入森林。可能会有人认为在这样的环境里，我会拍摄头发花白的山民，而不会拍摄身姿曼妙的舞者。但我拍的就是一位芭蕾舞者。我想要她表现出那种脆弱无助、森林中的小鹿那种感觉，与在芭蕾舞的世界扮演自己的个人角色非常相似，而对于芭蕾舞女一号来说，身边常常潜伏着戏剧性的危险。相机右侧离开机身一段距离是一个带状光源，这么叫是因为它的形状，正如我前面介绍过的，狭长的带状光线。

带状光非常适合拍摄人的身体，长而窄，特别适合作为边缘轮廓光使用，或者用于勾勒出人物的侧面线条。在这张

照片中，它作为主光使用——或者更确切地说，作为主闪光（而且是唯一的闪光灯）使用。森林中的自然光作为主光源，现场光线非常柔美，正适合拍摄时的场景。但是请注意观察现场照片（下页图）中，模特与我的首席助理Drew的区别。她的身上多了一束指向性比较强的高光，Drew则与森林中的环境光融为一体。实际上，由于他略显邋遢的外貌与深色的衣服，让他显得有点令人害怕。

有了身上的光线，她成了明星，关注的焦点。请注意带状光源位置比较高，并向她偏转了一定角度，尽量让光不打在地面上。最不愿看到的情况就是闪光灯的高光出现在富贵草叶上。假如用了闪光灯而又不得法，那么闪光就会让观众的注意力偏离拍。

　　有一样东西我非常喜欢，但在这次拍摄中没有用到，那就是凹陷型带状光源。如果仔细观察，会发现带状柔光灯箱的柔光屏会导致光线四下扩散——就从柔光灯箱侧面的黑色面料边缘处。环绕这片柔光材料的边缘挡板可以有效地起到遮挡作用。提到"边缘挡板"，我的意思是环绕柔光灯箱边缘的一圈大约5厘米宽的材料，它可以容纳、聚拢光线，并使光线具有更强的指向性。对于此类柔光灯箱——不带边缘挡板的型号——我担心的主要问题是，虽然它们发出的光线确实会指向拍摄对象，但部分光线还是会像从口袋的破洞里溜走的硬币一样，迅速扩散到附近的地面，让地面上形成可怕的地板高光区域。大部分主流品牌的柔光灯箱现在都有这个功能——边缘挡板或聚光罩。这项配置可以有效抑制光线的散射，防止光线刚从柔光灯箱出来就四散得到处都是。

　　另外一个非常有用的控光工具通常被称为鸡蛋箱。简单地说，它确实非常像鸡蛋箱。它采用魔术贴固定，是一系列使用织物材料制成的方框，用于使光线聚焦。鸡蛋箱附加在柔光层表面，与聚光罩配合使用，可以有效地保证柔光灯箱的光线指向所需的方位。

　　模特有他自己的形状与特征，那么，把光线与模特很好地匹配起来，就不用跟光线较劲了。🅭

一个关于一张面孔两种照明方式的传说

Rick有一张饱经风霜的脸。这张面孔与他生活了多年的新墨西哥州沙漠具有相同的风貌，再加上有点像Johnny Cash的、已经看过了太多世间万物的一双疲惫的眼睛。在他的内心深处，他是一位正直的、与人为善的老人，而且总喜欢带着笑容。不过，我只能猜测，假如惹怒了他……那可不妙。

而这也是一张漂亮的面孔，虽然我怀疑 Rick 本人基本上不会听到别人夸他长得好看。这又是老生常谈的生命轨迹，交织着痛苦，装点着与人类精神阴暗面的不断对抗。在照片上看到的 Rick，曾是一位监狱的狱警，他亲身经历了一场监狱暴动。而当他像往常一样露出笑容时，就好像穿透风暴乌云的黎明之光。

怎样为这副面孔布光？最明显的答案当然是，用喜欢的任何一种方式。在这里没有绝对的错与对，玩相机的人们成千上万，每个人都会用他们自己的方式拍摄这张 Rick 的肖像。在这里，我要展示两种方法。两种都是双光源布光方案——一种完全使用小型闪光灯，另一种使用"中型"闪光灯。（我仍然对于把小巧的 Quadra 称作"大型"闪光灯心存犹豫。把它与2400瓦特秒的 Speedotron 放在一起，就会明白我的意思。当把24 Speedo 设定到全功率输出，会听到明显的一声"呼"震得窗户直响，这就好比一只德国牧羊犬在放开嗓门大声狂叫。而当 Quadra 以全功率输出时，也就相当于狮子狗的尖叫罢了。）

然而，这两张不同的照片是用两种不同种类的光源，以及两种完全不同的控光附件拍摄而成的。尽管使用的控光附件有所不同，但两种方法还是有明显的相似性。每一张都属于对抗性的正面肖像。每一种方法都采用了经久不衰的单一主光加填充光的布光手法，主光位置较高，位于拍摄对象上方，填充光位于眼平高度或略低一点。在每一种情况下，快门速度都用于控制环境光曝光量。我通过控制快门速度的高低，来控制画面背景亮度是更亮一些还是更暗一点。这两张照片都没有正确或错误，都没有优劣之分，也都不比这位来自大西南的传奇绅士已经拍过或即将拍摄的照片具有深远的意义。它们的缺点倒是共同的，那就是我用来表现警察人物时总会用到的构图——牛眼视角，而不是遵循三分法构图原则。两张照片都是把他放在画面的正中间。

这两张照片所代表的，很简单，就是一种选择，一种让光线、人物与摄影师相互融合的方法。一张照片中的所有元素都是变量，每一次拍摄工作之间，拍摄对象也在不断变化。身处拍摄现场的每一天，都必须对自己的直觉、内心以及手头恰好拥有的器材做出正确的反应。有时候，还要再为摄影方程式里加入客户的要求（如果有的话）、摄影师的心情，拍摄对象的心情，以及在那一天能否实现自己的视觉抱负，也许还有想要尝试的某种器材是否合用。（还要加入的因素包括

"在每一种情况下，快门速度都用于控制环境光曝光量。我通过控制快门速度的高低，来控制画面背景亮度是更亮一些还是更暗一点。"

有多少时间，天气如何，头天晚上是不是吃了墨西哥菜，如果正好不得不跟小孩的数学老师谈谈关于他或她前3次考试都挂掉的事情，与此同时正在出差的路上，正试着完成这次拍摄，而最后一张能用的信用卡也没有多少额度了。）接受像这样的现场随机事件（今天还管用的东西明天就不行了）当然会让我们迫切希望能有一颗摄影的银子弹——经常使用的那几招，当我们拍摄时就可以放心地构建可靠且舒适的工作环境。对于某些人来说，那些通用的小提示也可能会成为一种压力——例如"一定要用三脚架！"，担心到底能不能把它当作永久的"芝麻开门"一样的咒语，对获得漂亮的照片有立竿见影的效果。下面几条忠告是肯定没错的，这确实可以让照片更棒。但通往好照片的道路永远不是笔直、舒适或者打了包票的，即使按照建议的那样一直使用三脚架，一路坚持走过来。

　　抱歉泼点冷水。尽管现在许多照片文献中的各种"设置"完全公开了拍摄参数、使用器材、一切附件的形状和尺寸，但最终的结果仍然是不确定的。当快门关闭的那一刻，唯一剩下的东西，就是照片到底能否引起观众的共鸣，而这种效果一如既往地难以琢磨，难以形容。一张会说话的照片，拥有一种持续的力量，传递着情感与想象，而不是简单地发生在某个地方，以一串无尽的数字，兴高采烈而又苍白无力，外表光鲜而又空虚无物，充斥着每个人嗡嗡作响的硬盘——也包括我的——这才是我们所寻找的圣杯。而藏宝图是不存在的！

　　所以无从选择时，请把这两种方法当作荒野中的路标。它们可能会指引摄影师到达山顶，那里视野开阔，空气清新，它们也会轻易把摄影师领到"断魂崖"。

　　上面这张照片使用小型闪光灯：2只SB-900闪光灯。其中一只放在Rick头顶上方，位于他的视线上方并且距离面部非常近，闪光灯安装在24英寸Ezybox热靴闪光灯柔光箱内。柔光箱通过一根指向他的悬臂固定在我身后的C架上，基本上相当于坐在我的头上。在它的下方，我用一只RayFlash环形闪光灯适配器套在一支50mm f/1.4镜头前。镜头尽量抵近Rick到了几乎让他觉得不舒服的程度，而环

形闪光灯把他多年来饱经生活风霜的脸上的每一条皱纹与沟壑都清晰地勾勒出来。另外，这并不是一套舒适的布光手法。为了拍摄这张照片，我让Rick不要笑，也不要像他平时那样表现为一个容易亲近的、喜欢讲故事的人。我只是让他盯着镜头看，就好像盯着一支并不存在的香烟一样。

　　这是一幅毫不妥协的肖像。说实话，我很喜欢这张照片，用光粗犷而质朴。Rick拥抱着那光线，并用同样质朴的方式看着镜头。柔光箱在这里发挥了它的作用，以均匀的光线覆盖了人物正面，为我提供了很好的基线。当然，环闪扮演了浓汤中香料的角色。可能有人认为环闪的感觉在整个画面的布光中占据了主导地位，所以事实上应该把它列为主光源。这对我来说无所谓，我只是更喜欢把头顶

令人敬畏的Rick

24英寸EzyBox热靴柔光灯箱

1灯, SB 900——作为主光

后方

自然光

* 这就像烹饪一样：头顶上的光相当于最主要的风味，环闪作为"调味料"，把它加到主要的风味之中。参数设置：1/4s f/5.6, 1/4s用来为背景曝光, f/5.6让面部足够锐利，并获得足够的景深

* 提示 如果把作为指令器的环闪伸到柔光灯箱下面过于靠前的位置，就无法触发柔光灯箱上的闪光灯

RayFlash环闪直接安装到机顶上方的SB 900上，作为指令器 +填充闪光

上方的光源看作是主光源，是整个布光的出发点，也因此更愿意把它作为主光源，即使它实际上乍一看在整个摄影方程式中并不显眼。

曝光参数设为快门速度1/4s，光圈值f/5.6，ISO 100，自动白平衡，50mm镜头焦点直接对准Rick的眼睛，并没有在自动区域对焦模式上浪费时间。必须保证眼睛的绝对清晰与锐利，而在如此近的距离上不容有任何差错，即使是在相对合理的f/5.6光圈值下同样如此。当然，这张照片的曝光是结合了头顶的柔光箱与环形闪光共同完成的。到底哪一个光源做出了贡献，或者说做了多大贡献？就好像我们身处摄影的厨房，准备熬一锅香浓够味的像素浓汤。环闪（香料）的量该是多大？或者多小？我的建议是与设定的覆盖闪光的曝光量值保持一致。（而f/5.6通常是一个合理的光圈值，但并不是一个固定的光圈值。）曝光量应该准确，也许稍微曝光不足一点。最有可能的是，它看上去有点平，并最终消失在眼睛里。接着开始调整环闪的输出量。正常，加1挡，加2挡，停在喜欢的位置即可。停在画面能够完美诠释Rick的时候即可，即便只是一点点。

如果使用TTL拍摄，并依赖环闪作为指令器引闪A组的Ezybox柔光灯箱，那么请注意控制自己与柔光灯箱的距离。由于环闪发出的光线指向性非常强，在它所在的位置发出的指令信号很可能无法照射到柔光灯箱上安装的闪光灯的感应器接收窗口。柔光灯箱本身可能会阻挡预闪闪光的有效传递，因此导致2只闪光灯之间的通信中断。有几种方法可以改善这种情况。将相机的位置向后拉，这样就不会处于柔光箱的正下方，这就要求使用焦距更长一些的镜头，例如85mm镜头。这样就可以让环形/指令闪光灯处于更容易"看到"遥控闪光灯的位置。

或者，可以在一边放置一块反光板，离Rick很近但是处于画面以外。这样很可能接收到一部分从环闪扩散出来的光线，并反射到柔光灯箱上的闪光灯。这就好比跟闪光指令信号玩乒乓球，原本无法触发的位置也能接收到指令闪光了。如果放弃自动闪光系统，摄影包里还有一种很好的选择，那就是普威。可以用无线引闪器触发头顶的光源，而用SU-4模式触发热靴上连接的环形闪光灯，这是一种手动从属触发器模式。也可以用环闪作为触发器，再找一只独立的遥控接收器，通过线缆将接收器与闪光灯上的PC端口相连。如果不怕冒险，尽可以让接收器垂在那里，但在这种情况下我通常会把接收器用胶带固定在柔光灯箱的边上，以尽量保证最佳接收效果。保证闪光触发信号传输的方式有许多，每一种方法都不难，有些是自动的，有些则需要手动操作。

"真正的变数——'困难'的地方——在于两个光源之间的配比与感觉，没人能确定它应该在哪，是什么。一切取决于摄影师，摄影师的口味，及其希望照片以何种方式来表达。"

　　真正的变数——"困难"的地方——在于两个光源之间的配比与感觉，没人能确定它应该在哪，是什么。一切取决于摄影师，摄影师的口味，及其希望照片以何种方式来表达。但是，为照片语言注入的任何变化都来自于对光比的控制——一个光源应该多强，以及与另一个光源的关系是怎样的。要勇于尝试，与光线做游戏。

　　接下来是用中型闪光灯拍摄的照片——见本章首页的照片。不断快速变换的拍摄地点促使我选择了使用两套带状光源，以经典的蚌壳式美型光布光方案拍摄了这张 Rick 的肖像。说实话，他并不是原本的拍摄对象。我正在为一个摄影

班讲授拍摄男女双人肖像的布光，拍摄的是两位漂亮的年轻人，画上了戏剧性很强的妆容，这是一张非常漂亮的照片。从工作照片上可以看到全过程，从现场环境光与照片的取景，到头顶上布置一个光源，再到增加一个低位美型光源（还有 Rick），并使用 CTO 凝胶滤光片增加一点暖调。

　　为什么使用 2 个带状光源，而不是 2 只普通柔光灯箱？带状光源已经设置好了，随时可以使用，而我们的时间所剩无多。我本来想给出一个更玄妙、更冠冕堂皇的理由，但事实就是这样。不过它们的使用效果非常不错，当我让 Rick 站在两个年轻人中间时，告诉他俩是一个演唱

Garrett Garms 摄

组合，而 Rick 是他们的老板。双光源的横向特性对于"三重奏"来说是完美的光源。

但是，Rick 往画面中间一站，立刻变成了一个有着如此密度、能量与关注度的黑洞，以至于我马上决定让两位"模特"走出画面。他们非常棒，但 Rick 更有气势，更"压得住"，更富有表现力的外貌让他成为视觉效果的绝对中心。再加上监狱牢房作为背景，他生动地占据了画面的中央，非常自然。

他迈步走到主光源——大型带状柔光灯箱下方。小型带状灯箱作为填充光，增加了半密度 CTO 滤光片以增加一些暖调，不过对于他来说恐怕用不到。如果我能再拍一次，我就会让两个光源都呈现中性色调的感觉。面对现实吧，Rick 不需要任何类似滤色片或花哨的后期处理的装点。他就是他，我对此充满感激，因为他是我能够有幸邀请站在我的镜头前的，最让人惊讶的面孔之一。

值得庆幸的是，由于低位光源的功率很低，所以暖调并没有明显影响整个画面的感觉。看到前页的现场照片了吗？此时头顶上方的主光源是关闭的。举在相机下方的小型带状柔光箱以大约低于现场环境光 2 挡曝光进行输出。最终参数为快门速度 1/125s，光圈值 f/8，ISO 100，D3x 机身，24mm 镜头。阴天白平衡，主要是为了让背景的建筑物呈现一定的暖色调。当时外面飞沙走石，一场风暴即将来临，所以我想为场景补充一些饱满的、泥土气息的色调。我总共拍摄了 7 张照片。如果能选择的话，我会让他摘掉手表。最终成片与想法完全一致的照片毕竟少有。

两种不同的布光方案，每一种都使用两个光源。一个是小型闪光灯风格的，另一个是用更大一些的闪光灯与控光附件。两者的影像效果是相同。一个用的是内置电池，另一个则使用外置电池。喜欢哪一个？也许都不喜欢。我自己，两种都喜欢，但说实话，如果我能再去拍一次 Rick——我希望我可以，会用另一种方式来拍摄，并翻开全新的一页。

在这里没有绝对的正确与错误，没有标准答案，只有对下一张漂亮照片的无休止的追寻。乔

Mamie与Barbara——
生动的一课

是否曾有那么一段日子，感觉自己的职业生涯甚至还没开始就即将结束？

几年前我设法得到了一个工作机会，作为ABC电视台在纽约市的签约摄影师。我来到电视公司——当时我完全是一名黑白摄影师，只为报纸和有线电视拍过迫冲的Tri-X胶卷（柯达400TX胶卷）——就像是被鱼叉捕到"彩色正片号"甲板上的金枪鱼。我的新老板看着我说道："我们大多数时候都用Kodachrome拍摄（柯达克罗姆彩色胶卷）。"我干咽了一下，"另外，我们使用大量的布光"，又咽了两下。对这两点我都知之甚少。

我跑到外面买了一整套的 Dynalites 却不知道该怎么把它们组装在一起。太荒唐了。我开始尝试。值得庆幸的是，对于电视网络来说，由于剧照总是最后才需要考虑的事情，所以这是一份很可能会失败的工作，而我也确实没少栽跟头。有时候失败是因为我根本没能开始工作：我要拍摄的某位明星在那一天感觉不在状态，或者导演根本不想花时间拍剧照，或者唯一的好角度被电视摄像机占据了，于是我不得不走到边上从侧面拍摄这些明星们，可这样一来他们的头顶就会多出一些背景中的东西。接着他们会看这些照片，然后照片就被枪毙了。有时候，我失败了就是因为我失败了。

我的一周同样是从周一的《足球之夜》开始，接着从那跑到《我的孩子们》为 Susan Lucci 拍摄肖像照，接着到摄影工作室为艾美奖拍摄剧照，然后切换到华盛顿为 Ted Koppel 拍照。穿插在这些之间的还有活动、会议，或者在《20/20》现场为 Hugh Downs 拍照。

所有拍摄都分别使用了彩色与黑白胶片，水平构图与竖构图，因为电视公司要把这些照片发布于各种媒介，各种潜在的用途都要事先考虑周全。我感觉自己像一只学舌的八哥。"胶卷彩色与黑白，构图水平与垂直！摄影师想要块饼干吃！"遇到突发的新闻事件，我通常随身携带 4 部相机，都装着不同的镜头，而且通常还装着不同 ASA（ISO 感光度）的胶卷。在我追拍一位候选人的时候，同时使用 Tri-X 胶卷以800 感光度，在室内使用 Ektachrome 迫冲到 320 感光度拍摄。这份差事就像杂耍一样，而我总是不小心把手里的球掉在地上，不过最终我还是学会了。我学会了如何把连轴转的新闻工作与摄影工作室一般的用光控制原则相结合，我学会了如何把工作重心放在提高效率上，我还习惯了在 60 秒内完成肖像布光。

Barbara Walters 准备在 Mamie Eisenhower 位于宾西法尼亚州葛底斯堡的家中对她进行采访。Barbara 对话美国前第一夫人可不是件小事情，所以 ABC 派遣我前往宾州，要求我务必保证拍摄顺利完成，而对我来说这只不过是再拍一次我已经习以为常的奢华照片而已。然而这次旅程的不同之处在于，我必须与 Barbara 一同前往，搭乘一架 4 座 Cessna 小型飞机从纽约市附近的泰特波罗机场出发。

Barbara 在我们登上飞机前看着工程师说："两名飞行员？""是的，夫人。""两部引擎？""是的，夫人。"

我们上了飞机。Barbara 随行还带了一位制片人和一名私人助理，所以这架小飞机立刻被塞得满满当当。我挤在她身边，膝盖顶膝盖，作为一名卑微的摄影师，任何谈话都没我什么事。

这对我来说倒正好，因为从那天早上醒来开始，我就患上了肠胃病，勉强吃下的任何一点东西全都吐得一点不剩。我的胃一直咕噜咕噜地叫着，声音都快赶上 Cessna 的引擎了，我的衬衫都被汗水浸透了。在她旁边就座以后，我努力挤出一丝微笑。接着我就把脸扭向舷窗，盘算着怎样才能让我下一次气势如虹的一吐不那么引人注意。飞机上有呕吐袋，但那天早晨我吐得如此给力以至于担心会把纸袋穿个大洞，然后吐出来的东西会从乘客区一直喷到飞机挡风玻璃上。

那么，第二天的报纸头条很可能是"昨天一架飞机在紧急降落过程中坠毁，原因是飞行员的视线完全被机上一位摄影师的呕吐物所遮挡。电视明星 Barbara Walters 也在罹难者名单中。我们无法查明摄影师的姓名，但事故确实由于他的过失所引发。"

一路上我紧紧捂住我的胃部，终于平安抵达 Gettysbury 而没有引发"肠胃事件"，当然也保住了我得到的这份工作。

我冲进卫生间吐了个底朝天，这才感觉身体里平静了一些，然后灌下半瓶胃药，就跳上了开往Mamie家的豪华轿车。全体成员们已经在那了。Barbara总是要求（也确实得到了）最好的团队随行，他们清楚自己的职责，把电视布光搞得很完美，而通常都不是这样的。

在互相寒暄了几句之后，采访正式开始。我像平常一样在后面默默等待，就在摄像机后面，支起耳朵随时等着导演说出那句："停！嘿，你要拍几张剧照吗？"每当这时候，我就会赶紧就位，在塞满各种灯架和摄像机的房间里插空用我的器材完成拍摄。我猫着腰迅速冲到Mamie跟前，那架势就像为了破双杀拼命滑向二垒，同时迅速把相机举到眼睛前面，手指也搭在了马达卷片器的快门按钮上。

当我透过镜头向上望向她时，很惊讶地发现她正用可怕的眼神盯着我，对着我的镜头摇晃她的食指表示"不"："小伙子，永远不要从低于一位女士下巴的位置给她拍照片。"

我感到很羞愧，低声咕哝着说："是，Eisenhower夫人。"我像受到责罚似的，从地板上站起身，开始以更高一些的机位拍摄她与Barbara交谈的画面。这条法则我永远都记在心里，特别是当我为特定年龄的女性拍照的时候。

几乎吐在电视明星身上而毁掉职业生涯，却又从美国前第一夫人那里学到如何拍摄肖像，像这样的情况并不是每一天都会遇到。身处拍摄现场，痛苦的一天往往也会是很有意义的一天。[乔]

醋酸时代的
宝贵课程

请允许我把思绪带回模拟时代的羊肠小道，回到没人知道什么是像素的年代，而制造影像的工具很可能只有在铁匠铺里才能找到。

Drew Gurian 摄

想象一下回到20世纪70或80年代，拍摄一场新闻发布会。这是一次仓促而紧急的新闻发布会，某个州的州长将走到麦克风前，承认某些，比如说，他个人生活中的错误。这在真实的世界中是永远不会发生的，但请允许我这样幻想一番。这位州长是3个孩子的父亲，拥有稳固的家庭生活，周末进行烧烤活动，而他在竞选时承诺清理街道，保障人民安居乐业，衣食无忧。他还是一位有力的倡导者。

但是事实证明这位模范人物实际上欺骗女主人至少10年之久，并在他与妻子共同养育子女的同时在外面养了私生子。

这种事情永远不会发生，对吧？但我们假设，回到过去的某一天，必须报道这次公开忏悔。

重要的事情先办。提早赶到拍摄现场抢占好的位置，因为任何人，从电视公司到最不起眼的周刊小报都会派人到场。先下手为强的策略在这里当然也同样适用，就跟在人挤人的混乱现场，必须随时手里抓住相机一样重要。即使孤身一人前往某个湖拍摄日出，也一定要早点到。也许在那个期待已久的拍摄湖上日出的早晨，正赶上连夜重修通往湖边的公路，施工人员指挥所有前来的车辆离开主路，绕行错综复杂的乡间小路，而毫无疑问这会浪费至少1小时的时间。眼睁睁地看着天边逐渐染成一片火红，而只能无奈地一边敲着方向盘一边在车挡风玻璃后面骂脏话绝不是令人愉快的经历。

接下来，准备好相机，在当时这也意味着选择合用的胶卷种类，而这也决定了白平衡。这是一场新闻发布会，为电视转播布置的，所以现场光线应该是以大量钨丝灯（白炽灯）照明。这并不讨人喜欢，但很有效。通常这样的一场集会最终会使用柯达EPT胶卷迫冲1挡设为ASA 320。（当时我们都说ASA，意思是ISO感光度。）如果运气好，现场拍摄参数用快门速度1/125s、光圈值f/2.8就够了。如果再加把劲，可以再进一步提高到使用EPT迫冲ASA 400。但是，我们要面对现实：3200K的室内胶卷很烂，所以400的感光度基本上是极限了，在开始干活之前还要仔细掂量掂量。

现在快门/光圈组合有了，那么也就意味着只有使用f/2.8镜头才能实现，而在当时，这就意味着只能使用定焦镜头。当时可没有像现在这样超级锐利、快速

的变焦镜头。所以在当时，我最有可能选择我最喜欢的长焦镜头从后面拍摄——180mm f/2.8镜头。在当时来说，多功能的尼克尔80-200mm f/4镜头已经面市，这个镜头挺不赖（当然是手动对焦的，只有一个操作环同时用来对焦与变焦），但是在室内用胶片在f/4下拍摄就意味着必须再提高1挡ASA，这会让画质更加粗糙。就这么定了，上定焦镜头，以追求画质的名义。

根据所在的不同位置，180mm镜头可以拍到这位过气政客的非常棒的头像照片，而这是必须拍到的照片。但是背景怎么样？最有说服力的照片应该包括他，还有他面无表情的妻子，看上去就好像她刚灌下半瓶威士忌，站在那里一言不发，对公众对他的丈夫的诟病感到不知所措。如果现场需要改变视角怎么办？比如，有烟花？或者一个冷酷、责备的眼神？对于这些状况也必须有所准备。所以，装上一支105mm f/2.5镜头采用水平构图拍摄更保险，以防万一。既然当时无法享受高速变焦镜头的便利，也就只能妥协了。如果她突然转身猛揍她的丈夫，那么180镜头的视角就太窄了；而如果这样的情况突然发生，还没等换镜头一切就过去了。而如果这样的情况发生而没有拍到，那就可以跟工作吻别了。

开始变复杂了。如果有第二部机身，105镜头就可以拧在它上面，这样就可以根据环境的变化快速切换了。但别忘了是在钨丝灯照明环境里拍摄。是否已经为第二部机身装好了适合室内拍摄的胶卷，随时待命，并且具备适用于拍摄讲台的白平衡呢？还是在相机里装上用于日光拍摄的chrome胶卷，24mm镜头，机身热靴已经装上了Vivitar 283闪光灯？为什么？一旦满脸通红的州长在麦克风前面忏悔完毕，他就会立刻跳上豪华轿车闪人。这时候就必须紧追不舍，很可能穿过昏暗的大厅来到走廊，接着一直走到街上直到他钻进令他可以暂时避开风头的汽车。

如果拿着装有室内胶卷的相机，可搞不定这样的拍摄，所以第二部机身里通常装着适合日光、填充闪光使用的胶卷。此时相机上的闪光灯在曝光过程中很难保证万无一失，而283闪光灯上的感应器也许可以很好地完成摆拍时的闪光测光工作——就像扔手榴弹。但如果是对曝光量要求非常精准的彩色正片测光，那就几乎是不可能完成的任务了！

所以，最大的可能性是把闪光灯设为手动模式，当州长的警卫开始把挡在他

"还有一点，请记住，在这一切混乱之中，没法查看液晶屏幕，所以也不会知道当时拍得到底有多烂，直到回到办公室把照片冲洗出来。"

们前面的人们推开清出一条通路的时候，这么设置的实用性似乎有点令人怀疑。这时将会发现自己距离拍摄对象的距离，一会是1.5米，一会是3米，一会是0.6米，一会又变成了6米。手动模式意味着当在层层包围圈中追踪"猎物"时，摄影师的大脑还要长时间保持高速运转（闪光灯的GN值是基于不同的距离的，这就要求不断改变光圈值来做出调整）。或者索性把计算扔在一边，直接按照对上次的几乎不可能完成的拍摄任务的感觉，完全靠猜。

快速移动、距离一直在不断变化的拍摄对象，不仅会混淆对f值的计算以及与之相关的闪光灯曝光量，也会影响画面的清晰度。过去可没有自动对焦，摄影师不得不迅速估算距离，并根据镜头上的对焦距离标尺设定相应的焦点。这就跟连蒙带猜差不多，因为一切都在快速运动，根本没法舒服地把眼睛凑到取景器上透过镜头进行构图和对焦。此外，只能被挡在视频摄像师身后，而这些家伙经常是身高将近2米的大块头，他们宽阔的脊背甚至用来放电影都没问题。所以如果运气好的话可以看到拍摄对象，而更多的可能性是在整个事件中能够看到的就只有摄像师的T恤衫。这时，只能把相机高举过摄像师的头顶，以经典的"玛丽女王万岁"的姿势，盲拍一堆令人绝望的废片。

像这样连蒙带猜的对焦方式，就是我前面建议把第二部装了闪光灯的机身——用来"跑轰"（原指一种强调速度和灵活性，牺牲半场阵地攻防能力的篮球战术思想，在此作者用来代指快速移动机位的抓拍——译者注）的那部相机——可能需要装上24mm镜头的原因，因为这样可以在很大程度上提高画面的清晰度。这是重中之重。在那个节骨眼上，为报社拍摄的照片可能会显示在某个点阵屏幕上，其显示效果粗糙得就像是印象派绘画，所以清晰度是必须首先考虑的因素。

还有一点，请记住，在这一切混乱之中，没法查看液晶屏幕，所以也不会知道当时拍得到底有多烂，直到回到办公室将照片冲洗出来。这样的工作性质就是许多老牌新闻摄影师在从报社冲洗室回来的路上，气得一路敲打着每一根栏杆的原因。既然说到不能查看液晶显示屏，那么怎样预先设定对讲台的曝光？总地来说，全凭经验，但如果想得到麦克风前的确切参数，就必须使用测光表。忘了相机里的测光表吧，太烂了。再说发布会开始之前也没有人站在讲台上让测光表测光，只有空空如也的一个台子。怎么办？到了这个节骨眼上，最好的办法也只能是暂时离开好不容易在美其名曰的"媒体区"抢占的拍摄位置，走到讲台上，手持入射光测光表完成测光。这样才能真正站在与最终拍摄对象所处位置完全一致的位置。让所有电视摄像照明光打在测光表的半球形测光罩上，就可以获得准确的读数了。

　　但是，能站到讲台上吗？很有可能不行。只一眨眼的工夫就会被保安扔下台。没有获得采访许可，就老实待着吧。

　　"那好吧，长官。那您能不能帮我把这个测光表举到那，然后只要按一下这个……不行吗，好吧，我能理解，先生，您还有工作，而您的工作跟拿个测光表测量光圈值与快门速度一点关系也没有……"只能撤回拍摄位置，如果还能把宝地抢回来的话。在那个位置，只能换成点测光表了，这样就可以在一定距离以外获得测光读数了。但是测哪里呢？颜色很深的木头讲台？泛着银色光泽的麦克风？还是金色天鹅绒质地，上面写着"多勒尔商务酒店"的背景幕？做出的选择必须根据亮部与暗部曝光参数的平均，结合摄影师的经验来决定，很少能够做到完全精确。真正有价值的提示是，尽量寻找任何接近中性灰色调的物体进行测光。

　　另外需要注意的是，想要获得讲台位置的精确测光读数的想法只是一厢情愿，几乎是不可能的。十有八九，来自"懒汉国"的摄像师——总是迟到的胖子——总是会在最后一分钟，用他的方式给现场复杂的混合光源再添一点乱，用他的摄像灯给州长的面前再来一道光。又得重新调整曝光！

　　真是蹩脚的工具。总得做出各种妥协，而很难得到完美的结果。现在当我们缅怀那些活跃在多年以前的新闻摄影界的老前辈时，请不要感到惊讶——那些拿着老式相机与闪光灯的家伙们——他们基本上都把光圈设定为f/8，对焦环则固定在3米的位置，就这样不动了。闪光灯也设定在对应f/8、3米的输出功率上，所以他们只能期望那些关键性瞬间都发生在设定好的距离与曝光参数之下。他们用自己的方式把生活变得简单了。

　　顺便说一句，如果只有一部相机，那么麻烦将会更大，这就是为什么会发现

媒体区内的职业摄影师身旁总会扔着3~4部机身。不同的镜头——全都是定焦镜头，不同的胶片——涵盖不同的色温。如果只有一部机身，会发现自己一直在忙于追踪拍摄与更换器材。一边追踪拍摄对象，一边更换胶卷——这种方案意味着彻底的灾难，不管是对于摄影师还是对于这份工作。

看完前面设身处地的详细描述，还会有人抱怨现在的数码摄影系统吗？还有比这更简单易用的吗？对于新闻摄影从业人员来说，基于胶片的解决方案必须有至少3部相机的支持才能实现。而现在，一部相机就够了。想象一下身为一名新闻摄影记者，处于到讲台中等距离的位置。比如说，正在用一部D3s机身，以及超级锐利的24-70mm f/2.8变焦镜头拍摄。这部相机可以在高ISO下达到极佳的画质，所以在这样的解决方案下，光线水平不再是问题。事实上，即使在ISO 1600下，仍可获得非常优异的影像品质。这样就可以放心地收缩光圈，获得更大的景深，而背景中怒目而视的州长夫人就可以得到更加清晰的呈现。

钨丝灯白平衡也不再是唯一的选择。甚至可以适当提高或降低相机的色温设定，来适应使用时间过长或其他色温诡异的灯泡，一切由摄影师而定。换句话说，可以对相机白平衡进行微调以获得最佳的照片效果。而在过去的日子，就只能接受相机带来的固定效果。当然，也就是冲印室给出的效果。如果那天早上冲印室的小子已经在E-6冲印线上忙活了一整晚，Ektachrome胶卷恐怕就要变成蓝的。当然也可能是绿色或红色，取决于那一天的质量控制水平，当然也取决于任何操作人员是否小心谨慎。

测光呢？完全无需担心。现在的机内测光技术非常神奇，可以瞬间在点测光、中央重点测光或矩阵测光（评价测光）之间切换。此外，还可以在液晶显示屏上再次确认拍摄效果，还有直方图，还有高亮显示功能。还有什么问题吗？

所见即所得，至少处于显示屏的宽容度范围内。非常可靠，非常可行，非常"机内"，高度自动化，绝对靠谱，除非真地想把一切搞砸。调整色彩平衡只需简单按几下按钮，可靠性极高的机内测光可以按照摄影师的要求，在不同的模式与不同的测光区域范围之间随意切换。而曾经是不可逾越的壁垒的 ISO 感光度，现在得到了极大的扩展和增强，而且可以随时进行有效且无缝的调整。

　　但是，回溯胶片时代——醋酸时代，仍然有许多数字化课程需要学习，当时的摄影师们相当于刚刚从软泥里探出身来，开始长出四肢与分开的脚趾。许多当时的技术现在看来仍然可以发挥作用，且仍然有效。

　　就拿色彩平衡来说吧。正如我上面提到的，从历史角度来说，无非就是装进相机里的黄色或绿色的暗盒。从关闭胶卷仓盖的那一刻起，通过这卷胶卷获得的色彩也就固定下来了，它有固定的响应范围。一旦把它用在错误的环境中，它就会让摄影师付出代价。如果希望获得不同的色彩响应，就必须用卷片器把胶卷收回，然后重新安装一卷新的不同类型的胶卷，大概是从摄影背心的另一个口袋或背包的另一个内袋里掏出来。（干活的时候，把不同类型的胶卷混装在相同的空间里是很不明智的，这很容易导致失误。在每次出任务之前根据不同种类将胶卷分开存放，是必不可少的一种近似于仪式的工作。）

　　所以到了现在，数码相机拥有几乎无限的可能性，全部依赖相机内部的微型计算机来实现。轻按开关，改动一个参数，照片就会呈现完全不同的效果。并不是说更棒，而是不同。摄影师，以及摄影师的个人偏好，决定了这种差异，而不再受限于36张胶片都必须具有同样的效果。如果不喜欢这种效果，还可以做出调整，就在拍摄过程中，每一张都可以完全不同。就像一位画家，可以按照自己认为合适的方式混合调色板。

　　这种方式会带来麻烦或担忧吗？在我看来，是的。如今的相机，特别是高端型号，都超级聪明。这是无可非议的，但是借用一句古老的玩笑："它怎么会知道呢？"仍然需要引导这部机器。摄影师对色彩的感觉仍然要先于它的机械评估，何况还有Raw格式文件提供的额外安全保障。

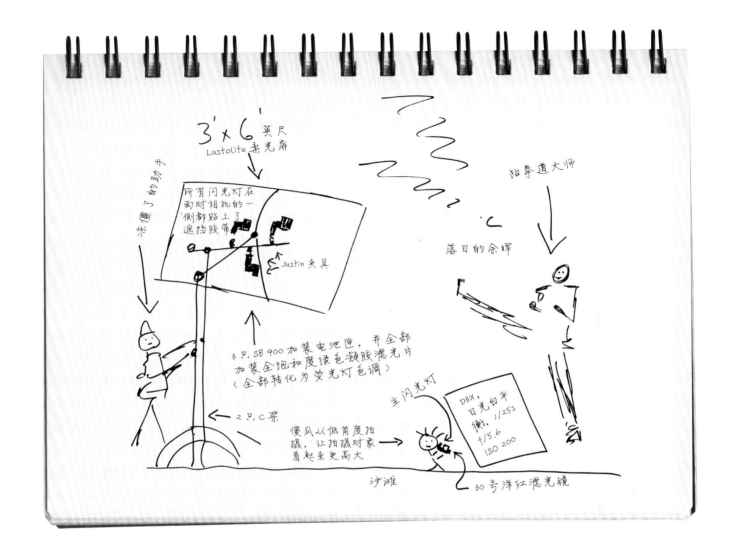

新像素，老把戏

一方面，我总感觉即使是最智能的数码相机，在面对荧光灯白平衡时也倾向于犯糊涂。（目前，这是我的个人经验。我并没有用过市面上全部型号的相机，其中某些也许能够在荧光灯环境下实现完美的色温评估。）这里仅仅是个人偏好，但我只是不喜欢相机被设为荧光灯白平衡模式后呈现出来的生硬的色彩效果。对我来说，其画面色温有偏暖的倾向，而且看起来感觉有点病态，至少从一开始就是这样。可以尝试调整各种不同的参数，并最终得到相对满意的效果。无需烦恼，也不必纠结。对于高端型号，还支持白平衡调整网格，可以在这里直观地将相机的色彩表现向某个方向或相反方向调整，直到认为正常为止。当然，故意调整与所见效果完全迥异也没问题。完全由摄影师自行定制，这就是数码影像之美。

"一个简单的、基于胶片时代的解决方案，没有任何修饰，是用像素来表达的。没有故弄玄虚，没有差值，没有连蒙带猜，没有通过后期对色彩进行增强。这种经久不衰的布光公式，从摄影师们第一次开始直立行走一直流传至今。"

数码相机理论上支持成千上万种不同的调整方案，只需轻轻一按按钮就能实现。事实上，对于我们所见到的整个世界，遇到色彩问题又何止百亿。全凭直觉，匆忙中做出的色彩校正，充其量也仅仅是一门非精确学科。如果关闭相机的渲染功能，或者判断出现失误，并不能说摄影师或摄影师的相机就是错误的。纵观古今，混合光源无处不在，要想实现绝对纯净、完全可控的色彩还原，无异于空中楼阁。即使在确定空间的背景下，也可能存在多种不同的光源、不同类型的灯泡、多个不同的生产厂家，光源投入使用的年限也各不相同。所有这些因素都会形成不同的色温，就像一支正在热身过程中的管弦乐队，发出各种不和谐的、相互冲突的、不同步的声音。而且，如果试图达到绝对的完美，它有可能而且确实会令人发疯。（请注意：我探讨的是现场拍摄，照片在外面就要成形。如果一直在摄影工作室里拍摄，所有的参数都是已知的，那么一切就会变得简单得多，也快捷得多。）

作为一名现场摄影师，会遇到各种各样的色温条件，这也是为什么我会偶尔尝试模拟摄影，而不顾随之带来的各种束缚。实际上，我把我的数码相机变成了一部胶卷相机，并把白平衡锁定在日光白平衡设定上了。就像用胶卷拍摄时一样，不再有自动设定，不再让相机妄下决断。整个世界清静了。

且听我道来。使用胶卷拍摄多年的我，对日光白平衡型胶卷在特定照明环境下的色彩表现有着很敏锐的感觉，包括它的简单（有些人可能会认为这是弱点）应该如何转化为强大。

在沙滩上的跆拳道那张照片中，留下的只有天光。如果我按照日落进行曝光，前景中的一切都将淹没于黑暗之中，这让我可以对照片中的前景区域拥有绝对的控制权。场景采用天光照明，而在数码影像世界，我可以操控相机对色温的响应。我可以围绕色轮进行一定程度的缩放，例如强调傍晚云霞的红色，我也可以让色温偏冷，所有这一切都可以通过相机菜单轻易设定完成。而这些调整只影响天空的色彩，因为这是唯一能够进入感光元件的光线。黑色的部分仍然保持黑色，没有细节，也没有色彩冲突。

但是，一旦将数码白平衡调整到未经测试或未知的区域，对闪光灯发出的白色闪光应该采取什么样的策略？黑色的前景部分是拍摄对象所在的区域，我必须为这一区域引入照明光。原本呈现日光白平衡的闪光灯可能会看起来非常诡异，而这取决于我把飞镖投在数字色轮的具体位置。我必须找一种滤色片可以将闪光灯的白光过滤成符合我在相机白平衡设定中调整过的色温值。这可能是一次简单的修正（单一滤色片），也可能更加复杂一些，涉及多张滤色片的组合。这种方法肯定是可行的，但同时也可能需要一些试验才能找到正确的滤色片组合方案。

不过我并没有这么干。为了实现我灵感中描绘的充满戏剧色彩的天空，我关闭了潜能无限但同时也变幻莫测的数码色温设定，保持一切从简。天空属于日光，所以相机上也这么设定。为了在不引入数码控制的前提下增强天空的色彩，我在镜头前端加装了30号洋红滤光镜。这一抹粉红把日落前的天空装点得格外绚烂，如同核爆炸之后的天空。

但是，我的白光闪光灯可不会喜欢我这么干，它们也会被滤光镜染成粉红色。我可不想把拍摄对象——跆拳道Photoshop专家Matt Klosko瓦特秒 ki——变成快活的圣诞老人，所以做一些处理是必不可少的。

我在这里所做的正是我多年一来一直在做的：往闪光灯头上加装一片全饱和度的荧光灯色温滤色片。不同的人对它的叫法也各不相同，有的人叫它"绿窗"，另外一些人则叫它"整片"荧光灯滤色片。但是它使用起来非常简单和直接，而且实际上在购买许多高端闪光灯时会随机附赠这类滤光片。

所以，镜头上加一片滤光镜，闪光灯（也许多只）上加一片滤色片，洋红色配绿色——色彩之间的平衡。对于前景来说，曝光主要由闪光灯提供，因此两种色温相互抵消，让拍摄对象呈现正常的色彩效果——既不偏红，也不会偏绿，而是正常的、白天的皮肤色调。

（关于技术的一点小提示：3只SB-900闪光灯让我获得更快的回电速度。它们都安装了柔光罩，但我尝试尽量控制光线的扩散，至少达到最低限度，具体方法是在朝向相机的一侧以及朝向地面的一侧用胶带粘贴进行遮挡。这样一来，就解决了镜头炫光以及过多光线泄露到沙滩上的问题。我希望在画面上能够看到前景——让观众知道前景的地面到底是什么质地，但不想让地面受到过度的照明。胶带起到了遮光的作用。总体来说，这些闪光灯属于一个光源，因此都被编为A组，而且它们可以很容易地被来自主闪光灯的光引闪信号所触发，而主闪光灯安装在我手中的D3x相机的热靴上。我可以非常轻松地调整闪光灯的输出功率，以适应Matt距离柔光灯箱的不同距离变化，以及不断变暗的天空。曝光模式采用手动曝光，对每张照片都要查看一下天空的曝光量，以保证闪光输出与之相匹配。）

一个简单的、基于胶片时代的解决方案，没有任何修饰，是用像素来表达的。没有故弄玄虚，没有差值，没有连蒙带猜，没有通过后期对色彩进行增强。这种经久不衰的布光公式，从摄影师们第一次开始"直立行走"一直流传至今。🔆

在大峡谷边缘发现一张照片

我不是那种热衷于自然风光、国家公园、徒步旅行的家伙。我对荒野的认识来自于纽约市的地铁系统。但是由于长期跟我的朋友，传奇的野生动物摄影师Moose Peterson在一起混，几年前我有机会饱览了美国几个非常美丽的地区。

大约4年前，在犹他州摩崖（Moab）的马蹄峡谷（Horse-shoe Canyon）的日出时分，我看到一片区域仍然处于岩石的阴影之中，而峡谷的其他区域已经沐浴在清晨的阳光之中。我记下了这个地方。

我花了4年时间才再次回到这里，谢天谢地，这是一个国家公园，一切都还在（在城市地区总会遇到这样的风险：看到某个非常喜欢的地方，记在了脑海里"必拍之地"的名单之中，而当再次回到这个地方，会发现原本打算支起三脚架的地方，已经修建了一家汉堡王）。

我对在这里拍摄已经向往已久了，并且一直在我的摄影工作室里念叨着准备重游摩崖这件事。在我的小工作室里，我们讨论各种潜在的拍摄与计划。我们的协作氛围很好，这意味着当我的想法或照片很烂的时候，大家都可以毫无顾忌地指出来。但这次大家对此一致表示很有兴趣，认为这个主意很棒，直到我说出那个词——芭蕾舞者。

他们恳求我别这么干。我心软了，最后我们决定找一位山地自行车手，对于这个拍摄题材来说显然要符合逻辑得多，特别是在这样的地形地貌之中。顺便提一句，如果打算去气势宏伟的摩崖地区，而又恰好需要很棒的车手作为模特，请联系"毒蜘蛛"自行车店（Poison Spider）。在他们柜台工作的都是一流的自行车手，他们可以给出很棒的建议，并提供绝佳的模特。

我们为拍摄做出安排，制定了时间表，然后出发。正如我所说，拍摄地点还在那里，笼罩在阴影之中，我们戴着头灯，趁太阳还未钻出地平线，像每一天一样用它的光芒点燃整个巨大峡谷中的红色岩石之前，做好了一切拍摄准备。

四年以来，我在脑海中为这次拍摄所设想的就是长焦镜头，长焦镜头，长焦镜头。我决意测试一下直射光引闪的有效范围，同时用长焦镜头压缩整个峡谷的空间感。我们在一只C架上固定了三只小型闪光灯，用全饱和度CTO滤光片使闪光呈现暖调，并安排好车手的位置。如果你喜欢把多只闪光灯有效地组合成一个单一光源，那么这个方法非常实用。我先把闪光灯固定在Justin夹具上，接着把Justin夹具固定在C架的延伸臂上拧紧。把它们简单地呈一字排开，间距与角度保持一致。

我后退到一个比较有利的位置，大约45~55米，带着一支24-70mm镜头与一支70-200mm镜头，开始拍摄。我用光圈优先模式按了几次快门，获得了一个大致的整体曝光，接着转而使用手动曝光拍摄。在当时的情况下使用手动曝光模式可以进一步简化对曝光的控制，随着太阳的升起，我可以对曝光参数进行相应的调整。此外，由于被摄主体必须位于画面边缘，所以在对焦方面我也通过手动进行对焦。我先用单次伺服自动对焦，把自动对焦点放在主体身上，完成对焦，然后关闭自动对焦。不论是自行车手还是我，都不会移

动位置。（当然，时不时还要检查一下焦点。"时不时"？天呐。好吧，我就从实招来吧。我对焦点的精确如此偏执，再加上我老眼昏花，所以我对焦点的确认简直到了疯狂的程度，不是"时不时"，而是每张照片都必须确认焦点。）

由于静谧的曙光亮度迅速增长，最初拍摄的几张照片很快从1/20s变成1/40s，光圈f/4。直射光引闪天衣无缝，没有一次漏闪发生。全部三只闪光灯，由于是作为单一光源使用，所以全部编为同一组——A组。起始输出功率手动设为1/2。换句话说，每只单独闪光灯最大输出功率的一半。这就是我用了三只闪光灯，而不是一只单灯的原因。单灯的工作负担太重，而我可能不得不在光圈值或ISO数值上做出妥协。我可不想这样，所以干脆直接三只灯一起上。顺便提一句，全部三只闪光灯的底部，也就是朝向地面的一边，都用魔术贴固定了遮光板（遮光片或旗板）。这样做的目的是为了遮挡或切断任何漏向地面的闪光，防止地面形成高光区域或曝光过度的情况。

技术上一切顺利。曝光都很合适，闪光也没问题。事实上，从第一张照片开始，曝光、锐度、闪光灯控制以及构图就已敲定，这在我的摄影生涯中并不多见。

不过唯一的问题是，我没有得到我想要的照片。一切执行顺利，但很难构成影像上的成功。相机正常工作并不意味着你的大脑也是如此。在我透过镜头观察画面的第一秒，我就意识到有一个严重的构图问题：把车手拍得比较大，就拍不全峡谷；后退一些拍下峡谷，车手看起来就会变成蓝精灵一样渺小。此外，我为车手选择的固定位置，尽管看起来很酷，但同时也迫使他只能摆出固定的姿势。画面是静止的，

"我就从实招来吧。我对焦点的精确如此偏执，再加上我老眼昏花，所以我对焦点的确认简直到了疯狂的程度，不是"时不时"，而是每张照片都必须确认焦点。"

影像在曝光的一瞬间已被宣布死亡。

我相信自己能够挽救当前的不利形势，只要拍摄2张照片，将其合成为一张全景照片就行了。但是，如果只是这样做那就不是我了。如果在拍摄现场，我开始考虑我不得不借助电脑后期才能完成拍摄，那就意味着我有麻烦了，而且就在现在，就摆在我的面前。而这个麻烦的名字就叫一张烂照片，或者至少是一张构思并不完美的照片。

我并不抵制后期制作。这是一件很棒的事情，我们在工作室也会使用Photoshop。对于数码摄影来说，对照片进行这样那样的后期处理是天经地义的事。我在这里讨论的是用电脑对现场拍摄的烂照片或者搞砸了的照片，进行修补与遮盖。

这在整个影像制作过程中几乎是不可避免的。这并不是什么足以毁掉职业生涯的错误，只不过一直一来，我从未设想过要以这样的方式来实现我最初的设想，用我的心灵之眼——长达4年之久。

当然，无数次的拍摄经历本身就是成功的保障，但外景摄影本身就是一位伟大的导师，而它教给我们所有人最重要的课程之一，就是要随机应变——而且要快。

我从原来所在的岩石上跳下来，走近我的拍摄对象，压低机位，换上一支14-24mm镜头。这再次实践了我曾经反复宣讲的道理。如果觉得使用长焦镜头看起来还不错，那么在把所有鸡蛋放在同一个篮子之前，换上一支广角镜头再试试看；如果原来所处的位置比较高，那么就降低机位；如果之前采用顺光拍摄，那么就转身180°尝试逆光拍摄。一定要做些什么，特别是当对第一个视角获得的照片感到并不满意的时候。

当我得到最终的照片时——同时也是自行车手、他的姿势、整个峡谷，以及现场光线都处于最佳状态时——太阳也完全升起来了。最终的作品使用D3x，14-24mm镜头变焦至19mm，9对焦点动态区域AF模式，快门速度1/250s，光圈值f/8，ISO 200。闪光灯组保持原有的配置不变，仍然安装滤光片，变焦至200mm，现在采用1/1全光输出，手动闪光模式。我拥有了天空、峡谷以及自行车手，沐浴在清晨漂亮的闪光——光线之中。

可恶的摄影！在这样一个位置拍摄一张照片是我盼望已久的，而我多么希望此时此刻能够为我停留！接着我走回峡谷的边缘，仍在努力试图找到我想要的那张照片。乔

有时候，
主光
来自身后

这张照片基本上由两组灯光完成照明。一个是大型光源，一个是小型的。还有一些其他灯光，但都不是很重要，只是提供一些轮廓光，我会在本章末尾提到它们，但实际上这应该算是一张双灯布光的照片。传统理解上通常认为主光源应该是大型光源，而且是用于照片中的主体或明星；较小的光源则用于填充光，或者只用于背景光。

传统的理解并没有错。这套法则通常都能派上用场，而且效果不错。大型光源布置在前上方，小型光源就不一定了。但当面对的是长宽尺寸固定的类似立方体的空间，而拍摄对象只是那个空间中的一部分时，可能就要重新考虑那个历史悠久的布光模式了。

这是一张体育肖像照片，要想表现这样的风格就需要引入更强的戏剧性。如果能找到一位外表出众的运动员站在镜头前，肌肉饱满，状态正佳，难道甘心只用点反射闪光就打发一天的拍摄吗？

我们当然不能允许这样的事情发生。必须让布光到位，就像运动员听到"各就位"的口令，已经蓄势待发随时准备赢得荣光一样。准备好有感觉的光线并不一定意味着大费周章，弄来一堆灯和一群助手。不管用的是什么类型的光，只要能够塑造人体的姿态，勾勒出人物的曲线，为人物形态和面部带来力度和冲击，那么不管是单灯还是10盏灯都没有关系。

这张照片的构图采用非常经典的三分法构图。我的拍摄对象站在相机略偏左一点的位置，为身后的仓库留出一些画面空间，以此希望能够为他增加轮廓感和空间感。谢天谢地仓库不是空的，里面有一排排的空货架——实际上形成了网格，而这正需要用某种光线来表现，而且是大量的光线。

对于这样面积的空间，小型闪光灯将要面临严峻挑战。我的意思是说，可以把一堆小型闪光灯集中在一起使用——也许构成一面聚光灯墙或横梁——开大光圈以弥补功率上的不足，再不行就弄一大堆闪光灯一起上。我已经在许多场合这么试过了，都不同程度上取得了成功。但在这里，为了获得终极的冲击力与指向性——更不用说单一的阴影效果了，我确实感觉一只大型光源才是正确的选择。架上一只大块头的闪光灯，向后退几步，看看效果到底怎么样。

凭借这盏灯的统治力和对整个地面的覆盖，以及它在这张照片中不可替代的作用，确实可以称得上是主光源了，尽管它位于画面后方距离相机22米远的地方。我让模特往前站，但我对他一点也不担心，我知道我能为他提供合适的照明。我所关心的是整个照片的整体戏剧性，而这完全取决于后面光线的布置。我选择的是一盏1100瓦特秒的Ranger闪光灯，通过无线引闪器触发。光线在一只长程反光碗的辅助下，向着镜头喷薄而来。这种控光附件是一个类似很深的碟形的反射器，

"光线通过塑造高光区域与阴影区域来创造戏剧性，但当光线击中空气中的某种物质比如灰尘或蒸汽时，就能创造出无法预知的形状与效果。这也可以成为它自己的控光工具，就像一个巨大的柔光毯。"

可以把光线聚集到一起，并按指定的方向投射到很长、很远的地方。大多数"普通"或市售的反光碟一般深约15～20厘米，而这种碟形反射器则深达40厘米，并且有29°的光线扩散角。在反射器的"碗"内部，采用高亮的抛光银色内衬。所有这些设计都保证了让光线汇聚成很强的一股，可以传播相当远的距离。

按照我的描述，这是一张并不复杂的照片，事实也是如此。不过，我也确实为了增加气氛使用了一台烟雾机。光线通过塑造高光区域与阴影区域来创造戏剧性，但当光线击中空气中的某种物质比如灰尘或蒸汽时，就能创造出无法预知的形状与效果。这也可以成为它自己的控光工具，就像一个巨大的柔光毯。

得益于在万圣节与各种宴会场合的突出表现，现在烟雾机到处都有，而且也不贵。连规模大一点的礼服店都有烟雾机。但是在腾云驾雾之前一定要小心！与大厦保安或者设备管理员核实一下：是否安装了烟雾报警器，是否与中控室相连接。如果有窗户，而烟开始从窗户往外冒的时候，会不会有哪个惊恐万状的邻居，叫来消防车——当他们拼命赶往他们认为的重大火情现场之后——实际上面对的是……一个摄影现场？这可就不太好了，除非已经全部核实过，甚至已经搞到了许可证，并且让当地的消防队/警察局知道将会在当地某个建筑内部搞出大量烟雾。如果在拥有精致表面的内部空间使用烟雾机，例如老爷车，也不太好。许多烟雾机是靠一种通常称为雾化剂的混合物工作的，此类产品多含有矿物油成分。这种液体在烟雾机的加热室中蒸发，以大量厚重的白色云雾状态被喷出。拍照效果当然不错，但在不通风的环境中，就会留下残留物。如果有人花了整个周末为他们心爱的经典老爷车打蜡、装饰，就为了这次拍摄，而拍摄后车身被蒙上一层黏乎乎的蒸汽，那以后就再也别想拍摄老爷车了。

不过这次拍摄中用烟不会有任何问题。大而空旷的空间，没有什么值得注意或小心的地方，随着一系列曝光的进行，蒸汽会自行消散。而通常在放烟的时候，应该做的就是——进行一系列的曝光。当按下烟雾机上的开关，也就等于释放了一个无法控制的事物，就好像把一箱子小猫倒在沙发上。要做的就是按自己的方式一直拍。一开始，有可能烟太多，而最后则可能又太少，但总会有一个刚刚好的结合点，缭绕的烟雾被布光赋予光辉，就是它了。

下面转到前景，这当然极其重要，但相对要简单一些。Mic，我们的运动员模特，以凶狠的眼神盯着镜头，手里抓着篮球。我告诉他，让他把我和相机看成是阻碍他获得NBA全明星赛扣篮大赛冠军的唯一障碍。换句话说，如果我们挡他的路，他就会把我们击碎。照明使用一只SB-900与一只24英寸Ezybox热靴闪光灯柔光箱，用一根手持的油漆杆支撑，离机布置在他的左侧。闪光灯设为手动光触发从属闪光模式，尼康称之为SU-4模式。这意味着闪光灯将对身后远处的大型闪光灯做出响应，与之同步发出闪光。这个光源在模特上方，所以实际光效是集中于他的面部、前胸、手臂，接着在他的身上渐渐变暗，这正是我所寻求的效果。除非是为耐克拍摄宣传照，我肯定不希望他的篮球鞋与他的脸具有相同的曝光量。

两个光源就搞定了。说实话，相机右侧很远的地方，有一面黄色的墙壁，也用一堆低功率的闪光灯打亮了。我在最后时刻决定往这面墙上打少量的光，主要是为了让仓库的远端也有一些细节。它们也用光触发从属闪光模式，跟随大型闪光灯同步发出闪光。这就是把背后的光源定义为主光的原因，是它推动了一切——强有力的背光，烟雾的光效，而且还触发了照片中所有其他闪光灯。

它还让镜头中出现炫光，从而创造出更强烈的戏剧性——快乐的意外。我在开始拍摄的时候设计的是让人物彻底挡住背光，这样闪光灯就会给他罩上一圈轮廓光，而镜头则完全被遮挡所以不用担心吃光。但接下来，由于笼罩在烟雾中而无法确切看清楚主光的位置，我稍微向右移动了一点机位，来自光源的直射强光立刻射入镜头，我喜欢。举起相机时，这类事情总会发生——偶然的、意外的、各种各样的。这也是我为什么能不用三脚架就尽量不用的原因。我移动一点位置，一直在观察，一直在改变相机与拍摄对象之间的相对位置。轻微的变化可能带来完全不同的效果，比如直视这束光。

如果背光改用小型闪光灯可以吗？这个问题一直萦绕在我的梦中。只能说，可以，**基本够格**，但不是非常强劲有力。近年来，小型闪光灯取得了长足的进步，当然也包括层出不穷、花样翻新的各种控光附件。如果我把一只 TriFlash 三角形闪光灯座放在背景中，装上 3 只小型闪光灯同时向同一个方向发出闪光，我认为也可以达到同样的效果。为了更好地达到目的，我必须拿掉柔光罩，变焦至闪光灯头的最大焦距范围，使光束最大限度地集中，并设为全功率输出——手动闪光，最大功率。

在相机上，我会把主闪光灯从机顶热靴上拿下来，用一副灯架固定在较高的位置，通过SC-29线缆使之与相机相连。再一次地，摘掉柔光罩，闪光灯头变焦至最大焦距，以尽量扩展主闪光灯的指令范围。主闪光灯将设置一定的角度，使之在控制背景的3只闪光灯的同时，可以兼顾对前景的Ezybox柔光箱中闪光灯的控制。把指令闪光灯留在热靴上是肯定行不通的，因为这是一次低机位的拍摄，而拍摄对象将会挡住无线闪光控制信号。

谨慎地说还是完全可行的。那么缺点有哪些？功率。可能要差出1～2挡曝光，不论是ISO还是实际光圈值。不过最麻烦的还是在于，如果想要同时照亮背景中的框架结构，还要打亮弥漫的烟雾，那么同样也会希望这些景物都能保持清晰锐利。当然了，除非是f/1.4超大光圈俱乐部的一员，而该俱乐部现在有许多大光圈的拥趸。

还有其他的潜在问题吗？直射光信号引闪。距离并不是太远，但是毕竟放了大量的烟，因此主闪光灯的引闪信

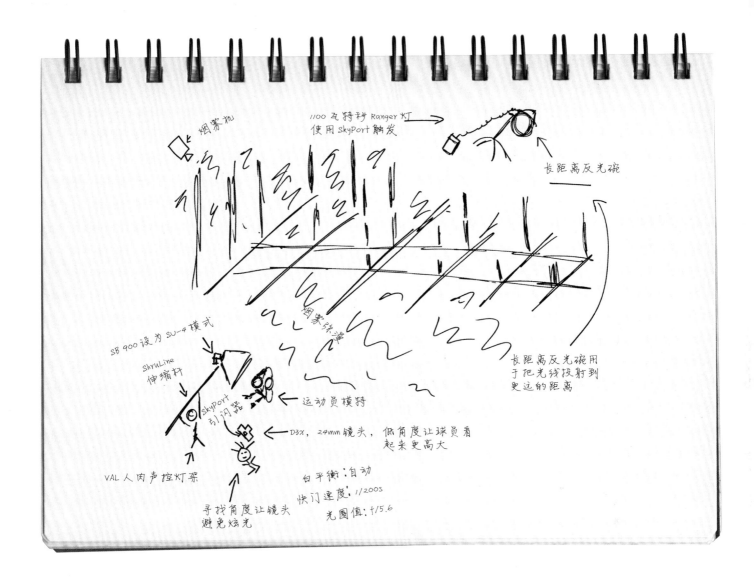

烟雾机

1100 瓦特秒 Ranger 灯
使用 SkyPort 触发

长距离反光碗

烟雾弥漫

长距离反光碗用
于把光线投射到
更远的距离

SB 900 设为 SU-4 模式

ShruLine
伸缩杆

SkyPort
引闪器

运动员模特

D3X, 24mm 镜头, 低角度让球员看
起来更高大

VAL 人肉声控灯架

寻找角度让镜头
避免炫光

白平衡: 自动

快闪速度: 1/200s

光圈值: f/5.6

号功率就要打折扣。当烟雾正浓的时候,主闪光灯发出的引闪信号光功率很可能不足,但是当烟雾部分消散之后又能有效接收引闪信号了。如果不希望被这些不确定因素干扰,那么不妨直接把遥控闪光灯设成手动闪光模式,然后改用无线电引闪器进行触发。我起初用大型闪光灯的时候就是这么干的。

有很多不同的方法都能实现这样的布光。大型闪光灯、小型闪光灯,或者都用大型闪光灯,或者都用小型闪光灯,

不过必须要提醒一下,可能会出现引闪断断续续的情况,而且可能会比所预期的出现更多次由于无法引闪而废片的情况。一切取决于所使用的装备,以及对反复失败和尝试,直到解决问题的过程的容忍程度。

就像运动员模特一样,必须要有冲劲。

别把摄影师惹毛了

我们总是会抓狂，对吧？总有人来告诉我们该站哪里，什么时候拍，拍什么，拍谁，不拍谁，谁将会拥有我们努力工作创造的权利。如果我们想要获得许可能够站在大汗淋漓、到处都是扭动的身躯与挥舞的胳膊肘子的舞池里，就为了顶着白眼拍摄当红的Love Pump乐队大约150秒，我们得在汽车鼻子上签名，还得在演出结束后清理舞台。

但同时，对待摄影师漫不经心甚至羞辱摄影师的人们可要小心了。

当我受到《生活》杂志派遣赴星城拍摄时，我清楚我将身处一场混战。星城是太空计划的主基地，它的保密程度如此之高，以至于任何地方的地图上都难觅其踪迹。现在其身份与位置已经公之于众，而外国宇航员——大多是美国人——上太空之前在此居住和训练。一切都在开放、合作、友谊的精神下进行，当然也少不了俄罗斯太空计划对现金的极度渴求。

美国的新闻业，至少在大多数时候，并不是以大量现金为基础的。换句话说，信息的流动对于供需双方来说一般都是免费的。纽约的《时代》杂志不会对在第一页发表故事的人收费，同样地，故事的主人公也不会为了在照片里摆姿势或者接受采访而收费。无论如何，大多数时候是这样。

在俄罗斯可就完全不一样了。"你想要到星城进行采访吗？非常好，收费10000美元。"《生活》杂志希望唤起他们的良知，用神圣的新闻实践精神代替他们残酷的商业目的，在合同中列出需要支付费用的"服务"内容。换句话说，我们要埋单的项目包括口译、运输，以及进入星城园区内特定的、引人注目的建筑物。我们不会为故事本身支付费用。

合理化真是强大，一纸合同在手，我信步来到曾经非常

强大的太空计划历史大厅，正是在这大厅里诞生了人造卫星。当肖恩·康纳利在电影《猎杀红色十月号》中向"红色十月号"的船员们宣布"尤里·加加林的陶醉时光，整个世界听到我们火箭的轰鸣都在为之颤抖"时，星城正是大本营与幕后推手。而且它仍然是民族自豪感的重要来源。

这里也是记者被轻视、怀疑，并且受到高度管制的地方，此外，这里显然也是一个合同变得跟太空行走一样无足轻重的地方。例如，我的合同中非常明确地写明了，我可以被允许在放有传奇的MIR和平号空间站水下模拟器的大楼内拍摄。我之前看过许多这个地方的照片，看起来非常酷。我很兴奋，而且他们也确实带我去了那个大楼，我的向导用手扫过摆放着MIR的大而深的水池。只有一个问题——水池是空的，我指出了这一点。有人告诉我："是的，我们知道它是空的，花30000美元就可以把它灌满！"

我感到火冒三丈，但当我回头再看合同时，里面并没有提到这该死的水池必须是满的，只提到了我可以拍摄这处设施。

也只能这样了。最终我只能拍摄了这个地方的边缘，但如果我想要一张真正的照片，深入太空计划，恐怕是可望而不可及了。这真是令人懊恼。随之而来的是激烈的会面，甚至发生了争吵，我曾一度失去平时一贯的沉稳作风，追上我的陪同人员，揪着他指责他是个两面三刀的人。几位美国宇航员把我俩分开了。

我走的时候带着一个故事，籍此我得以重新振作起被撕碎的尊严与耐心。《生活》杂志绝对是大出血。不过，我确实在坚持遵循 Jay Maisel 历久弥新的教诲："永远带着相机，没有相机，拍照也就无从谈起"，并得到了一张我想要的照片作为回报。

在这个例子中，我带着相机进了厕所。不管出于什么原因，也许我确实不放心把它放在会议室里，那里满屋子都是在用俄语骂我的人。就在离指挥强大的"联盟号"火箭进入太空的主控室旁边几米远的地方，就是一个卫生间，里面只提供《真理报》——俄罗斯的全国性报纸，作为手纸。

不用说，这在肯尼迪航天中心绝不可能发生。

所以我拍了张照片。《生活》杂志将它与星城希望宣扬的高举旗帜、夸夸其谈、高科技火箭人等等光辉形象进行了鲜明的对比，说明整个计划是中空的、绝望的、缺乏资金的。

这张照片成为公开的证据，而《生活》杂志用它来吸引读者把杂志买回家。

作为一名摄影师，生活充满了乐趣与讽刺，其创造出一幅幅影像，而影像对于当今世界实在是太重要了。但是，尽管它们非常重要，我们摄影师却没有相应地得到重要的对待。我们出任务去拍摄CEO，却带着全部装备乘货梯上楼；我们被告知要在几秒钟内去拍个什么东西，而最终成品照片立刻就要，而只要照片稍有不符合他们期望的地方，我们就会听到无尽的抱怨。而且，即使我们拍的这些照片确实是前所未

有的，对于某一事件来说独一无二的，极具价值的照片，仍然会有许多人插进来乱搅一气，似乎他们的主要职责就是限制我们，并且总是告诉我们不能拍的东西比能拍的要多得多。

一声叹息，但现实就是这样。不过每一次，与此同时，我们都得到了释放，就像从袋子里钻出来的猫，终于拍出了一张小照片，至少赢得了一个笑容，或者也许只是表示满意的一声哼哼。一张照片至少可以证明，至少在某个时刻，我们超越了行政控制，到达了本不能到达的某个地方，而且我们有照片为证。那些照片等于是用摄影的方式诠释了这句话："来惹我啊，你来啊？"

在控制的游戏中，当然这已经消失多年了，每一次一名摄影师都将为主队赢得一分。就像当部队大举撤退时，没人看见狙击手还留在钟楼上一样，我们只是尽自己所能拍摄到一张能够吸引人们注意力的照片，讲述事实，让那些过于自鸣得意或安逸自在的人吃点苦头，或者给那些权贵们找点麻烦。

他们真应该对我们好一点。

与D
一起共事

大多数摄影师都必须靠不断的创新求变才能茁壮成长。我自认为也是他们中的一员。我为自己充电的方式就是探访一个新的国家，看看那些我过去从未见过的新事物，争取获准进入那些普通大众无法涉足的地方。许多人喜欢相互雷同的模仿，这是实话。家中，去办公室，跟同样的人共事……熟悉就等于自我慰藉，我完全可以理解。但摄影师向往对整个系统的冲击，远离州际公路的小镇，期望遇到与以往完全不同的某些人或某些事，能带给自己某种启示。

成的独特峡谷地貌，如美国亚利桑那州著名的羚羊峡谷。——译者注）的真人版。有谁见过缝隙峡谷的烂片子吗？）

我曾经把D描述为"一个女人组成的马戏团"，她非常喜欢我的这个描述。她是我一起共事过的少有的几个能够把我天马行空的想象在身体形态上实现出来的人之一。她是一位拥有神奇的形体变幻能力的奇人，就好像电影《X战警》里美丽的变异人女郎，只要扫一眼房间那头的某个人就能立刻变成跟他一模一样。这就是D最具魅力之处——她能够用自己的智慧实现摄影师的构想，就像未来世界的超级电脑，只要对她说话，她就能变成想要的样子。

而且她对我非常信任。

暂时把像素、超高速镜头以及功能花哨的软件放在一旁，没有任何一件事物、物品、商品或器材——不管是什么——比信任更加伟大。她为了我竭尽全力，也很清楚作为回报，我也会尽我所能去对待她，共同努力拍摄出漂亮的照片。

当然，这并不只限于对Deidre一个人。这是一种可以扩展的天赋，或者说应该对每一个受邀站在镜头前的人都有效。我前面已经说过——在每一次闪光的发出和每一次快门的释放之间，在摄影师与拍摄对象之间都达成了一个无言的协议。他们来到了这个敏感脆弱的地方，置身于数百万像素面前，而摄影师回馈给他们的信息是，要让他们清楚可以信赖这次视觉处理的过程，信赖摄影师。

而她也会时常想到我。例如当她剃了个光头之后，"嘿，我把我的脑袋剃光了，想给我拍张照吗？"当然了，没问题。同样地，我也会给她打电话，"嘿，我能把你全身涂成蓝色，然后把你放在沙漠中央的岩石上吗？会很冷哟。"她的回答一般都是："还用问吗？"

这是一种关系，总之，我希望能够一直保持下去。

我已经与Deidre Dean，一位来自新墨西哥州圣达菲的模特、表演艺术家，一起工作10年了。一次又一次，每当我的想象力开始四处游走，我总是会想到D。这可能显得有点怪。正如我前面提到的，摄影师都有一个共同点，那就是渴望全新的体验、全新的面孔、年轻而热辣的尤物或者所有新俱乐部中最时髦的东西。

而D不是全新的面孔，至少对我来说不是，我们俩在同一个街区生活。可能有些摄影师会认为与某个人共事一次、两次或者有限的几次，持续个有限的几年也就足够了，接着他和他的相机将会转而寻找一个不同的、全新的灵感激励。这是事实，非常自然，也无可厚非。对于每个摄影师的职业生涯来说，这都是一个持续不断的主题。

但是我喜欢各种面孔，从这些不同的面孔上我看到了各种可能，需要重新审视它们，一次又一次。请看本书的封面照，我为Donald Blake拍摄已经很多年了，而且我们合作得非常好。（这绝不是拍马屁。当为Donald拍摄时，就不可能拍出烂片子。他就是缝隙峡谷（柔软的砂岩由于雨水冲刷形在我的眼中这也相当于是一种投资，而我一直坚信不移。如果没有东西可拍，我会变得焦躁易怒，所以一直以来我都在为自己制造新的任务。我们身处一个摄影的时代，而我坚信这是一个非常好的领域。在这里摄影师在很大程度上必须完全依靠他们自己，并且被告知必须自得其乐，对我来说没有比这更好的了。很久以前，我接受了这样一个事实，那些相对简单的日子——互联网、超链接面世之前的时代——已经一去不复返了。（我还记得拥有我的第一部寻呼机的时候，那是在1977年。我把它买回家，把它放在桌子上，给寻呼台打了电话想测试一下。接着我坐下盯着这个小盒子看，很快，它响了，尖锐的声音持续不断。我到现在还时常回想起当时的心情，那真是处于太空时代，好奇特的感觉。）

对于像我自己这类人群的商业模式，由过去习惯于守在电话旁，转变为携带寻呼机。电话照响，寻呼机也在"嘀嘀嘀"，一个礼拜大约响个几十次：各种小活，各种半天，各种快捷的肖像摄影，偶尔在某个地方熬一整夜，间或还会有一些需要长距离旅行的活。协议就是："去把这个拍了，胶卷交给我们。我们将会发表照片，然后把胶卷还给你。而如果你干得不错，我们下个礼拜还会打电话来。"每次易手的钱都不算多，所以这些活就像树上掉下来的叶子。

这一切都很棒，也很有乐趣。由于整个交易都是非正式的，所以大可以用尽浑身解数，连哄带骗从编辑那里很容易地拿到钱，去做一些拍摄任务以外的、别出心裁的事情。我记得一名摄影师曾经非常执着于赴南美拍摄，最终恼火的《新闻周刊》图片编辑给了他2000美元让他去了。结果那

位摄影师在边界以南被逮捕了，整个行动是完全公开了，由此引起了一场骚乱。当时我正在图片部，那名图片编辑被叫到楼上向老板解释为什么一名《新闻周刊》的摄影师会在老板毫不知情的情况下被捕。我记得那位倒霉的图片编辑耸耸肩，琢磨着如何对老板解释说他给了那名摄影师2000美元，就是为了让他从他的小隔间里滚出去。回想当时，"这是钱，现在出去"实际上构成了一个拍摄合同。杂志社资助摄影师们挥洒自己的激情，实际上这是一种非常不稳定且非量化的方式，显得有点过于随意了。

接着会计人员发现了这种情况，于是一切都变了。

现如今，博客、微博、自曝，以及网站都是家常便饭。杂志社与其他实体不再为摄影作品支付大量资金，它们会盯着每一分钱的去向，确实如此。现在，如果对编辑提出要去某地拍摄的想法，有的图片编辑不是歪头就是皱眉（"我就直说了吧。你希望我们能给你拨款，去拍一些照片吗？"），或者干脆哈哈大笑。我也接受这样的事实，没人会给我打电话，指派我，或者付给我钱让我去把某人涂成蓝色，再把他放在岩石上。

这也没问题。小活不再有，我们现在靠一个接一个的大活维生。有时我感觉自己像人猿泰山，从一根藤条荡到另一根藤条。这真是令人振奋，浑身紧张，还有点缺乏安全感，但是作为一名生活在2011年的摄影师，又是多么令人激动啊。放弃一份工作，立刻伸出双手寻找下一个，而那些自由落体的时刻——两份工作之间紧张、失重的时间——会让人感到非常害怕，或者也可能是摄影生涯中最有成效

"如果没有东西可拍，那么我会变得焦躁易怒，所以一直以来我都在为自己制造新的任务。"

的一段时间。而现在，我用自己的想象力填满我工作时间表的空档。

这是我的想法。如果等待没多大意思，最终不会取得什么成效。必须亲自寻找机会，必须锻炼自己的摄影"肌肉"，必须发展自己的想象力并不断为之注入活力。这并非关乎于尝试用两只便携式闪光灯代替一只灯，或者深入森林之中测试无线引闪器的有效性，或者走进每天喝咖啡的面包店询问脾气格外温和的糕点师，说一直想给他拍摄一张坐在相机前的照片。

需要为扩展自己的视野而投资。比起买一支新镜头，我宁愿多拍一张新照片。

此外，到外面走一圈还能建立新的关系。我一次次与我所爱并且信任的人共事，就像 Donald 与 Deidre，因为他们会对我报之以信任，并且非常努力地展现我的想象力与影像意图。我与他们合作的项目全部是自筹资金，而且我尽量让他们参与到商业项目之中，因为这是很公平的事。

"如果能一直坚持自己喜爱的拍摄题材并做得足够好，那么最终将会有人付钱让摄影师继续完成本来就乐于免费从事的工作。"

公平是关键。必须向模特、助手、化妆师以及拍摄场地支付报酬，必须分享照片，并照顾身边的人。这是个小型的生意，而最终，怎样对待别人，就会得到怎样的对待——这是最棒的投资，因为对想象力的自我实现开阔了眼界，丰富了阅历。我拍摄舞蹈题材已经很多年了，完全是自发的，也没有其他经费来源。最终我为美国芭蕾舞剧院拍摄了一组宣传广告片，并有机会与几位非常伟大的舞蹈家合作。为什么？因为我表达了自己对摄影的热爱，即使没有人付钱让我去做。如果能一直坚持自己喜爱的拍摄题材并做得足够好，那么最终将会有人付钱让摄影师继续完成本来就乐于免费从事的工作。这当然是再好不过了。

出于这样的追求，我想出了一个很棒的主意，与几位出色的舞蹈演员在干涸的湖床上完成拍摄，一切布置从简，主要突出在干燥地带中心区域的视觉元素。事实上，我为他们搭建了一个舞台照明环境：头顶上是A组灯，两翼是B组灯，前景填充光是C组灯。

在现场布置图中看到我吊在模特头顶的框架结构了吗？即使对于大规模的拍摄，细节仍然非常重要。我要求现场助理确保他们能够租到约9米长的轨道管，用来放在跳跃的舞者上方。她买了6米长的，我们只好临时拆了一个C架，赶制成用来架设闪光灯的桥型框架，结果就成了中间部分向下凹的样子，几乎让我的布光计划无法实施。

这些靠自我激励、自筹资金呈现的表演，常常能够创造出绝美的画面，而有些来自现场的有趣的信息，可以在将来的某时某地被再次运用。可以称之为持续教育。

不要等待电话铃声响起，那可能只是个电话销售员。要保持不停地拍摄，保持不停地让自己学习。

自筹拍摄任务的好梦一日游

我就直说了吧，没人会掏钱雇我拍这样的照片。当然，某个很诡异的杂志或许会这么干。甚至是我工作室里的伙计们——他们从很久以前就学会了面对我头脑发热的拍摄计划描述时仍然保持耐性，例如只带一头大象和一只鹤去干涸的湖床上拍摄，也会对这些照片中的某些作品表示无法接受。

但是，我发现我必须完成这类自筹拍摄任务，只有这样才能消除我脑海中的影像碎片，看看最终组合成的照片到底是什么样子。在我看来，自筹任务是整个交易的关键，因为正是它们让被委派任务充得满满的高压气球得以放掉一些空气，让我不必只为记录属于别人的视觉而疲于奔命。这些照片源自于简单的冲动，拿起相机，追寻乐趣，而不管资金是否已经到位。

而且，可怜的 Deidre，她一直承载着我的各种奇思异想，尽管并不是单行线，而是与勇于创新者的合作之美。例如她曾有一个创意，即前往新墨西哥州被烧毁的森林拍摄，我带了一部相机与她同往。而把她变成一只通体蓝色，正在捕食中的螳螂，则完全是我的创意（我一定非常喜欢电影《阿凡达》）。（这里再提供一个绝对管用但有点阴损的现场小提示：看见她的嘴唇有多红了吗？她的舌头也一样。在去拍摄地的路上，我给了她三四颗樱桃口味的棒棒糖……）

这些照片中大多数采用简单得不能再简单的布光方法——单一光源，最多双光源。D那棱角分明的脸庞非常适合在其头顶上布置雷达罩，再从低位稍微补一点填充光。这就是大多数照片的布光方案。可以在现场布置图中看到这样的照明组合，雷达罩就位于略高于她视线上方一点的位置，而填充光则通过一只小型闪光灯对放在地面上的反光面打反射光来实现。在大多数情况下，雷达罩的光源采用大型闪光灯，如Ranger或Quadra，填充光则使用便携式闪光灯，通过光触发遥控闪光模式跟随主闪光一起发出闪光。

我还用过雷达罩加环闪的组合：位于上方的雷达罩在曝光中占主导地位，镜头前方安装的环形闪光灯只用来提亮面部与双眼。在大多数情况下，填充光输出功率设置为低于主光一两挡。我还在同样的布光组合上使用小型闪光灯作为光源，用一只Ezybos热靴型柔光灯箱作为主光源，另一只便携式闪光灯提供温和的填充

光。我发现，如果为前景提供这样风格的照明，D的面部会显得更加富有朝气。

管道之间的美人照用的是这样的布光方式。背景远处是几只大型光源，使用无线电触发闪光。确切地说是3只闪光灯。一只Ranger闪光灯位于Dean女士的正后方约12米处，提供高亮的、白色的发型光；另外两只Ranger加装深蓝色滤光片，分别从两侧提供少许带色彩的贝壳光。

森林中这张照片采用的照明方式如图所见，用一根伸缩杆、一个TriFlash三角形闪光灯座固定3只SB-900闪光灯，由一名助手举着。之所以用3只闪光灯，并不是为了压暗环境光，也不是受光圈值所限。一只SB-900也没问题，但只能盯一阵子。按我在拍摄中的使用强度，用不了多久就要面对电池过热、闪光灯过热或者两者一起过热的风险。

岩石上的蓝色女士这张完全得益于古怪的造型与姿势，而不是布光手法。如果我要说那次拍摄是如何一无是处，可能需要给这本书再增加一个章节。一场大雪不期而至，天寒地冻，大风、错误的装备，能想到的倒霉事全赶上了。经过一番努力，我还是做出了决定——用一只便携式闪光灯透过一块TriGrip三角形柔光板进行照明，而且实际上闪光灯并不是用来照亮画面，只是稍稍抹去部分阴影。这是一个非常好的例子，拍摄对象对画面重点的精彩展现掩盖了摄影师的蹩脚发挥。乔

以光作为令人惊叹的中心点

大型光源构成的是词句，小型光源则是标点符号。

在这里展示的3张照片中的每一张，拍摄对象都被大型闪光灯发出的光芒所照亮、包围、浸染。消防员的肖像照使用单一主光源，借助一套深型八角柔光灯箱以及一只Ranger闪光灯头完成照明。大主教那张则使用了两只闪光灯：一只加装深型八角柔光灯箱的Quadra灯头作为主光，还有一个非常重要的轮廓光，由一套加装2×6英尺长条形柔光箱的Ranger灯头提供。而坐在自家楼梯上的Katrina，使用布置在屋外阳台上的一对Ranger灯头，闪光穿过一副12×12英尺的1挡柔光屏完成照明。布光草图中标明了各闪光灯的位置，以及使用的光圈值。

这几种布光方案中的任何一种都没有什么太特别的地方。每个人都可以使用，光源的位置与功率也并不算激进或超前，也没用 Photoshop 做什么太大或太复杂的后期处理或者说"滑块游戏"。如果 3 张肖像照片由于我的布光唤起了某些回忆，那么通常来说，它们就算是令人满意的肖像作品了。但我并不是受人雇佣来拍摄肖像或者接拍某个头像小册子的任务，我拍摄这几个不同的人物是为了讲述他们的故事——一个关于爱与失去的故事。为了让我的讲述更有力，借助光的语言，我不可能只是简单地使用单音调，我需要融入情感，我需要制造一个关注的中心，并提高我的音调。我需要一个令人惊叹的中心点。

对于 Mike Morrissey，纽约消防局布朗克斯区的一名消防中尉来说，"9·11"仍然是一段非常痛苦且挥之不去的记忆。他失去了许多朋友，失去了他的表弟——他在消防队的战友 Michael Lynch，并亲眼看着他深爱的消防战友们流血牺牲。我要拍摄的肖像必须能够引起观众对这些惨痛损失的关注。

用来纪念 Michael 的十字架取材于世贸中心的钢筋。Mike 满怀崇敬之情把它展示给我看，他希望能跟它合张影。而这是我义不容辞的责任，从镜头之后，实现他的请求，满怀同情之心，帮助他向人们传颂他堂弟的英勇事迹。如果只用一个光源——只有八角形柔光灯箱，我将会得到一张很"漂亮"的照片，一张得到充分照明的照片。但通过一只便携式闪光灯，灯头加装束光格栅，以及一点轻微的暖调滤光片，就可以把观众的注意力吸引到他的手上。而他所抱着的十字架，再加上他那庄严、骄傲的凝视，就构成了我在那一天带着相机前往消防队所要表达的中心点。

拍摄大主教也是同样道理。他手中捧着是一座扭曲的、部分熔化了的烛台，这是位于曼哈顿区的圣尼古拉斯大教堂幸存下来的唯一一件神器，这座教堂被倒塌的双子塔彻底摧毁。Demetrios 大主教所持的并不仅仅是一件金属器物。他所持的是一段强大的记忆，一个象征，同时代表着痛苦与希望的象征。如果不想让我所调动的所有柔美的光线（在这张照片中大量运用了这样的光线）都成为无用功，就必须从相机的角度，为这件神器引入一束可以将它突出表现出来的光线，以一抹看上去似乎只是无关紧要的闪光吸引观众的注意力。而这束并不显眼的闪光恰恰帮助我讲述了这个故事，尽管它在范围与强度上非常渺小，但对于照片的表现力来说却是十足的掷地有声。

而对于 Katrina，我基本上让整个画面的前景沐浴在闪光之中，使画面的效果很像是在明亮但多云的日子里。但这些"巨大"质地的光线，柔美而宽容，可以完全遮盖她手中所持的物品，而不会引起任何特别的注意——而她所持的物品又必须清晰可见。

Katrina 的丈夫 Kenny，纽约消防局的一员，在"9·11"事件中殉职。我在事件发生不久就认识了她，而我们一直保持着联系。她是一个了不起的、具有强大意志的人，同时也是一位伟大的母亲（她的烘培技艺同样超群。）10 年之后，心中的伤痛随着时间的流逝渐渐愈合，她怀抱 Kenny 的遗物——他当年佩戴的头盔的前片，摆出了拍摄的姿势。这是她在那可怕的一天唯一可以找回的一件物品。

我怎么能让光线笼罩整个场景，却不让她手中所持之物彰显她的勇气与自豪？所以我必须引入一束微小而又显著的光线。

为盛放 Kenny 头盔残片的盒子的阴影提供一点照明。就在那里，在她的手中，承载着她对丈夫的记忆。是那束光发

> "但通过一只便携式闪光灯，灯头加装束光格栅，以及一点轻微的暖调滤光片，就可以把观众的注意力吸引到他的手上。"

掘了它，让观众去观看，去记住这一切。

在拍摄这3张照片时我使用的唯一的附件就是一片塑料布，我拍摄时使用的相机也不过是一堆齿轮、玻璃与电线罢了，它们像狗一样，忠诚地记录下我指向的一切。但我们的工作可不是简单地口述或法庭书记员的视觉等价物，我们不是去背诵和记录，我们不是用数字来绘画。我们要寻找什么是重要的，然后用光的语言讲述这个故事。如果没有一个令人惊叹的中心点，没有强大的、激动人心的话语，那么就不能生动地讲述故事，无法唤起人们的回忆。

3张照片中的为什么

大主教

为什么光圈用f/11？

圣坛庄严肃穆的布置风格在本照片中占有重要的地位，因此需要保持这部分画面的清晰锐利。相机使用24-70mm镜头，f/11的光圈让整个画面获得足够的景深。

为什么最终参数为快门速度1/125s、光圈f/11？

环境光线非常昏暗，几乎无法提供足够的曝光。我不得不将快门拖长再拖长，才能在f/11的小光圈下获得足够的曝光量。因此，这张照片是自然光与闪光相互结合的效果。我因此获得的几乎是一间全黑的房间，就像一张空白的画布，一切由我掌控。我可以完全从头开始构建整个布光。

为什么选择中号深型八角柔光灯箱？

它的光效个性十足，色调丰富饱满，非常适合用来表现像大主教这样杰出而高贵的面孔。这个版本的柔光灯箱同样具有边条设计，这是我强烈推荐的一处设计。位于柔光层材料边缘的一条额外的遮光材料可以有效地起到收拢光线的作用，保证光线按照一定的指向性射向拍摄对象，而不会四处散逸。

那为什么主光源布置在相机左侧？

我不知道，我只是觉得应该这么放。

为什么使用大型条状光源作为侧光？看起来似乎有点大材小用。就不能用一个光质硬一些的小型闪光灯吗？

是的，但是这样就能获得更加辉煌夺目的感觉。长长的条状灯带之所以很适合这次拍摄，有两条理由。首先，这是一款间接型柔光灯箱，因此形成的光效非常柔和。此外，位于大主教鬓角部位的高光也不会过强，或者出现高光亮斑。这道光线非常线性，而且可以表现出柔和的光辉。带状光源的长度也起到了很大作用，因为它产生了一种微妙的高光光效，形成勾勒出他黑色法袍的边缘的一道轮廓光。

如果用两只便携式闪光灯透过一块柔光屏呢？

当然，这样也完全没问题，而且其效果与带状光源非常接近。

这个方案的问题并不在于画面拍摄效果，而实际上是后面的问题。当使用小型闪光灯透过柔光屏时，这种光线并不是汇聚型的光。换句话说，光线透过柔光屏照在拍摄对象身上，同时还会四处散逸。在这张照片中，位于相机右侧的背景部分，我要求不能有四散的光子到处飞溅。背景中圣坛旁边的圣像具有高反光特性，必须有节制地进行照明，整个画面也必须讲究对称与平衡。假如引用两只未加以控制的闪光灯，将会由于不需要的多余闪光光效造成整个画面的失衡。

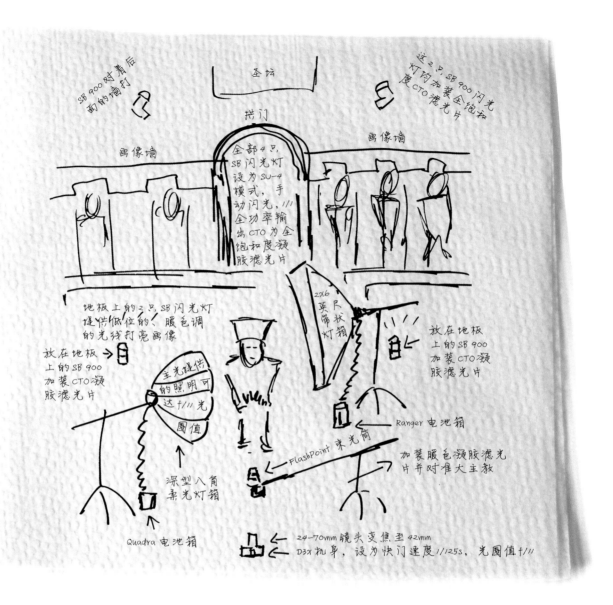

解决之道就是使用柔光灯箱——具有包容性、指向性的光线，不会散逸或泄漏到背景或其他不需要闪光照明的区域。

小型闪光灯上使用的凝胶滤光片是多大饱和度的？

是"一整片"的——也就是全饱和度的CTO，即色温橙（Color Temperature Orange）滤光片——可以起到把日光色彩平衡调整为白炽灯色彩平衡的作用。

为什么要把柔光罩一直安装在闪光灯头上？

我希望这些闪光灯发出的光线具有一些"辐射感"，就像蜡烛发出的光芒一样。

为什么大主教身后的2只SB-900闪光灯是放在地板上的？

我希望为圣像提供部分低位光照明。我们所处的是圣坛的环境，通常都会有暖调的、低位的光线——这是由于传统的蜡烛的存在，还有指向性的点状光源，向上照射到雕像和绘画上。我希望我的用光能够模拟出这种感觉。

原来是为画像提供照明。那为什么不用通常的45°角，从画面外一侧提供照明呢？

正如所看到的，这些画像很容易反光，同时布置在一排画框之中。这一切看上去都非常华丽，令人印象深刻，但如果从一侧打光，画像的支撑结构就会在画作上留下阴影。我把光源移动到画像的前方，这样闪光灯发出的闪光在画作上形成的高光部分就会落在摄影画面以外了。

为什么要把背景全部照亮？

我不希望照片的整个背景全部一片黑。这个房间的背景就是圣坛，这对突出大主教的身份至关重要。此外，通过用布光照亮整个画面，我让观众的视线得以延伸，还有一个额外的好处，那就是大主教头顶的拱廊由此获得了一道轮廓光。顺便说一句，这完全是意外收获。当我把便携式闪光灯放在后面时，发现这组光源恰好给拱廊的下方提供了一道看起来很棒的光，而这样的效果再次强化了人物所处的环境，并增强了画面的空间感。

所有的Speedlight闪光灯是如何引闪的？

全部设为SU-4模式，这是尼康公司自己为光触发手动闪光功能起的名字。一旦前上方的大型闪光灯发出闪光，整个屋子里的小型闪光灯也会跟着一起闪。

触发这些闪光灯没有什么问题吗？

没有，在SU-4模式下，闪光灯上的光触发接受感应器实际上非常灵敏。

所有这一切的重要性都比不上把注意力吸引到大主教手里拿着的那座熔化的烛台的那一点闪光吗？

没错。

用的是一个束光格栅吧。用凝胶滤光片了吗？

用了带一点暖色调的滤光片。我真地没记住用的是什么浓度的，也许是1/4的吧。SB-900灯头变焦至200mm端，摘掉柔光罩，这是显然的。闪光灯固定在C架的延伸臂上，悬空布置在视野之外，相机镜头下方一点的位置。

功率是多少？

功率设定并不是很高，大约是那只便携式闪光灯最大输出功率的一半。不断微调直到光线看起来刚好，这也许意味着会有点过高了。先调到这样的程度，然后再往回调一点，也许1/3或2/3挡。如此精细地调整照明功率，让我回想起当年借助拍立得相机调整光线强度的年代。胶片需要比拍立得更为精细的曝光，因此如果在拍立得上看到的效果很满意，就明白实际用胶片拍摄时可能会有一点曝光过度。必须再把最终实拍的照明功率往回调低一点。现在也是同样的道理，闪光是越微妙越好。

有没有觉得为圣坛拍摄了一张这么棒的照片以后，自己能在天堂觅一个更高点的位置？

没有，不过我希望这次成功的布光能够为我多年以来所有那些非常糟糕的布光挽回一点人品。

消防员

快门速度1/60s，光圈值f/5.6。听起来有点不伦不类，半吊子的感觉。为什么？

很多因素共同促成了这个结果。在ISO 200下，这样的参数设置允许我借助一点环境光线来描绘照片的背景。消防队是个很大的地方，我并不希望把它整个全部照亮。所以我让一点环境光线"慎入"照片之中。光圈值f/5.6——同时镜头变焦至26mm——只是为了确保整个画面拥有足够的

景深。

但是，还有一个大功率闪光灯作为反射光源，对着天花板发出闪光。与整体环境光相比，难道这个光源不是绝对的主光吗？还需要一点环境光？

大型反射光源的重要作用毋庸置疑，但主要还是起到增强现有环境光线的辅助作用。如果我真让这束反射功率全开，就会给拍摄对象注入大量光线。我并不希望使用顶光对他进行照明，或者过多地受到反射光的影响，我希望控制打在他面部的光线的特性。所以这道反射光只是采用中等强度的闪光，只是适度起到辅助再现背景的作用。这束光与现场

环境光融合在一起，帮助我复原背景中的细节，例如悬挂着的黑色消防服。

关于他捧着的十字架上的用光，可以明显看出色调偏暖，对吗？

用了1/2饱和度的CTO为光源提供一点暖色调。

究竟为什么要用偏暖色调的光呢？

问得好。我希望十字架不仅因为打在上面的一束高光而被突出出来，同时也通过不同的色调使其得以与背景区别开来。他的面部采用"正常"色彩平衡的光线进行照明，这也非常符合他内心情感的流露，而暖调的闪光——完

全为了吸引观众的注意力，它令观众注意到十字架是照片的中心。当然，也有助于再现大面积黑色的消防装备上的细节。无需再引入其他生动、活泼的色调、十字架自然而然地在制服的衬托下跳脱出来。

提到色彩平衡，能不能描述一下这张照片中使用的滤光片与白平衡设置？混合了部分环境光线是否意味着必须在这类光线下使用滤镜？

有时确实会发生这样的情况。比如说，在荧光灯环境下，或者完全采用钨丝灯照明的环境下，需要在闪光灯上使用滤光片才能与现场实际色温环境相匹配。这张照片中，由于主体曝光仍然属于日光闪光灯白平衡，所以我可以很轻松地对补光的色调进行微调。闪光灯的功率确实压过了消防队室内的大部分现场光。我先用自动白平衡试拍了几张照片，发现效果有点偏冷，过于中性了；同样，阴天白平衡又太暖了。我又尝试了阳光或者说日光白平衡，对效果非常满意，所以我就用它了。

主光源再次使用了中号深型八角柔光灯箱。为什么？

强有力的光线，搭配强有力的面孔。

光源又在相机左侧。布光的时候总是这样吗？

不是这样，我可不这么认为。消防队的房间里就是那么布置的。把他放在那个位置更容易布光，我也很喜欢这样的构图。我发现当我先确定好画面的构成——获得我喜欢的构图——布光的角度也就自然而然地随之确定了。在某种程度上，构图方式决定了，或者说强烈影响到布光方式。我还记得曾有那么一段日子，我总是纠结于如何构图，当然也纠结于如何布光。

Katrina

画面中的场景看起来非常简约自然，但布光图看起来很复杂。看上去似乎必须克服大量的困难才能让最终的光效就像是来自窗户的自然光。为什么不干脆提高ISO，然后就让人物坐下，直接用自然光完成拍摄？为什么要如此大费周章？

ISO能够解决的只有一件事，也只有一件事——那就是进光量，或者说光线的总量。低光照环境通常意味着必须提高ISO。但对于肖像摄影来说，基本上必须控制照片中的所有元素，那也就意味着对光线的控制。不仅仅是光线的曝光量，或者说光线的总量，而是对光线的本质的表达——质感、色调与方向。当控制了光线的这些方面，就能用光线来讲述，而不只是完成曝光。而提高ISO对于摄影来说，并不是一种强化表现力的行为。更多的时候，这是一种绝望的行为。

在这张照片中，看不到窗外风雨大作，乌云压顶。对于邻居家来说，这并不是一个好天气，没有漫射进入屋内的柔

"构图方式决定了，或者说强烈影响到布光方式。我还记得曾有那么一段日子，我总是纠结于如何构图，当然也纠结于如何布光。"

软、明亮的窗光。从最终的光效来说，我的闪光灯们变成了太阳，而它们在倾盆大雨中站在屋外，当然是罩了透明塑料袋的。

为什么要在门窗外罩上一层丝绸材料？

我希望由此获得柔和、简约的光线，让光线看起来像是从外面照射进来的柔软的、多云天气下的光线。另外，简单找两块床单效果也不错。

门也被罩上了。这样一来，反复出出进进调整闪光输出或者取放器材不是很麻烦吗？

没错。

既然已经有了来自室外的大量光线，为什么还要在过道布置反射光？只有窗光还不够？

够用了，不过只是在光量上够用。而室内的反射闪光让我可以控制照射到拍摄对象身上的光线的方向。再一次地，光线非常重要的一个性质——方向性——发挥了重要作用。如果只有来自窗户与门的光线从相机左侧、画面以外的地方为Katrina提供照明，很自然地就会形成侧光照明。而室内的反射闪光起到了柔和的填充作用，它可以将室外闪光灯发出的光线拖动或者说重定向为更接近相机视角的方向，光质更加柔和，角度也更正一点，把拍摄对象包裹起来。如果没有这束来自过道的反射光，她的面部远离窗户的一侧就会变得过暗。

好，关于用光已经聊得够多了。画面中的她就那么直接盯着镜头，这难道不是摄影大忌吗？

是，也不是。关于构图有许多经典的规则，例如三分法构图，这张照片显然不符合这个法则。我们常说如果把拍摄对象放在画面正中，会使画面显得过于死板，毫无生气。但是，就像所有的摄影规则一样，构图的规则也随时等待着在特殊情况下被我们打破。楼梯、门厅以及Katrina与Kenny共同生活的见证之物，所有这些元素为整个房间增色，也共同决定了必须把她放在这一切的中央，特别是她手里还捧着Kenny头盔的前片。整个画面最终的视觉中心全部集中在Katrina与画面中央的盒子上。

这张照片还有其他可能的构图方式吗？

> "不管付出的努力多么巨大，也只对摄影师自己而言是重要的，
>   另外也就是能跟作为酒友高谈阔论的其他摄影师扯上关系。而
>   观众对此并不感兴趣，他们也不该对此感兴趣。"

是的，有多少名摄影师拍摄这张照片，就会有多少种不同的构图方式。

有没有某些不是非常明显的元素，同样影响了布置一幅画面的方式？

是的，当然。当拍摄成系列的一组照片，在一本书或一个杂志专题故事中作为整体来使用时，就必须对范围、构图、布置、照明等因素做出调整。这样才能使每张照片、每一页之间，在图像上有所区别，不至于千篇一律。如果拍摄每一张肖像照片都是从相同的角度，使用相同的手法，观众将会感到厌倦。举例来说，消防员 Mike Morrissey 与 Katrina Marino，两个人都捧着能够反应"9·11"事件的一件重要的情感寄托物。我不可能用完全相同的方式拍摄这两张肖像照片——使用相同感觉、相同色调的光线，或者在相同的距离上拍摄。我必须做出改变。受出版印刷目的驱使的摄影工作必须面对一系列现实问题。我曾经看到过《国家地理杂志》的几张版式图，要求照片都要使用竖构图方式拍摄。因此，本来自己非常喜欢的一张照片可能就因为它是水平构图的而被撤了——因为他们当时需要为专题添加的——从排版和布局的角度，是一张竖构图的照片。再见，我最爱的照片。

与消防员的那张肖像照不同——他手里捧着的是一尊十字架，在这张照片里，为了强调相框里的头盔残片布置的光线没有添加不同的色调。为什么这里又不用凝胶滤光片了？

这是由拍摄时所处的环境决定的。整个场景使用非常温和、自然的方式照明，模仿白天日光的情境。在这么自然，如同窗光照明的照片正中凭空增加一抹经过滤色的光线，看起来也太突兀了。

这里使用的光圈值与快门速度组合没有任何极端或激进之处，对吗？

确实。快门速度 1/30s，光圈 f/4.5。当镜头变焦至27mm 时，这个组合正好可以提供足够的景深以保证整个画面的清晰和锐利。这样的参数组合，在 ISO 200 下，可以让部分日光"填充"到闪光灯的光效之中。此外，这样一来也可以让她身后窗户透进来的少量光线参与到曝光之中，虽然光量并不大，但非常关键。如果那些窗棱是黑的，那么从我在前景创建的布光效果与观众看到的从窗户进来的日光光效之间就会出现脱节。

位于相机左侧的家具的上半部分，有几块镜子形成了高光反光。这造成什么麻烦了吗？

一点也不。如果只有来自窗户或门口的日光入射，这将是非常自然的光效。

所以说，这张照片所做的一切就是尽量模拟成只是走进屋内，拍摄了这张照片，而没有做任何的人工布光？

没错。不要让任何人从照片中直接看到布光时所花费的心血，应该让照片呈现出轻松无为的感觉。不管付出的努力多么巨大，也只对摄影师自己而言是重要的，另外也就是能跟作为酒友高谈阔论的其他摄影师扯上关系。而观众对此并不感兴趣，他们也不该对此感兴趣。他们只该关心这张照片带给他们怎样的感受。⟐

单灯，
单影

自然界中只有一个光源。它可以呈现为各种不同的面貌——硬光、软光、暖调、冷调；它可以击中物体并发生散射，被隔成片段，反射或者向各种不可预知的方向四散，因而看起来不像是单一光源的照明效果。但直到一天即将过去，当我们渐渐遁入黑暗，我们的世界都只被这唯一的一个巨大的、自然的光源所照亮——那就是太阳。

而对于阳光来说，除非它经过某些不规则的反光物体——例如拥有许多转角的金属表面的建筑物——的反射而形成一系列连贯的、奇形怪状的影子。当阳光质感很硬而且直接照射时，形成的影子也会随之变得清晰。影子的方向都是一致的，而且具有清晰、锐利的边缘分界。

因此，如果选择模仿这种照明方式，并创造出形象生动、干净利落的阴影效果，需要做的就简单了——模仿太阳。那就意味着使用单一光源。

做起来非常简单，但与摄影有关的一切事情一样，有些东西一定要牢记。

光源距离拍摄对象越远，形成的影子就越清晰分明。换句话说，如果希望闪光灯形成太阳那样的光效，就要把它布置在像太阳那么远的距离上。当然这么做有它固有的限制——需要光源拥有巨大的输出功率，但是在曝光允许的情况下，将闪光灯（不管是大型闪光灯还是小型便携闪光灯）尽可能远离拍摄对象是创造清晰阴影的最实用的方法。

"束光格栅可以把扩散的光束收紧，并为光线的传播划出指定的路径，让光具有更强的指向性，并有助于在地面形成清晰的舞者的影子。"

控制漏光与光线的指向性。只要是闪光灯就会光线四散，把一个未经束光处理的硬质光源放在灯架上，将为拍摄对象创造出硬质的、指向性很强的照明效果。这是已知的。然而同时，它还会像爆炸的手雷一样，把散碎的光线扩散得到处都是，从光源所在位置来看几乎达到180°的覆盖范围。

举例来说，如果那束光位于相机后方，不必过多担心这些脱离正途的、爆炸性的光线扩散得到处都是，在照片中把过多不需要照明的背景景物全部照亮。更大的可能性是，这些四散的光线全部出现在摄影师身后，让取景画面中的全部景物都暴露在光质很硬的光线下。

但是，如果拍摄的是类似这位街舞舞者，并采用俯拍的方式，就像我所做的这样，那么就必须为光线的扩散操心了。下面就该束光格栅出场了！

在这种情况下，我在作为单一照明光源的Quadra闪光灯的灯头上安装了束光格栅。闪光灯就好比引擎，而这个蜂巢状束光格栅就好比变速器，如果没有了它，就像我之前提到的，光线就会散射得到处都是，让某些景物比如地面曝光过度。我可不想让地面曝光过度成一片白。这种极不自然的闪光扩散会带来两个麻烦：它会制造一片高光区域，向观众透露出闪光灯所在的位置；另外，它还会在地面形成高光区域，把观众的注意力从做出特技动作的舞者身上吸引开。

束光格栅可以把扩散的光束收紧，并为光线的传播划出指定的路径，让光具有更强的指向性，并有助于在地面形成清晰的舞者的影子。重要的是，它引入了一束环绕他的动作的核心照明光，这样观众的注意力就会一直停留在他身上，自然而然地与光源周围的景物组成一个情景式的光效。如果没有束光格栅，光线就会散逸到地面上，形成干扰视线的高光区域。我知道通过简单几步后期处理就可以轻松压暗画面的四角，但是，为什么不在前期拍摄过程中就通过对光线的控制来实现呢？

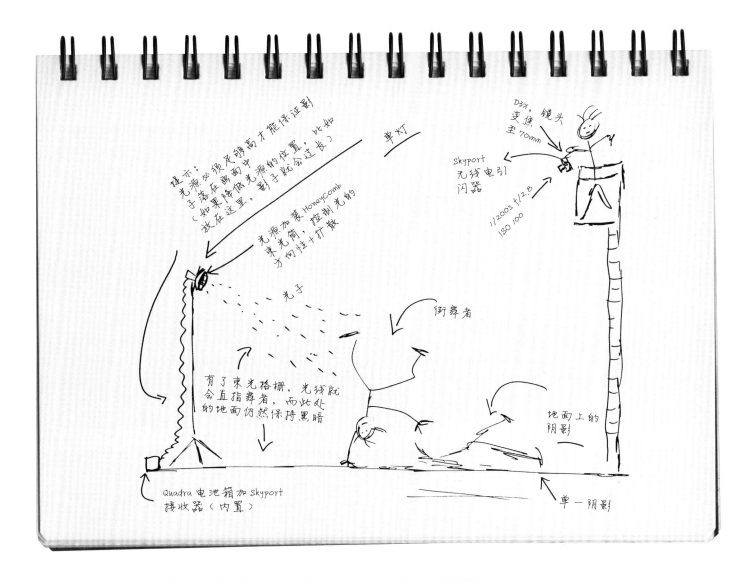

提示：
光源必须足够高才能保证影子落在画面中（如果降低光源的位置，比如放在这里，影子就会过长。）

单灯

光源加装 HoneyComb
束光筒，控制光的
方向性+扩散

光子

有了束光栅栅，光线就
会直指舞者，而此处
的地面仍然保持黑暗

街舞者

D3X，镜头
变焦
至 70mm

skyport
无线电引
闪器

1/200s f/2.8
ISO 100

地面上的
阴影

Quadra 电池箱加 skyport
接收器（内置）

单一阴影

还有两项布光因素需要调整、控制并多加注意。首先是光源的高度控制影子的长度。如果相对于拍摄对象，光源位置过低，影子就会拖得很长，一直跑到画面之外。第二点就是闪光灯功率一定要压过环境光。如果让大量环境光线进入画面，那么试图重点表现的阴影部分就会被柔化、减淡。

这个需求——也就是压暗环境光——是由我的闪光灯来决定是否使用小型便携式闪光灯。对于相对柔和的用光条件，小型闪光灯完全没问题。如果必须与大量其他类型的光源较量一番，也许就该派体型更大、功率更强的光源出场了。一束强烈的闪光可以让阴影效果清晰明显，干脆利落，就如同大力扣篮一般。

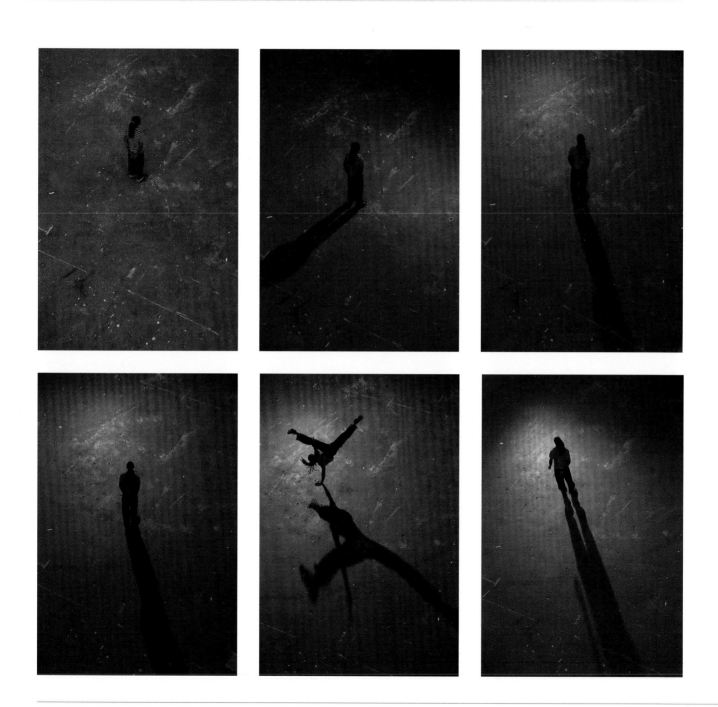

最后一件事——当然也是最重要的，就是保证姿势的清晰、明确的自然状态。所有的舞者都有他们独特的舞步，他们总是人类优美外在的最佳表现方式。他们之中的某些人喜欢让自己成为摄影师拍摄的模特，而另一些人，在我看来，最好还是只用我们的双眼来欣赏。作为一名摄影师，所要做的就是提供一些指导性的建议，与舞者共同协作探讨都有哪些可能。

这是我问一名舞者的第一个问题。存在哪些可能？他们拥有与生俱来的某种天性，在坐立行走的方式上与常人有着如此大的不同。地面、舞台、表面——所有这些对于他们来说都是至关重要的，这将决定他们能否充满自信地跳跃和移动脚步。在此，对于Daniel这位多才多艺、拥有着惊人体质的舞者来说，事先咨询并共同设计好动作就变得格外重要，

因为实际上他将要把动作重复两遍——他本身的姿态，以及由于用光而形成的影子的形态。影子占主导地位，是整个照片的核心。

值得庆幸的是，他的舞蹈风格非常城市化，因此正好与水泥地面相得益彰。我们决定采用一个非常运动且形成的影子也能产生一定趣味性，甚至显得比较顽皮的动作。请看下面的组图，可以看出我们设计的动作是如何发展变化的。他一次又一次地做出高水准的动作，而我则对光线的角度与光线的色调做出调整（我最终决定撤掉暖色滤光片），还有影子的位置。我还跟他探讨了一下，以确保他的胳膊和腿——甚至连他的手指——都与他的躯干相互分开，形成它们自己的清晰的影子。相机必须看到他的全部，以及他影子的全部。我们一直拍到最后一张才得到完全满意的照片。🖰

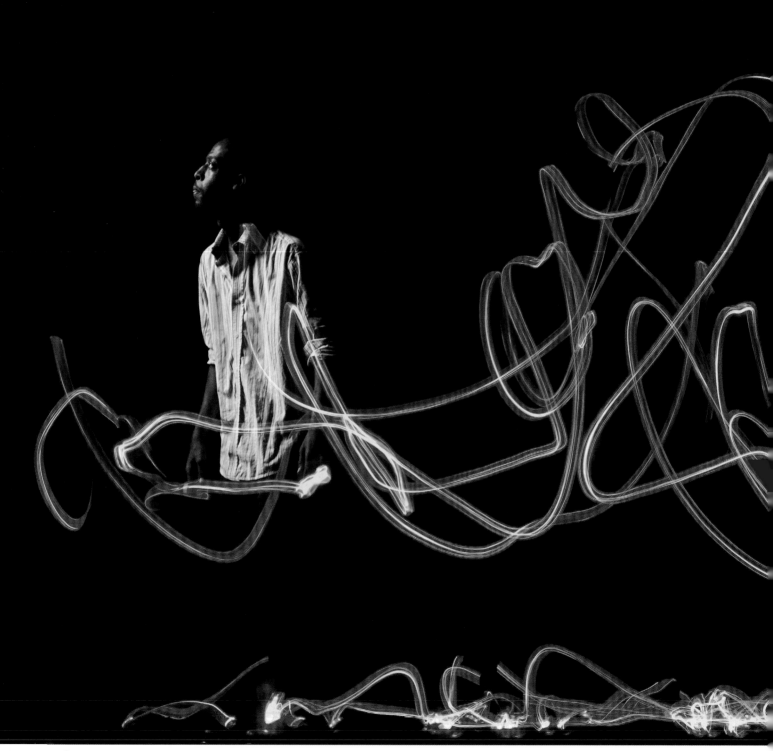

看起来
很难，
但其实不然

像这样的照片——充满各种舞动的光带，同一张照片中出现的同一个人由两次闪光分别打亮的影像——总让人看了以后觉得是被警告隔离带分隔开的两个领域。就好像照片在尖叫着"危险动作，请勿模仿！"

不管是在现场，还是在工作室里，就像童年时代手里拿着一架飞机模型一样诚惶诚恐。包装盒外面有一张照片，是一架看起来非常酷的飞机，正在一边飞一边向坏人们倾泻曳光弹。作为一个男孩，一定怀着兴奋的心情，迫不及待地想把里面的零件拿出来，把它们组装在一起。一共有

712个零部件，必须按照严格的顺序粘合在一起，而组装示意图足有客厅地板上铺的地毯那么大。把包装盒里的零零碎碎倒空，然后再用，比如说，一年的时间，来把它填满。

这样的照片，看上去就好像是许多运动中的部件被以一种复杂的方式组合到一起，但实际上不是的。下面是拍摄这类照片时所需要的。

- 相机与镜头（中远摄镜头）；
- 稳固的三脚架；
- 电子快门线；
- 优秀的舞者，而且必须有耐心，愿意配合拍摄；
- 黑色的背景，黑暗的房间（这可能是整个清单里实现起来最棘手的一条）；
- 自行车灯，一些胶带，或者大号的安全别针，一些可以在黑暗中看到的彩色胶纸；
- 两个灯架，两只闪光灯，并且要能够分别独立进行触发。

把这些要素组合在一起，拍摄出一张又酷又漂亮的照片，步骤如下。

寻找并定位整个画面。必须有个人帮忙才能完成，并不一定非要是摄影助理，只要能找人在画面两端站着帮忙确定范围就行了。用B门（快门开启）曝光来测试一下拍摄场景的黑暗程度，大约8s的曝光时间就够了。这样就可以确定是否确实拥有了一个近乎全黑的拍摄环境。

采用低机位拍摄。将相机尽量放低，贴近地面，或者最好是找一个剧院或礼堂的舞台，而相机完全处于观众的视角。社区小剧院、文科学校或高中礼堂多的是，通常可以花很合理的价钱就能租到。或者，干脆就租一对竖管。

通过把相机降低到比较低的位置，可以实现两件非常简单，但又很重要的事情：把地面在画面中所占的比例降到最低，地面很可能会反射光泽或出现高光；另外让舞者在画面中变得更大，这当然是好事。之所以要让地面出现在画面中的面积最小化，是因为它能够形成曝光区域，并由于光线的积累而发亮，这是贯穿整个曝光过程，即快门帘幕开启的时间的。舞者处于运动之中，在画面中不断游移，所以不会出现在最终画面之中，除非他停下来，或者被触发的闪光所定格。地板是静态的，一直就在那里不会动，就像一把茶壶，不断积累的曝光就像持续对茶壶加热，终将让水沸腾，让哨音鸣响。不能让照片里出现这样的高光区域。此外，仍然是由于舞者一直在整个画面中流畅地移动，而地面上的高光区域是固定的，所以地板的高光会"透过"舞者的身形，把拍摄对象变成半透明的鬼影，导致拍摄失败。就是一个度的问题，需要一点地板、一点光泽，好让人物不至于看上去像是漂浮在黑色的背景上。但如果地板收进来太多，又会让整个画面都充斥着各种高光，从而毁掉画面的简洁性。

如果正在寻找合适的舞台，这里还有另一个提示。通常舞台的边缘都会处于画面中非常低的位置，由于它是静止不动的——而且通常都涂过漆，在长时间曝光过程中，它不可避免地会呈现出一定的色调。另找一些黑色材料铺在舞台边缘。这样可以最大限度地避免出现这条高亮的边缘线。

与舞者共同探讨，确定他的姿态，以及活动的范围。想要哪种类型的动作？问问他们有哪些可能性，观察他们跑上几趟，先不拍。运动需要与相机位置相匹配，我通常让他们从左到右移动。这一连串的动作必须有一个起始点和一个结束点。

找到一个让舞者感到舒服的移动路线，然后用胶带在地板上标出起始点与结束点，注意要让他们在黑暗中能够看清。

（这也是不要让绝大部分地面出现在画面中的另一个理由。）

让舞者站在开始点，把一盏光源移动到舒服的位置，注意要让光源位于画面之外。接下来将光源与相机连在一起，可以用一根长线缆或无线电引闪器，如果用的是便携式闪光灯，就使用热靴上的闪光灯作为指令器。要确保将相机设为前帘同步或第一帘同步模式，这样当释放快门的瞬间闪光灯就会被触发。

在舞者移动的终点处也进行同样的布置，并让这两盏灯相对于舞者的角度尽可能相似。

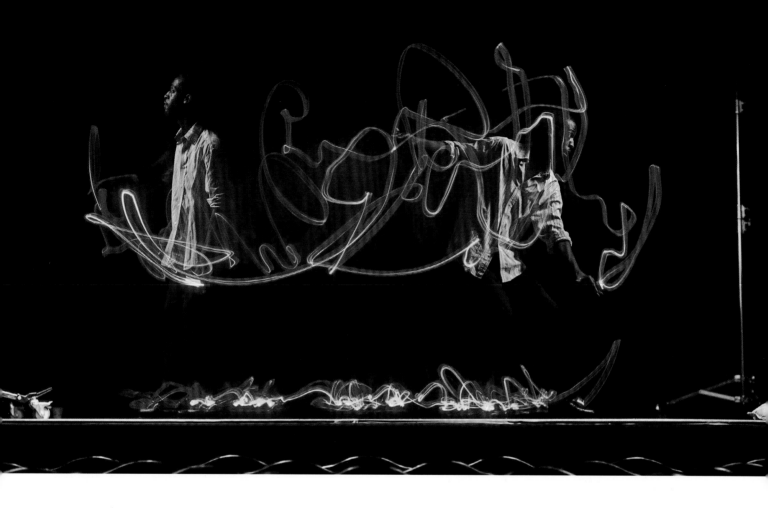

在两个拍摄点上分别对这些光源进行测试，确保获得合适的曝光。由于拍摄对象相对于相机运动的纵深并不大，所以对景深的要求并不是很高，大约 f/4 的光圈值就够用了。这样相对开度较大的光圈设定可以：a）提供足够的景深与锐度，b）保持足够大的光圈让自行车灯的光线更加明显。（对于景深来说，通常舞者在舞动时都比较随意。所以为了保证他们能够以直线移动，可以再次借助彩色胶带，在地板上从起始点到结束点之间贴上记号。这样他们在移动时就有了一条参考线。）

按在快门释放按钮上的手指就等于一位电影导演在喊："开拍！"一切随之行动起来。跟舞者打好招呼，告诉他闪光灯一闪就开始从起始点迅速移动。给他们一个信号——一，二，三，闪光！他们就会开始移动，移动，移动。快门释放模式设置为 B 门，通过手中的快门线控制快门一直处于开启状态——可不是把手指一直按在相机的快门释放按钮上。他们最终来到结束点上，可能经过 2 秒、5 秒或 7.5 秒。在这个过程中，摄影师手里拿着一个无线电触发器，专门用于控制第二个光源，或者找个帮手站在舞台上的灯旁边，手动按下测试闪光按钮，发出闪光照亮舞者的结束动作。闪光，移动，闪光。完成。

一定要确保使用的是 B 门。这样一来，就不会受制于必须让舞者在固定的时间内完成动作，并走到结束点。我合作

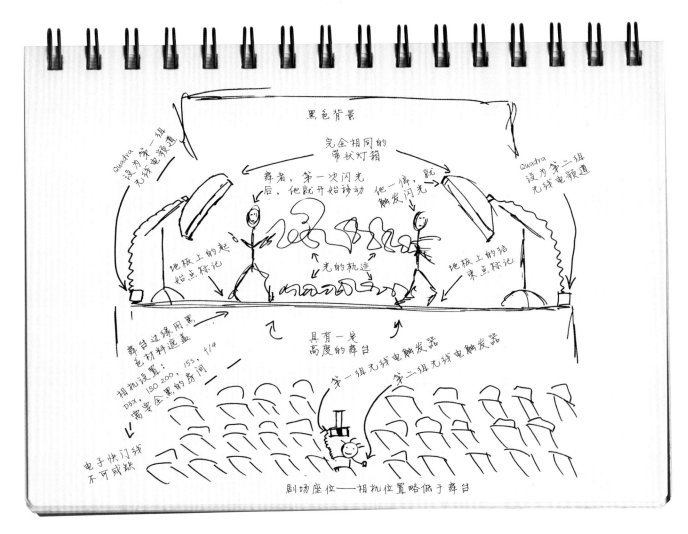

过的任何一位舞者——特别是在这张照片上看到的踢踏舞者——都无法确保在一段精确的时间内，比如4秒钟，到达结束点。总会有一点偏差，而使用B门模式就可以包容可能出现的偏差。只要他们到达结束点的标记，就可以控制相机在瞬间关闭快门。这样一来，就不必傻愣在那，直到最终闪光灯闪光后快门关闭的那一刻。

对于我们今天现有的各种工具来说，这简直是小菜一碟。在黑暗的房间里准备两盏灯、一些自行车灯，可以用黑胶带把LED灯固定在舞者的鞋子上，甚至可以用安全别针把灯别在鞋带孔上。如果有可以固定到儿童车把上的小型LED灯——它们通常看上去像一个大的环形，可以将其套在拍摄对象的手指上。

当然，可以继续深度发掘这类动作设计的无限可能。在舞者的运动过程中，更多的光线可以为画面中央带来更多的细节。增加光线四散的固定光源，例如持续性光源，可以有选择性地为画面引入模糊效果。另外，如果真地想要跟自己过不去，那么还可以考虑频闪。

但我的意图是以一种简单、粗陋的方法，让照片呈现出动感，并且看上去像是运用了什么高深的摄影技法或者特殊器材。它看上去很酷，而且很复杂。而实际上它确实很酷，但是很简单。

更多好消息：还能更简单

如果找不到合适的舞台，或者工作室的空间不够大，或者舞者没有空间移动，那么可以用我在前面介绍的所有工具拍出非常棒的光绘摄影作品，而且不用超长曝光时间，拍摄对象也不用在画面中移动4.5米或者别的什么距离。就算拍摄对象几乎不做任何移动，仍然可以完成拍摄。

例如，我与一位武术艺术家尝试了这样的拍摄手法。

武器非常重要。如果使用武器作为道具，并将LED灯装在这些致命工具上，效果如图所示。

布光方案跟前面舞者那张照片一样，左右分别布置一个光源，位于画面范围以外（但是显然距离更近，我们现在探讨的是在小空间中完成拍摄）。光源可以使用便携式闪光灯，也可以使用大型闪光灯，柔光灯箱或柔光屏均可。或者柔光伞——不过必须清楚一点，柔光伞会使光线四处扩散，可控性略差一些。如果拍摄的场所空间很小，使用柔光伞就很可能会照亮背景，而原本应该保持背景全黑。（此外，如前文所述，房间内必须严格保证是全黑的。）

让运动员或演员站在画面的一端，处于全黑环境下，在静止站立的状态下开始快速、猛烈地挥舞棍棒、剑或者其他什么。当然，快门已经打开，并且设为后帘同步或第二帘快门同步模式。他们必须尽快完成动作，因为如果他们手动的LED灯在同一个位置保持太长的时间，就会照亮他们自己，照片中就会出现眩光。

所以一定要让他们的动作尽量快。想想毕加索，用光线来作画，它们是空中的轨迹与线条。在拍摄过程中，必须保证相机快门一直处于开启状态。到目前为止，闪光还没有发出，一切都在黑暗之中。

在摄影师的指示下，他们以优美的动作向画面的另一端移动，划出一道道清晰的光路。最后要让他们对着闪光灯的方向。

松开手中的快门释放按钮，同时让相机左侧与右侧的闪光灯发出闪光。大功告成。

有几件事需要记住。

最好在画面两边都布置闪光灯。这样一来拍摄对象就可以同时获得面部的主光照明以及背部的轮廓光，可以让人物与背景相剥离。闪光灯需要分别设置不同的输出功率。我为武术艺术家Maria拍摄的照片，使用D3x机身，24-70mm镜头，变焦至70mm，在f/5.6光圈下曝光3.5秒，ISO 100。闪光灯包括A组——她面对的那组，以及B组——为她的头发与腿部提供轮廓光。两组都使用TTL模式，但是显然也可以用手动模式实现相同的效果。我只不过是尝试了这种方法，非常快捷。A组闪光灯在她摆出最终的姿势时，与她的面部距离相当近，该组输出功率设为-3 EV。背光，即 B 组闪光灯，设为 0.0——或者说"正常"的参数。

通过这种布光方式，可以在相对狭小的空间里，快捷地完成布光，而且很经济。再给一条快速提示：如果在狭小的空间里拍摄，而天花板不算高，而且是白色的，那么天花板很可能会坏事。光线将通过天花板被反射回来，从而失去对整个画面光效的控制。所以拍摄前请先确认天花板够高，或者用黑色织物把它遮上。

当然，要想顺利完成拍摄，必须邀请一个拥有"致命武器"的人，来到这又黑又小的房间中。摄影这行可真不是明智的选择。乔

闪光
也疯狂

前面我曾经讲述过闪光是如何毁掉照片的，而事实上某些时候，在完全没有任何准备的情况下，摄影师不得不用最粗陋的技术硬着头皮上，因为完全措手不及，不知道会发生什么，所以不得不这么干。生活就围绕在我们身边，光是去观察生活就已经够难的了，更别说还要用手中笨重的机器试图有效地描绘生活了。

它毕竟不是人的双眼，它是一部机器，所以总要做些妥协。不像摄影师的眼睛，可以观察而且可以调整——整个过程连续而流畅——而相机还欠点火候。必须选择镜头、设置、输入参数、操作模式、曝光补偿，不一而足，另外还有数字噪点。被抓在手里的这个家伙就好像在尖叫着："你没弄对！"

而我们总是被抛进各种不同的地方、不同的事件，正如我所说的，我们经常会发现手中被塞了一个降落伞，然后立刻被扔出飞机的舱门外。

不想跳都不行。

可能会降落在任何地方，还必须立刻理清头绪。可能是一场婚礼，而本该有一个小时的时间与新娘在一起，结果就变成了3分钟。（他们仍然希望得到漂亮的照片——"我的意思是，既然我们付给他这么多钱！"）

出席招待会，发现墙面是镜面的，而扫过舞池的射灯光线如此强烈，准是他们从重刑监狱的瞭望塔上借来的。

当想要拍摄一场音乐会或一场足球赛，现场的高分贝大喇叭是如此嘈杂，挤在一群大汗淋漓的粉丝之间，让人根本无法按照正常的逻辑思维。

碰巧赶上一个节日的现场，你完全不知道一切将会如何发展，现场的味道混合了熏香、血液、汗水还有腐烂水果的气味，如此的强烈以至于随时可能吐在取景器上。必须同时操心自己的包是否会被偷，还有曝光，还有到底是用闪光灯还是直接把ISO调到最高······

有时候，这并不容易。有时候，简直处于失控边缘。自己的工作即将泡汤，而专门为惊慌失措的摄影师预备的紧急求助电话是不存在的。该怎么办？

多年以来，我拍摄过许许多多的事物，让我得以在精神、肉体以及摄影上超越了自我。我也赶上过很糟糕的活，最终一无所获。我也曾经彻底地搞砸过，以至于我真地认真考虑过是不是应该改行干点别的。但我没有，因为我除了摄影一无所长。我不想把自己的努力用在比我干摄影还要差劲的其他事情上，至少目前如此。

我是这么想的。如果工作黄了，别太放在心上，也不要让挫败感毁掉已经动摇的信心。世界上总有别的客户，明天的太阳总会升起。

当然，还是尽量不要把工作搞砸，试着跟上节奏。在此为大家介绍一些策略。

开展调查研究，做好功课。如果能对将要拍摄的人物或地点有粗略地了解，无疑将会很有帮助。

设法记住人们的名字，即使只能记住一两位。在婚礼上，在被介绍给大家时，脑袋里至少记住一两个名字，这样当拍摄合影的时候就可以说："Tilly姨妈，看这里，笑一个！"每个人都会为此留下深刻印象，这听起来确实比"你的帽子真漂亮！"要好得多。

如果能带个帮手/向导/翻译/助手，就带上，即使要负担相应的费用。至少有人作伴，还能够帮忙举着离机闪光灯，很有用。

我们应该已经过了"到现场要赶早，电池要充好，额外的存储卡不能少"这个阶段了。不过，这些事情都要办妥。

如果环顾四周，一切都在运作如飞，这时候不要多想，找一个目标果断开拍。把相机举到眼前，透过相机去观察，即使眼前的画面很糟糕也不要停。这就好比清嗓子，总要从某个地方开始工作，即使一开始的片子很烂——通常都会渐入佳境。

环顾周围的情况，立刻进行试拍，特别是要用上闪光灯。找到合理的快门速度与光圈组合，以保证后续拍摄工作顺利进行。要充分利用相机带来的强大而华丽的性能，如果它具备优秀的高ISO画质，放心去用吧。它将带来更大的景深，更快的快门速度，同时闪光灯的回电压力也会相应减轻。

如果一切开始变得狂热，不论是露天活动还是招待会，尽情融入其中。不要在外围徘徊，只管去拍。否则最终会拍到许多用了闪光的照片，全是人们的肩膀和后脑勺。微笑，点头，摇摆肩膀，一边迈着舞步一边不停地说"劳驾，借过"，一直钻到整个活动的中心区域。对于活动现场抓拍，我一直遵循老一辈电视摄像师的座右铭：顶上去，用广角，坚守阵地。拍自己的照，让别人拍后脑勺去吧！

当我正在拍摄，而又感到困惑时——这很常见，我会背诵一段相对舒缓的诗文。我总是一遍又一遍地问自己，"主题是什么？主题是什么？主题是什么？"在婚礼现场，答案显而易见——那就是新娘，其他所有人都是陪衬；在节日上，主题就是激情与毫无顾忌的热情；而在体育赛事中，可能是比赛本身，但也很可能是现场的盛况——是绚丽的色彩，是悠久的传统，是忠实的追随者与拉拉队员们。

我真地会吟唱起来，这让我平静下来，我要讲述的是怎样的故事？动人的照片在哪里？我还记得所有那些新闻记者的格言，例如"抽丝剥茧"，这意味着不断剥除一个专题故事的外层，不断深入整个事件的中心。我还记着一条历久弥新的指导方针——"化整为零"：拍摄大全景，拍摄个性与互动，拍摄肖像，拍摄瞬间，拍摄细节，拍摄所有一切。

拍摄要快，但不要走马观花，花30秒拍摄一张桌子的布置或捧着象征物的双手。

要多拍，抓住机会，要想贴近真相、开阔视野就必须像

疯了一样去拍。我在这方面脸皮可是足够厚的。抓住机会，而且必须意识到总会错失关键画面，但如果拍得足够多，那么就有可能承担风险。因为即使刨除没拍到的那些镜头，仍然有足够大的选择余地。所以，请把眼睛一直贴在取景器上，像女妖一般拍摄。

身处狂热、音乐、噪音、汗水与焦虑的重重包围之中，要清楚什么时候该果断闪光，什么时候该关闭闪光灯，在不打扰对方的情况下拍摄安静的时刻。开启闪光灯后的快门速度可能会比较快，以至于在拍了一大堆照片之后发现好像在拍单人disco，但不要忘记现场环境光带来的气氛感和现场感，如何选择完全在于摄影师。必须观察拍摄现场，并欣然接受。可能在拍摄第一支舞曲时用了闪光灯，但如果接下来关闭闪光灯，利用现场的聚光灯把他们拍成剪影效果，也许，效果还会更好。

享受现场抓拍，享受每一个瞬间，但记住一定要把相机一直举在眼前。有过就站在那里，相机挂在脖子上，当主队获得致胜分时只顾着一起欢呼的经历吗？我就有过。

找个帮手

工作中找一双额外的手，即使是一双不熟练的手，能起到事半功倍的功效。要让它成为考量的一部分，一定要坚持。如果客户对此不感冒，那么无论如何也要自己找一个。我无法确切说出有多少次是我自掏腰包支付助手的费用。但是，在一天的拍摄即将结束的时候，在离开拍摄地点之前，我可以保证自己竭尽全力把一切做到最好，即使他们没有。

在拍摄对页的照片时，我就找了一个帮手跟我一起拍摄。这真是混合了身体、血液与宗教狂热的巨大旋涡。我需要一个帮手，他必须具备语言以及摄影照明方面的知识。在拍摄现场，我交给助手一根 Shur-Line 伸缩杆，用 Justin 夹具固定一只 SB-900，还连接了一只 SD-9 外接电池盒。控光附件采用的是 Ezybox Speed-Lite 的小型柔光灯箱，大约 20 厘米见方。我很喜欢这款热靴型闪光灯柔光箱，因为它具备其他小型柔光灯箱不具备的设计——一片内置柔光板。因此，如果给闪光灯装上柔光罩，那么闪光先穿过内置柔光板，然后才照射到外部柔光屏。光源尺寸很小，但光效却很柔和。

在这里我选择的用光策略是，机顶热靴安装的闪光灯同时作为指令器与照明闪光灯。它的灯头设置为竖直向上，安装了柔光罩，以最低功率发出闪光，其作用是提供一点轻微的正面填充光。主闪光来自柔光灯箱内的 A 组闪光灯，位于相机左侧。这张照片的拍摄参数为快门速度 1/25s，光圈值 f/4.5，ISO 1600，D3s 机身，曝光补偿设置为 -0.7EV。A 组闪光灯的曝光补偿设为 0.0EV，主控闪光灯为 -3.0EV。

抓住机会，顺其自然

顶天了也就是搞砸一张照片而已。

我通常使用光圈优先，对于瞬息万变的现场抓拍来说，这可能有点危险。一切都在快速地变化着，来不及调整 EV 补偿，所以只能顺其自然，相信相机的判断。有时候，它会搞砸，会损失一张，甚至一堆照片。

不过在自动曝光模式上走钢丝也会带来好处。下页的两张照片的元数据告诉我，它们的拍摄间隔只有一秒钟。我在机身上设置了总曝光量 -1EV 的曝光补偿，而闪光灯则设为 -3 EV（机顶热靴安装的主控闪光灯）与 + 1.3 EV（柔光灯箱里那只闪光灯）。

在那一刹那，相机的快门速度从 1/10s 变成 1/6s。而且第二张照片中，别人的闪光灯出现在背景中。这些设置都是我无法自己进行微调的——至少没那么快，特别是在手动模式。我让相机负责掌控这一切，而我专注于抓拍精彩瞬间。

有时候，照片会曝光过度。而其他时候，我庆幸于拍摄到了意想不到的照片，而不用操心去调整参数。

三个区域

即前景、中景、背景。在工作室里拍摄肖像时，通常把模特放在没有任何背景信息的位置——身后是白色、灰色或黑色的无缝背景布，没有任何环境信息，也不会传递任何所处地点或活动内容的感受。想让观众看到的就只有一个——拍摄对象，通常来说，人物都处于前景。而从相机看来，所做的一切努力就是让这一切发生。

但是来到街上，在现实世界里，可没有灰色无缝背景纸这样的待遇（或负担）。有的就是各种元素，大量的元素——从前景到背景，从人物到车辆，到建筑，到电线。错综复杂的环境影像元素，需要适度地组合为一体。

所以，随它去吧。试着将照片填满，从前景到后景分别安排不同的兴趣点或人物姿态。如果有人以一种没有预料到或者可能并不喜欢的方式闯入镜头视野，照拍不误（下页上图），也许在混乱之余会得到某种不同形式的新发现。先为画面的前景锁定某种兴趣点，然后引导观者的视线扫过画面中的不同区域，直到延伸至背景。先用前景景物抓住他们的眼球，再靠画面纵深的其他景物让观者的注意力得到延展。

利用新技术

摄影之神慷慨地赋予我们拥有高像素、自动对焦、自动增益、自动曝光的相机，可以用光速与遥控闪光灯相互对话。那么为什么还要把相机设为M档呢？

使用手动模式拍摄一点也没错。我会视情况需要使用手动模式，而且还不少。但同时我确实陶醉于这样一个事实，那就是这些机器确实解决了许多棘手的问题，把过去有些非常困难、经常失败的拍摄题材变得更加轻松，获得许多很棒的照片。

在那张伊斯坦布尔的大街上，一个人手中拿着联邦快递包裹的照片里（下页下图），我采用追随模式拍摄。

跟住包裹，跟住包裹。我跟在快递员身边一路小跑，勇敢刚毅的 Brad Moore 则跑在我们俩前面，离开相机位于左侧的位置，手里拿着一只裸灯。指令闪光灯与遥控闪光灯交换信息，而相机设为光圈优先，在我们走过各种高光与阴影环境时，时时刻刻为我调整曝光参数。快门速度1/10s，光圈值 f/6.6，ISO 100，闪光灯设为 0.0，即未设置闪光补偿。

我拍摄时甚至都没看取景器，而这张照片在联邦快递的网站上保留了很长一段时间，而且被证明是最受客户喜爱的一张照片。

新技术为我们打开一扇扇大门，走（或跑）进大门吧。

让闪光融入拍摄环境

离开街道，来到后台，对照片施加更多的人为控制，尽管仍需保持快节奏的工作。技术让这一切成为可能。

化妆间里有两种光源（下页，上图）：头顶是一盏钨丝灯，环绕化妆镜的灯泡也是钨丝灯。

我迅速架起一只闪光灯直对着天花板闪光，来模拟整个房间的光线，然后用胶带固定一只闪光灯——加上了柔光罩——在化妆镜上，位于模特面部略低的位置，模拟化妆镜灯的光效。镜子上的是A组，打亮房间的是B组。接着，我玩起了改变光比的游戏。快门速度带给我一个基准，镜子上的闪光灯提供关键照明光（并起到净化颜色的作用），而整个房间的反射闪光还帮助我描绘整个房间的细节。（现有的照明灯泡有点过于昏暗了。）

曝光补偿设为+1 EV。理由是在光圈优先曝光模式下，相机的大脑会对相机左侧格外明亮的化妆镜灯泡做出反应，让相机快门速度相应提高——这就是相机自己的想法。当它看到明亮的区域，就会调低整体曝光量。我必须通过在相机上设置曝光补偿为曝光过度，才能抵消这种效果。

我把快门速度拖慢到1/20s，让房间中的环境光线更多地参与到曝光中，并为画面增加一些暖调，因此我并不需要使用凝胶滤光片来暖化闪光灯发出的光线。闪光灯发出的光线照射到混合光源环境，与其共同达到令人感到舒服的暖色

调。如果为闪光灯加装CTO橙色滤光片，恐怕就会把她变成一个大南瓜了。

而此时的闪光灯恰到好处，效果很自然。由于混合光照明的现场光设置了全局+1 EV的曝光补偿，因此闪光灯设为-1EV，从最终光效上来看就是0.0，以达到混合两种光线的目的。闪光成功地隐藏了自己——这正是我想要的，闪光灯的光效看起来就像现场本来存在的光效，闪光灯（几乎）不存在了。

离机闪光好处多

　　如果可能的话，即使只把光源简单地从热靴上提高一点点，也会让光质大不相同。寻找不同的场景，让现场的布局决定设置光源的位置。这个人（右图）正在接受后背穿刺。他目视远方正在冥想，而助手则在他背部的皮肤上刺入钩子，再挂上水果。我要说，我想表达的远不止宁静这么简单。

　　但他的面部是照片的重点，所以这也是我用主光照明的位置，闪光灯就在画面以外离他的鼻子几十厘米的地方。拍摄参数为快门速度1/13s，光圈值f/2.8，镜头变焦至19mm。机身使用尼康D7000，ISO 100，所以快门速度才会拖得这么长。这样的快门速度实际上对于在自然光条件下手持相机拍摄来说很容易造成模糊，但闪光灯——实际上是闪光脉冲的持续时间——让保持画面清晰成为可能。到了检验不同ISO画质和手持拍摄技巧的时候了，亲

自尝试一下，并试着把自己推到极限，会惊讶地发现稳定的持机对扩展拍摄中的一切可能性来说具有多么重要的意义。

用广角，疯狂拍摄

一定切记要融入现场。在大多数集会活动中，人们都希望能够有人来拍照。这并不会打扰他们，所以请把沉默和犹豫甩到一边。不必试探，直接走进他们之间。相信我，如果有越界行为，他们会说的。

顶上去，把镜头拧到最广角，把热靴闪光灯上仰到反射闪光状态，装上柔光罩让光线辐射开来，设置一个舒服的闪光输出范围，然后，开始拍照。

不过，请小心。别被一双飞旋的 Christian Louboutins（著名高跟鞋品牌，以红色鞋底为招牌——译者注）打到头。（尽管这算不上一张"传统"的结婚照，但气氛很喜庆。）使用 D3s 机身，24-70mm 镜头变焦至 24mm 端，快门速度1/20s，光圈值 f/3.5，ISO 1600，闪光灯设置 -0.7EV 闪光补偿。

不论认为自己到底在干什么——是感觉正在燃烧下坠，还是渐入佳境——一定要保持眼睛一直盯着取景器，片刻也不要离开。保持状态，拼命拍。

拍摄新娘和新郎完全凭运气，但是拍照时的好运气来自于勤勉与尽可能地多拍。我正好抓拍到了我妻子 Annie 的闪光（她就在他们身后），当时这对夫妇正从台上走下来。Samantha 与 Adam 真是天作之合，而这张照片也是这一天当中我最喜欢——也是最幸运——的一张照片。

而如果在拍摄卡瓦迪，那基本上是一种精心制作的、架在人肩膀上随之旋转起舞的多层结构，那就要当心了。

我采用的策略跟我在迪厅或摇滚音乐节上的一样，即把相机的自动对焦点设在中央，把镜头拧到广角端，根本不看取景器直接连拍。我只会粗略看一下取景范围，然后就把眼睛往后挪一段距离。我试着不要光盯着单反相机取景器里面的封闭空间，而完全排除了周围世界的动态。这张照片使用光圈优先模式，14-24mm 镜头变焦至 19mm，快门速度 1/6s，光圈值 f/5.6，ISO 1600。曝光补偿为 -0.7EV，机顶主闪光

灯设为-3.0，离机闪光灯设为0.0。

　　这让我回想起过去使用徕卡旁轴相机完成大量跟拍任务的日子。举例来说，对于21mm镜头的视野范围，用取景器中等效视角35mm的取景框线是完全无法涵盖的。因此必须盯着两个地方看——对焦窗口以及机身上方的机顶热靴上安装的21mm外置取景器。我经常使用超焦距对焦法，然后直接通过外置取景器观察周围的世界。

　　这也是许多使用旁轴相机的摄影师经常采用的策略，这样就可以对周围发生的情况了如指掌。不过这样一来，取景就会相对松散，甚至还有一点混乱，或者说，不够有序，比

较杂乱，绝对是各种元素的混合体。而通过数码单反相机来取景可以让画面更加精练。透过相机的取景器摄影师的视野就被完全封闭在了一个管道内，切断了其与视野外的其他事件的联系。需要察觉到这些情况，因为周围事态的发展可能会比当前专注的角度带来更好的拍摄效果，或者可以作为下一张照片的起始点。

　　不断地拍摄，不断地取景，但同时也不要一头扎进取景器视野的死胡同。观察周围，融入混乱之中，让脑袋保持左右旋转。还有，注意飞来的鞋子。

寻找极致光影

寻找新奇的光线、阴影与剪影。并不需要把一切全部展示出来，只要能把关键的兴趣点加以突出表现就足够了。一点神秘感会很棒。

联邦快递宣传照，摄于洛杉矶市中心，采用光圈优先模式，快门速度1/1000s，光圈值f/7.1，ISO 400，14-24mm镜头变焦至17mm。

片刻宁静

在匆忙与焦虑之余，在连续不断的闪光之间，请不要忘记拍摄的中心——在这种情况下，就是新娘。而当她变得安静下来，摄影师也应该如此。

安静下来，关闭闪光灯，安静地拍摄，用心观察，通过相机来呼吸。

别忙着把相机放包里

因为当认为已经完活的时候，并不意味着真地结束了。所以，别那么快开始收拾器材，往手上抹消毒水，盖上镜头盖，扣上摄影包的束带——没准摄影包还是那种有一堆隔舱、双层拉链的大家伙。

直到一切真正结束之前，都不能算已经结束，所以不管多么疲劳，也要把相机挎在肩上，直到完全确信已经拍摄完整个活动。这张完全采用自然光照明的片子——ISO 800，D3s机身，70-200mm镜头变焦至155mm，快门速度1/60s，光圈值f/3.5，曝光补偿-1.3EV——是当我往车那边走的时候拍到的。一定要随时保持警觉。乔

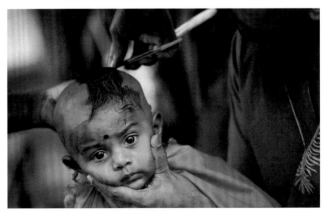

老乔与老乔

Joe Hodges 是个彻头彻尾的，有趣又可爱的家伙，就是那种最典型的"普通人老乔"。他是那种同住一条街的邻居可能甚至对他都不怎么了解，但会叫他人帮忙搬运沉重的家具，或者帮忙做一些家务活的人。

我猜这种随和可亲、乐于助人的性格与他身为一名服役27年的纽约消防员老兵是密不可分的。

我在"9·11"期间结识了 Joe，并立刻喜欢上了这个人。很显然，他是一个善良、正派的人。还有，怎么可能不喜欢一个在消防队"钓鱼"的人呢？Joe 在消防队"钓鱼"的风格是，拿一根长丝线绑在一个旧钱包上，并用橡皮筋捆上几美元。然后他会把消防队的门打开一条缝，把钱包顺出去扔在人行道上，然后从车库大门的小窗里饶有兴味地看着。大部分街坊四邻都认识消防队里的人，而这个恶作剧总是很快就会奏效，他会拉着丝线往回拽，让他们永远够不着钱包。

当然，这肯定会让小朋友们发疯。Joe曾经驻扎在紧邻一家诊所的消防队。"那真是太好玩了，"他一边摇头一边笑着说。

"9·11"过去几年后，我曾问Joe能不能去他所属的消防队拜访他，就在纽约港中间的总督岛。我需要找个好的角度拍摄7月4日的焰火表演，而这座独岛可以获得观察纽约市海天线的最佳位置。

当我告诉Joe让他进入镜头，站在我与焰火之间的时候，这个腼腆的家伙直摇头。显然他认为曼哈顿的天际线与焰火表演相得益彰，再加上一个他就显得有点不搭调。我可不这么想。就我一直一来坚持的观点，我从来没见过有哪里的风景是不能加进去一个人站在前面的，这样才能带来更多的趣味性。

那张照片采用一只便携式闪光灯进行照明，非常朴素的用光，使用可见光直射触发。当我说"朴素"的时候，那可真是名副其实的。当时只有我一人进行拍摄，带了一个小型灯架，用于固定热靴闪光灯的灯座适配器，还有一只连接了SD-8A外置电池盒的SB-800闪光灯。相机固定在三脚架上，D2x机身，ISO 125，镜头变焦至19mm。

此时此地使用光触发TTL引闪真是简单到不能再简单了——效果也非常好。Joe抓起他的消防对讲机，爬到外面的岩石上，为了我，这样我就可以把他放在水面上反射的焰火的高光区域中间。我把灯架放在相机右侧几步远的地方，摘掉柔光罩，并把变焦灯头放在105mm端，让闪光灯的光束尽量集中。我把几块胶布贴到闪光灯头下缘，这是为了遮挡或者说切断散逸到岩石表面的闪光。适当的照明对于描绘他所站的地方还是非常必要的，但大量光线会对视线造成干扰，分散观众的注意力。

如果我采用传统的普威无线电引闪器进行触发，就不得不来回奔波于三脚架与放置闪光灯的木码头之间，亲自上前调整闪光灯输出功率。当然，现在我们还有无线电TTL引闪可供选择，经过升级的普威Flex/Mini引闪器通过无线电波传递神秘的TTL引闪信号。不过，说实话即使是现在，这项技术仍然会有不稳定及故障情况发生，也许在未来的摄影行业会被大量采用吧。而在我拍摄这张照片的时候，没有什么能比采用直射可见光来触发15或18米外，处于黑暗之中的闪光灯更加可靠且方便的方式了，携带闪光控制信息的预闪闪光信号可以毫无遮拦、不受

"位于焰火区域左侧，城市上方天空中的航迹，是一架飞机留下的，可不是我用无线电控制的专门用来平衡画面的无人机。"

干扰地被传递到遥控闪光灯。我随时随地可以用无线信号控制闪光灯。而在拍摄现场，在纽约港，即使普通无线电信号也可能因为各种繁忙的频率与信道操作而受到干扰，用光引闪则非常简单、易用、直接。

　　另一件美好的事情呢？如果焰火——由于它们零星的、巨大地划过夜空与水面的高光——会对相机的TTL测光程序带来灾难性的影响，那么只要在热靴上的指令闪光灯上按几下按钮，就可以切换到手动模式。而且这样一来，我就可以根据我的观察，手动提高或降低其数值。这一切只要按几下按钮就能完成，我根本不用跑到闪光灯跟前。

　　显然，相机必须固定在三脚架上，在夜景拍摄中即使用"da grip法"（本书作者倡导的一种提高拍摄稳定性的持机拍摄方法，要点是将高级机身的手柄抵住左肩窝，用左眼观察取景器——译者注）仍有其局限性。最终拍摄参数为D2x机身，光圈f/5.6，快门速度6s。闪光灯设为手动闪光模式，1/2功率输出，未使用凝胶滤光片。位于焰火区域左侧，城市上方天空中的航迹，是一架飞机留下的，可不是我用无线电控制的专门用来平衡画面的无人机。那完全是凭运气，而且是非常偶然地正好经过那个位置。在纽约夜晚的任何时候开启快门，天空中总是一片繁忙，夜空中的飞机将是璀璨城市上空的另一个难题。

　　围绕Joe周围的小范围虚影是由他的身体运动在6s的曝光过程中形成的。他自身的一点小范围的晃动是无法避免的。闪光灯可以凝固他的形象，但由于长时间曝光，他的身体四周会形成一圈边缘，这部分边缘是由来自水面的自然光勾勒出来的。我也可以通过设置更大的光圈来消除这种现象，因为这样会让快门速度更快。（与曝光6s、光圈f/5.6相比，他在曝光3s、光圈f/4时能够更好地保持不动）但是，在这次拍摄中，景深相对更加重要。我希望能够用广角镜头获得尽可能高的锐利度。我本能地希望使用最佳光圈，同时这也使得快门速度达到了必须上三脚架才能保证画面清晰的范围。一如既往地，摄影师做出的决定首先要满足其认为最重要的拍摄意图，而其他因素也要随之做出改变。有时"其他因素"会干扰拍摄，影响画质，

或者限制可用照片数量。而其他时候，需要做出的妥协非常直接与简单，只要在相机参数上做出调整就可以了——为了美好的生活坚持下去，并希望照片能够像设想的一样漂亮，就好比肖恩·康纳利在电影《猎杀红色十月号》中说过的："我们再玩一次危险的游戏。"

　　身处危险的工作地点，手持相机驰骋在幻想的世界，没有任何解决方案是不需要任何妥协的。所有的鸡蛋都飞到空中，只希望在它们摔碎在地上弄脏鞋子之前，能够抓住有限的那么几个。会有那么一天，技术完全取代了摄影的冒险精神，让一切变得"简单"起来，但这只是对未来的美好畅想。真到了那一天，恐怕我已经幸福地待在某处的一个盒子里，墓碑上可能会写着："加1挡曝光。"

　　作为一名摄影师还是非常有意思的。拍摄的照片就像"连点成画"的游戏一样，把他的一生串成一

线，就像脸上与手上的道道皱纹一样真实、鲜明。我们用一张张照片讲述一个个故事。反过来，我们的照片也讲述着我们自己的故事——我们做过些什么，做得有多好或者有多差，都如此的分明，只要我们坚持下来。

　　我第一次见到Joe是在"9·11"发生几天之后，他来到曼哈顿东2街，当时这里是世界上唯一的巨型宝丽来相机的所在地。这是一部怪兽级的摄影装置，可以使用宝丽来正片拍摄并显影真人大小的40x80英寸照片，闪光曝光后90秒就能看到照片了（大量的闪光）。乔走到重达32公斤的相机镜头前——据说是从一架U-2侦察机上买来的，并且迅速、简单地生成了一张照片，这是我在"9·11"拍摄项目中最喜欢的照片之一。作为给他的照片添加的标题，他显然属于典型的无私奉献型。

"我当时正在疗养休假，立刻取消了假期搭乘一条拖船回到曼哈顿。当我得知每一个我熟悉的战友都进入了大楼，我也必须进去。现在有许多年轻人在从事这项工作，像我这样的老队员必须为他们做出表率。这是消防队的光荣传统。现在可不是退缩的时候。"

Joe最终离开了他热爱的事业，于几年前退休。作为对"9·11"项目10周年的回顾，出版了一本叫做 *One Nation* 的书，为此我给Joe打电话并拜访了他在史泰登岛的家，他在这里完全、彻底地安享退休后的平静生活。10年之后再次相见，我打算寻找另一个切入点。当年的第一张照片是在令人难以置信的压力与痛心的情况下拍摄的，而这一次，该到了拍张照片，喝杯啤酒的时候了。

他家的客厅沐浴在下午强烈阳光带来的逆光之中，光线也因此带有一点暖调。我经常根据现场光线决定如何布置闪光，所以我决定按照客厅里的调调走。这可不是追求充满个性和戏剧性光效的时候，这是该用——抱歉我找不到更合适的词汇来形容——快乐的光线的时候。

我选择了一款可透光的34英寸1档柔光板，通过延伸臂把它固定在C架上。用一只SB-900闪光灯对着柔光板打光，延伸臂让我得以使光线从相机和镜头的正上方投射下来，以一种非常对称的方式来描绘Joe的面部与肢体语言。而这种肢体语言传达出的是旺盛的生命力。他在过去的27年中无数次冲进火海，出生入死最终全身而退，他有一位贤淑的妻子，而最近又刚刚添了一个新生的孙儿。他的脸正视相机，而他的气场充满了整个画面。他养的小狗，Lucy，跳进他的怀里，让画面更加丰富饱满，但同时也带给我一点麻烦——这个小家伙很可爱，但她同时也像海绵一样吸收了大量光线。如果只有Joe，我也许用单灯就能应付，但为了给狗狗的毛发多打一些光，我又加了一只闪光灯。

我正琢磨着是不是应该把这道光线通过一块白色或银色的反光表面，从镜头下方反射出去，也就是做一束地板光，这时我的首席助理Drew说："为什么不直接通过地板打反射光？"

是啊，没错。顺便说一句，那一幕充分说明了一名好摄影助理在拍摄现场可以并应该为摄影师做些什么。他们帮助保持井然有序的工作状态，平息所有可能发出的背景噪音，以免摄影师受到干扰。

效果立竿见影，通过木质地面的反射，光线立刻具有了与阳光在屋里四处反射所带有的相同的暖色调。换句话说，这束光已经不再是自建色调的闪光，而是跟环境光线融为一体。它实际上消失在了环境光之中，就像放进魔术师的黑色帽子中的兔子一样。噗！它本来就在那里，但是接着再看，它就消失了。

友好的光线

将弃光尽量贴近拍摄人物——处于画面边缘但又可能靠近。A组作为主光，B组作为少量填充光。

冰箱（啤酒）

SB-900

A组

设为 +2 EV 闪光补偿，相比环境光线较传更高的闪光功率

Joe 与 Lucy

窗户（贼亮）

设为 -1 EV 闪光补偿

B组

沙发

尼康 D3X，24-70mm 镜头

木地板

1/10s，f/5.6，阴天白平衡，在相机上对全局环境光设定 -2 EV 曝光补偿

　　有了这一点来自地板的低位填充光，我得以进一步挖掘出 Lucy 身上更多的细节。她吐着小舌头，向我报以满意的神态，好像在说"我是一只狗狗，我很快乐"。

　　这张照片的拍摄参数为快门速度1/10s，光圈值f/5.6，光圈优先，-2 EV。这样的曝光量也是为乔和狗狗引入额外补光的另一个原因。如果我直接用0.0的曝光补偿，在光圈优先的曝光模式下，窗户的部分就会曝光过度得一塌糊涂，我的感光元件上弄不好就得烧出3个大洞。在-2 EV的曝光补偿设定下，它们看起来会很亮，但又并非无法忍受。在 Joe 的头部后方，可以看到窗帘仍然保留了足够的细节，窗外的绿色植物依稀可见。由于设置了负的曝光补偿造成的整体曝光不足，很显然 Joe 与 Lucy 将会淹没在黑暗之中。因此这两只闪光灯需要拼命工作，把他们带回光明世界。头顶

"这张照片是一幅很棒的好男人肖像，他本人弥补了闪光效果的瑕疵、构图上的繁琐，以及其他影像上的不完美。"

的主光源设为 +2 EV，低位的反射闪光——只需要有一点就行了，不能太显眼——设为 -1。结合环境光曝光的曝光不足设定，环境光与闪光灯的光效相结合，与之相比低位的补光功率就确实非常低了。顶光闪光补偿设为 +2，基本上可以抵消自然光曝光设定的 -2 EV 曝光补偿。这里是这么算的：机身设为 -2，闪光设为 +2。前者是全局的、总的曝光量，影响整个场景的曝光（包括闪光），后者则只针对闪光灯的输出功率。

当然也不总是这样，但在这种情况下，对自然光与闪光光比的计算是平均的。

其实有一处穿帮的地方。看到相机右侧的书柜中的高光区域了吗？看上去好像是窗户的亮光，但其实不是。这是我的柔光伞，至少是一大部分。现在，当我看到它的时候，我总会想换一套工具，比如用柔光灯箱，或者遮挡一下光源，或者只是挪动一下位置。（考虑到光源的面积很大，恐怕得挪动相当大的距离。）我最终决定就由它去吧，仍然让闪光灯这样照明。我的理由？

它可以被看成是来自窗口的高光。Joe 身后的景物都呈现高光特性，非常明亮。闪光灯瞬间爆炸在书柜上留下的高光痕迹只不过又增加了另一小片高光区域而已。它并不是很亮，在这个位置上也并不是很显眼。看这张 Joe 的照片，会觉得那片高光区域很影响整体观看感受吗？我觉得完全不会。作为全片主角的 Joe 位于前面正中间，露出友好的微笑。他主宰着整个画面，立刻就能抓住观众的眼球。（他身穿的白色 T 恤衫也有一定的帮助，但通常我都会拒绝白色 T 恤。）

他本人在照片中同样很显眼，典型的负负得正。

不过这样的布置很有效。这张照片是一幅很棒的好男人肖像，他本人弥补了闪光效果的瑕疵、构图上的繁琐，以及其他影像上的不完美。这是一幅关于个性的照片，而不是关于我的用光。有太多次，作为摄影师，我们总是为照片中的小细节所羁绊，总认为需要修正这些小问题，因为总会有其他摄影师会注意到这些问题，然后发电子邮件告诉我们。我们竭尽全力让照片趋于完美，这是一种伟大的本能，但并不是永远必要，或者在任何时候都能达到。如果我只顾着跟这一抹闪光灯的痕迹较劲，从窗口射入的阳光可能很快就会消失，房间中的气氛也将随之不复存在。而对于 Joe 来说，一直非常有耐心的他也难免会嘀咕，比如"只是拍张照片而已，又不是救火"。再高的热情与好心情也会随之慢慢消磨、减弱。

所以，干脆就把主光源放在那，拍到照片最重要。

正如我前面说过的，这可不是使用粗犷、尖锐的光质的时候，这可不是那种直射闪光、"对着墙向我表现出你的态度"那种类型的用光。毕竟这不是用在 CD 封套上的照片——那种在臭烘烘的酒吧里尖叫到凌晨两点的三流乐队。这是暖调的光线，拥有友好、宽容的特质，让人看了感到眼睛很放松，照片中的人物也很放松。没什么特殊的手法，但要的就是这种平实的感觉。一把柔光伞——一个通常我会嫌它过于平淡的光源——对于此时此刻来说就很完美。开放、纯净、富有包裹感的光线，很友好，很体面。

像 Joe 一样的光线。乔

女士、光线、一点好运气

任何一位出现场的摄影师，不管他是多么严肃或多么散漫，至少都有一次咒骂现场光线的经历。糟糕的光线、太硬的光线、根本没光、浑浊的光线、荧光灯的光线、散乱的光斑，还有闪光灯。在某种程度上，这些都很可怕，我们诅咒黑暗、昏暗、色温、方向，总之我们对任何光质不佳的光线都是如此的不满，因为这完全无法满足我们持续拍摄的需要，达不到我们所需的严苛标准。

我们忘记了上个礼拜，或者甚至就在昨天，天空中荡漾着如同疯狂画家的调色板一般色彩斑斓的光线，而不是集中了各种难以名状的、看上去脏脏的乌云。我们忘记了上一次拍摄人像的时候，窗户投射进来的光线如同突然出现的、不可思议的厚礼，让整个拍摄过程变得如此轻松。我们是冷酷的、为了某一瞬间而生的生物，而当那个时刻伴随着糟糕的光线质量降临到我们身边时，我们诅咒月亮、太阳与星星，好像一切是由它们造成的。

而总会有那么一些时候，美妙的光线来临了——很快，很美，也很安静——然后以同样的方式，就那么消失了。就像疾速穿行的阴影，尚未意识到它的存在就已经消失于无形。它出现在那一刻，也只有那么短暂的片刻，我们的工作正是抓住这些瞬间。

幸运的是，我曾经拥有那样转瞬即逝的光线，就在我与著名的尼安德特女士共同度过的那许许多多个瞬间之中。"她"依照《国家地理》杂志的指示被创造出来，为了她的诞生花费了大量资金。她很矮小，呈半蹲的姿势，全神贯注，表情严峻。她全身赤裸，挥舞着长矛，脸上由于冻伤而变得斑驳。她拥有蓝色的眼睛，随意蓬乱的一头红发一定从没接触过洗发水。她不苟言笑。她是用超过45公斤的硅胶，包裹在钢质框架上精心制作而成。为了向她在史前题材动画片中的原型致敬，我们昵称她 Wilma。幸亏没有再做一个 Betty 出来，因为光是拍摄 Wilma 一个就够我们忙活一通了。

有点像一次毫无准备的约会，我被指派去拍摄 Wilma 的照片，用于《国家地理》杂志的封面故事。为了实现拍摄意图，必须把她搬到西班牙北部的森林中，而在这一地区的山洞中刚刚发现了尼安德特人的DNA。这些发现为研究尼安德特人的

"让光线成为这张照片的戏剧性的组成部分，用可信的方式勾勒出她的轮廓，以使她在环境之中得以凸显，并通过表现她的外在来反映出她的灵魂与生命。"

生活方式，以及他们与智人（也就是我们）的关系，提供了重要的新线索（我们还是喜欢我们现有的生活方式，而不是他们的）。

《国家地理》杂志一直喜欢这类跳跃性很大的专题，这次他们故技重施，并且委托我见过的最疯狂、最有才华的双胞胎兄弟 Dutchborn Kennis 来创造 Wilma。他们的天才之处在于可以借助科学工具、精密计算、DNA 证据，以及纯粹的艺术天分，让消失已久的事物再次栩栩如生地出现在现实生活之中。即使从近距离观察，Wilma 看上去就好像她能够四处走动一般。只有进一步靠近仔细观察，才会意识到原来她并不能开口说话。

那么，如何才能为这一堆塑料赋予动感？她不会笑，也不会四处观望。《国家地理》杂志要求我让她看上去"不那么裸露"，她正霸气外露地挥舞着长矛，所以要想让她看上去和蔼可亲恐怕不太可能。

我能运用的唯一的手段就是光线了。如果能合理有效地运用光线，我至少能够让她看起来像是活灵活现地身处她原本所属的年代。让光线成为这张照片的戏剧性的组成部分，用可信的方式勾勒出她的轮廓，以使她在环境之中得以凸显，并通过表现她的外在来反映出她的灵魂与生命。有效的布光与策略性的照明还能实践让她尽量不要过于裸露的诺言，并隐藏她脚下的钢质底座——而这两项都是必要的。

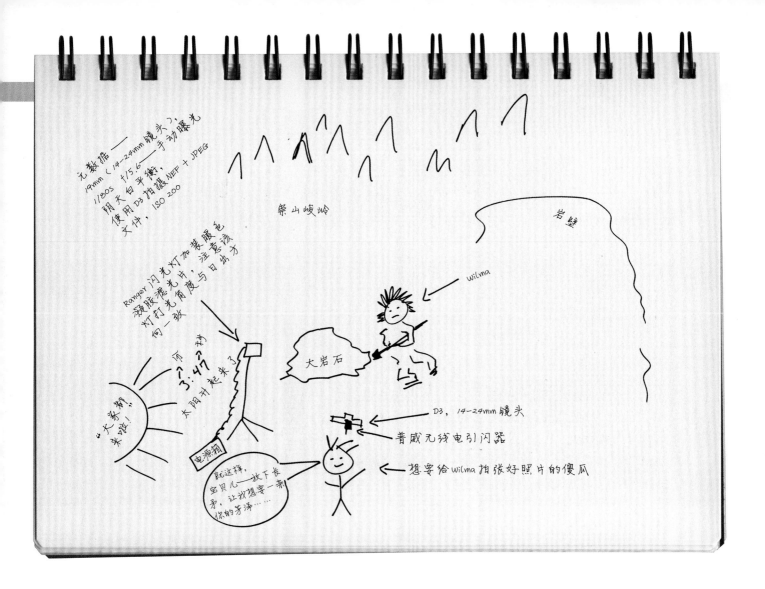

　　尽管拍摄的大多数场景都选在山洞周围的落叶林地，我们仍然需要找一个岩石更多、更苛刻的环境，与她在自己的时代经历的更加相似。为此我们把她装进面包车的后备箱，找到了一片开阔、贫瘠的山脊——就在一个西班牙国家公园内。而我们并没有取得在这里的拍摄许可。

　　不过通常如果能起大早，没有许可证也不碍事。我们到达拍摄地点的时候，基本还处于黎明前的黑暗之中，接着我们开始寻找太阳将要升起的方向，也就是她要面对的方向，

　　另外，闪光灯的输出功率被调到非常低，事实上几乎没有多少闪光量。使用单一光源——加装了蜂巢束光格用来突出她的面部，并使用了全饱和度CTO滤光片使闪光与暖调的日出光线相匹配，而日出的光线随时会将我们笼罩。场景闪光用的是大家伙——Ranger 1100瓦特秒便携式电池闪光灯，单灯头，精确控制光线的散射，并使用暖色滤光片调整光线色温。

　　身处西班牙的山脊上，借助闪光灯的补光，Wilma看上

去就像是岔路口的警示灯（下页），暗影的海洋中漂浮着一片暖色的光线。我需要一些帮助，并不是以闪光的形式。而是需要提高对现场光或者说环境光的曝光。

正如我曾多次指出的，作为一名摄影师应精通闪光摄影，但有一点讽刺的是，拍摄照片中最重要的是什么？现场自然光摄影。绝对如此。如果愿意的话，需要关注要出外景的地区的天气预报，而最好的（也是唯一的）方法就是评估光线质量、拍摄条件以及现场环境光强度。在类似这样的场景中，闪光只是调味剂，我不可能把整座山全部照亮。我的主光——如果愿意这么分的话，是自然光。我通过快门速度对其进行控制，就好像在室内通过拉上窗帘来降低窗光的射入（快门速度高，就可以削弱参与成像的自然光）或者拉开窗帘来增加窗光的射入（降低快门速度，允许大量光线射入室内）。

所以，在外景现场拍摄这样的照片，面对的是《国家地理》杂志的艺术总监，而他已经花了不少钱让我跨越半个地球来到遥远的西班牙森林，因为干我个我非常在行，而现实却事与愿违。我该怎么办？找借口为自己辩解？跑回车里拿来更多的灯，把整个公园全部照亮？

不。我要保持冷静，并坚持到底。我要保持耐心，坚信好事情一定会发生，而且要为这一刻的来临做好准备。这样的照片有一个大问题，因为 Wilma 站在一大块的深色地面上，而这片区域都要得到足够的照明，因为这部分区域代表她所处的环境。而照片的戏剧性主要靠天空来体现，而即使是黎明前黑暗的天空仍然比地面的亮度高出好几级曝光。如果按部就班地以天空为基准进行曝光，她就会被地面的黑暗所吞没。相机无法同时再现地面与天空这两个部分——即曝光区域，它们之间的光比相差太大了。

有人看到这里一定会说："伙计！用 HDR 拍啊！"在当今世界，如果一个没有生命的假人站在那里，不用表现运动趋势或表情与态度的变化，用 HDR 当然是个不错的办法。只要跳出单次曝光这架着火的飞机，拉动 HDR 这根降落伞绳，开始在包围曝光的天空中飘荡。

但这张照片拍摄的时候，可不像现如今 HDR 这个名词与拍摄方法已经家喻户晓。那时候可没有像现在这么简单、功能强大的全自动合成软件。另外，我也不是很擅长这类操作，即使到现在，如果不是非常仔细进行处理的话，照片上仍会留下非常明显的后期处理痕迹——在这种情况下，它们既不属于我自己，也不属于 Wilma。作为摄影师，我总是迫切希望走出固定的程式，只是希望观众能够简单地享受照片本身，而不是去琢磨这张照片到底是通过怎样的后期制作手段完成的。

接着，就会有《国家地理》杂志的创始人 Grosvenors 的鬼魂，坐在我的肩膀上，让我由于坚守传统路线而陷入绝望。

HDR 恶魔说："上吧，多拍几张来合成吧，没人会知道。"

"一次曝光"天使说："只要你敢动滑块一个手指头，我就再也不理你了！永远！"

也许可以为了到底用哪种方法而纠结整整一个礼拜。对我来说，在那一刻，我做出的决定是等待光线。确实如此，慢慢地整个场景逐渐被光线所笼罩——毫无生机、灰蒙蒙的、乏味的光线。我通过控制曝光让地面与岩石呈现更多的细节，

"作为摄影师，我总是迫切希望走出固定的程序，只是希望观众能够简单地享受照片本身，而不是去琢磨这张照片到底是通过怎样的后期制作手段完成的。"

同时尽量保证天空不会曝光过度。但我的暖色调闪光显得非常突兀，与周围环境格格不入。

　　我等待着。接着，Wilma 的祖先们在天堂和善地俯视着她，一缕暖色的光线从远方直射过来，照亮了岩石表面，而这道光的色调正好与我的闪光灯一样——温暖、美丽、斜射的日出之光。我拍了 39 张照片，而这道光持续了整整 3 分钟 47 秒，接着就像它降临的时候一样，迅速而安静地消失了。而在这幸运的小窗口之后，我拍到了一张最终发表在《国家地理》杂志上的跨页照片。

　　完成得很简单，快门速度 1/80s，光圈值 f/5.6。这样的参数组合刚好可以保证天空呈现饱和的色调，同时保留前景部分足够的细节。闪光灯的硬光打亮 Wilma 的面部，但同时也在她的身上留下阴影。我稍稍调整了闪光灯的角度，所以如果光源发出的光线产生扩散，光线就会落在相机前面的岩石上，让岩石呈现出一部分细节。镜头使用 14-24mm f/2.8，变焦至 19mm。采用阴天白平衡，有助于突出日出时分的暖调。

　　我们完成了这次拍摄，但是犯傻的是，我们并没有立刻离开，直到太阳已经高高挂在天空，路上开始出现车辆。我们正在把可怜的 Wilma 拖到另一个位置——这个过程确实显得很粗俗，这时来了一辆西班牙国家公园护林员的车子。当时我告诉我的助手 Brad Moore（我后来在一次打牌的时候把他输给了 Scott Kelby），赶紧把 CF 卡拔出来藏好。

　　我们展开了一次相当紧张的对话，而且进展并不乐观。这几位长官显然对我们产生了误会。不过最终他们终于接受了我们是在为《国家地理》杂志拍摄照片这个事实。他们放了我们，还有 Wilma。

　　我从来没有确切地问过 Brad 到底把那些存储卡藏哪了，也许还是不知道的好。

乔

把风照亮

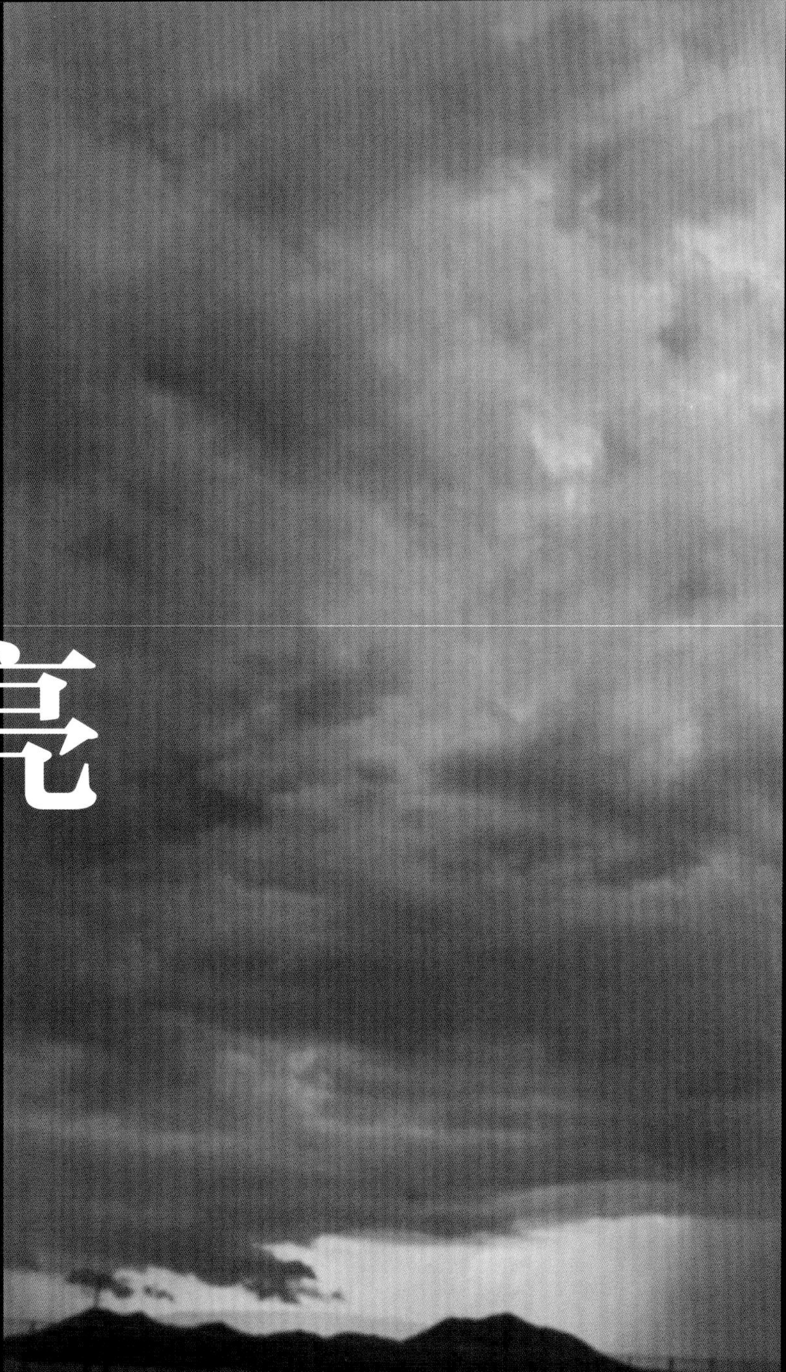

为风布光很难。在大多数拍摄中，风都是不受欢迎的
不速之客。它会吹翻灯架，吹乱模特精心雕琢的发型，
还会卷起灰尘和沙砾污染感光元件。如果它足够强劲，
还会让摄影师乱了阵脚，影响其思维过程。它还会限
制摄影师的选择，试过哪怕在温和的微风中支起一套
74英寸八角柔光灯箱吗？

"影像创作往往不是按部就班、小心审慎的，也不是深思熟虑的。
最棒的摄影作品常常来自于最不可理喻的行动。"

Garrett Garms 摄

但是，当狂风呼啸到了令人生畏的程度，而同伴之中又恰好有一位看起来酷似摩西的哥们儿，那么我当然不会错过这个拍摄的大好时机，而不管有多么困难。当时我目睹了一场风暴开始在新墨西哥上空聚集，并感受到扑面而来的狂风像是一场"完美风暴"的前奏，我很庆幸我的团队中能有我的挚友Donald，并邀请他与我一同站在一辆皮卡的车斗箱里。

离地高度对于这次拍摄非常重要。把拍摄对象摆得离地面越高，收进画面里的地面部分就越少，天空部分也就越多。在他身后的景色实际上是一大堆暗色的垃圾，天空才是这张照片的戏剧性之所在——风暴卷着乌云。幸运的是，我可以借助皮卡作为便利的拍摄平台。

为什么摄影呼唤着我在各种状况下去做那些最不可理喻的事情？当狂风开始像大棒一样猛砸在我的身上，慎重起见应该寻找安全的藏身之所，或者至少也应该蹲下身来。而我们反其道而行之，专门把自己暴露在高处。如果有房顶可以上去，那我一定会爬到房顶上。影像创作往往不是按部就班、小心审慎的，也不是深思熟虑的。最棒的摄影作品常常来自于最不可理喻的行动。

尽管如此鲁莽与不假思索，我倒还有几条神经触突仍然在正常工作，足够提醒我在这种条件下不要再用任何花哨的布光手段了。风头正劲，风暴将至。因此我不得不对拿着相机的自己再三强调："保持一切从简，傻瓜！就用单灯布光，并且不能用特别大的柔光箱。"

幸运的是，原生态而又聪慧的Donald有着天生一副适合单灯照明的面孔。布满皱纹的脸如同《圣经》中的人物，生活在他的脸上留下了深刻的印迹。这些皱纹是一生努力打拼的证明，理应在照片中得到呈现，而最佳的表现方式就是利用光与影来进行刻画。如果不加节制直接用大量的光线"冲刷"，就会消除皱纹的深度感，抹杀人物这种来之不易的个性，更不用提他们的高贵气质了。

单灯照明就适合像Donald这样的面孔。在这种情况下，我选择爱玲珑Quadra闪光灯，之前已经介绍过许多次了，这是一款高效的（400 瓦特秒）闪光灯，适合小型柔光灯箱。

Garrett Garms 摄

光板进行照明。观众怎么可能对这样一张面孔感到厌倦？）

这款小型带状光源绝不会掉链子。它的光效柔美，指向性强，而且当近距离使用时，拥有非常完美的光线衰减效果。它发出的光线在击中拍摄对象的时候，既有力，又柔和，同时具备这两种特点。

换句话说，这对于Donald来说简直堪称完美。把Quadra移动到这样近的位置让我拥有了充分的控制权。我把功率开到最大的400瓦特秒，并把光源挪到尽可能接近他的面部的位置。（柔光灯箱悬在我的画面构图之外大约只有2.5厘米远的地方。）这张照片最终的闪光/环境光设置参数为光圈值f/20，快门速度1/8s，ISO 100，D3x机身。

为什么要用f/20？听起来是个非常大的光圈值。确实，除了获得足够的景深以外，我真正想要得到的是更长的曝光时间。让快门时间变长——摄影界俗称拖快门——使我有机会完成这个最困难的任务：为风拍摄照片。

或者，至少拍出风的效果。我手持相机以长快门拍摄，站在一个不稳定的平台上，看上去就像那些天气频道出外景的记者，不得不顶着即将来临的风暴，同时对着麦克风大喊，其实根本没人能听清他们到底说了什么。另外，不要太亮，大概1.2挡就够了——首先，毕竟是在户外；第二，使用不可能手持拍摄的快门速度毕竟会冒降低照片锐利程度的巨大风险。

闪光灯头并不算大，但带有一个适配器，可以连接到各种非常酷的控光附件上。为此，我需要一个强有力的光源——柔和，同时要具有指向性，要集中。考虑到风很大，柔光灯箱还不能太大，一个小型（30×90厘米）带状光源就很适合。

（似乎我拍Donald永远用单光源。另外一张照片，请看本书下页，就是使用一只SB-900透过一块TriGrip三角形柔

"如果我走保守路线，并用"正常"的快门速度拍摄——比如1/60s之类的——就会凝固一切动作，让风带来的动感在这张照片中消失得无影无踪。"

不过像往常一样，闪光灯是大救星！当慢速快门把 Donald 在风中反卷的稀疏的头发表现得像野火一样的时候，闪光灯却可以让他的面部获得足够的锐度。我在这里期望偶然的发生，期望快乐的意外能够加速他头发的飘动，而这张快拍照片能够成为一张经典的、由风促成的肖像照。如果我走保守路线，并用"正常"的快门速度拍摄——比如1/60s之类的——就会凝固一切动作，让风带来的动感在这张照片中消失得无影无踪。如果真地这么拍，那我还不如干脆把他带回到屋里拍，这样我们都能觉得舒服得多。

这才是关键，不要为了保险而选择保守路线。总是努力寻找一点不同之处，一点动感、光线、色调、活力、姿态——寻找一些元素，把照片从"又一张肖像照"的范畴提升到全新高度。那就是在狂风中拼命的理由，那就是拒绝回到室内的理由。乔

更多的Wilma

显然，"她"给我留下了深刻的印象。我对她表现出浓厚的兴趣，试图用大量的器材以及各种长焦镜头，来打动她。她仍然无动于衷，就像有时候女人表现出来的那样，不置可否，一言不发。

我必须承认，我的兴趣并不完全在于了解她，以摄影的方式更好地表达她的灵魂。我真正的压力在于必须在不到一周的时间内为《国家地理》杂志拍摄一张专题封面照。考虑到我为这家杂志履行的第一个封面照合同期长达26周——这还是1992年11月的事了——我不得不大幅调整我的步调与方法。

作为《国家地理》的摄影师，感觉最爽的一点就是通常他们会给我充足的时间。有时候在拍摄现场，一切进行得很顺利，而有时候，就不那么顺利了——或者根本无法进行。身处那个环境之中，可能是神圣的、疯狂的、神奇的，或者如同置身地狱，所有这些感受都在随时更替，让人应接不暇。必须具有充分的耐心让整个工作运转起来，有时候还不能强迫，有时候只能等着它来找我——充足的时间让等待成为可能。

可是对于这次拍摄来说，Wilma哪也不会去，她就站在那里，用矛对着我。

而我可没有这么充裕的时间。我必须用一架花哨的人体模型和一堆绿色植物拍出一张专题封面照，而且要快。如果只是要快那还没什么，Wilma 和我又不需要进一步相互了解。接下来将是一通拍，拍完了走，拍完了再走。这让我想起 Harry 与 Sam 那个老笑话：他们是亲密的朋友，也是高尔夫球迷，每个周末都要一起打球，风雨无阻。Sam 回到家，他的妻子问起这一天过得如何。"很糟"，Sam 说："Harry 心脏病发作，死在第三洞了！"

"太可怕了，"他的妻子说，"真是糟透了！"

"太对了！Harry 死了以后，那一整天我都是击球，拖Harry！击球，拖 Harry！"

尽管 Wilma 不是真人，法则仍然适用，所以我做的第一件事就是了解我的拍摄对象。这意味着大量阅读有关史前穴居人的书籍资料，以及阅读她的创造者——Kennis 双胞胎兄弟的资料，这样才能做到心中有数。接着，我必须仔细观察 Wilma。我在旅馆车库里挂上一块喷绘背景，把她摆在前面。她站在车库门内，这样就能完全遮住来自室外的直射阳光。柔和、开放的阴影区域是非常好控制的光照环境，也就是我可以控制的布光环境。不要想着与阳光较劲，我脑海里还有比这更重要的事情。

比如，这张封面照该怎么拍？我选择了 74 英寸八角形柔光灯箱——一站式购物式的光源。我把它放在距离她稍远的位置，主要有两个理由：第一，我希望有足够的空间，这样我就可以随时改变视角和构图，或紧或松都很灵活；第二，我不希望光源距离主体太近，这样用光效果就不会显得过于绚丽夺目，工作室气息十足。从这样的距离上，光线仍然柔和，但仍然保留足够的硬度用来勾勒出她坚毅的性格。Wilma 过的生活可不是安逸的小日子，因此我不希望在用光上显得过于柔和、安逸。

这样的距离还可以为喷绘背景提供一定的照明。它柔和的色调对大型光源散射出的小部分光线的响应很好。它得到了一定的照明，又不算太多。背景布在背景中起到了恰到好处的作用，不管是在物理上还是在影调方面。

拍摄这张照片时还用了另一个光源——一只小型柔光灯箱作为"底"光，基本上算是吧。面对现实，Wilma 又不是 Kate Moss，我不想对她使用过度照明，或者让光效太过于华丽。我需要一点小火花增加一点趣味与生命——这个正是她缺少的——并保持真实感。

所有这一切听起来都挺荒谬的，因为她本身就不是真实的。我说的这些都是看到拍摄对象之后自然流露出来的。

Brad Moore 摄

强硬的阴影配上坚毅的面孔，雕琢出一段史前人类的历史。没有太多漂亮的光线填充。我可能从这张照片获得的完美反馈将会出现在数月之后，当封面照出现在报亭时，匆匆走过的人们可能只是一瞥，就激起他们足够的好奇感，然后发出："什——么？她是真人吗？"这样的疑问，并停下脚步，再多看她一眼。

这一点非常真实，也非常重要。当拍摄一张照片并把它放到这个五彩斑斓的世界中，希望潜在观众能够为照片付出些什么？他们的时间。我希望他们能花一点时间在我的影像、观点，以及我拍摄的他们认为过去已经看过无数次，因此并不倾向于再看一次的东西。当然，除非能让它呈现出完全不

同的视觉效果。需要为它注入一些火花、夸张、变形，或者从角度、用光、美丽或信息量上寻求突破，让照片从那些已经存在的无数同类作品中脱颖而出。每个人的时间都非常宝贵，会被各种事情分别占用。如果呈现的是不同的东西，并且能够让他们驻足观看，那么战斗就打赢了一多半。

说到战斗，我们再说回到Wilma的长矛。只用大型光源的时候，正如看到的，拍摄效果过于简单直接。倾泻到Wilma身上的光线在光效上跟一扇巨大、柔和的窗户在多云天气里的光效差不多。有点像北向的光线——指向性强、饱满、细节丰富。（我怀疑Wilma的眼睛是由某一位著名的Flemish画师绘制的，因此可以有效地模仿出简单的窗光效果。）

不过当我凑近她拍摄的时候——拍摄专题的题图或封面照——就该增加一些低位光了。这束光非常微弱，闪光量比作为主光的柔光灯箱低2挡。可以看到处于低位的闪光灯形成的眼神捕获光，推断出它的大概位置。它布置在主光下方，与主光的方向完全一致，只是角度比较低。采用顶光/底光的蚌壳光照明方案，偏移到一侧，离开镜头光轴。这样一来脸颊上的阴影得到保留，而眼睛则显得更有神，我感觉这一点对于近距离拍摄是非常必要的。正是从这个系列、这个布光方案中，《国家地理》杂志选出了他们的封面照，以及一张跨页的大照片作为专题的插图。当我得知他们喜欢这组照片的时候我感到非常欣慰，因为我并不是一个多好的静物摄影师，而拍摄Wilma基本上就属于静物摄影。幸亏我的

"你需要为它注入一些火花、夸张、变形，或者从角度、用光、美丽或信息量上寻求突破，让你的照片从那些已经存在的无数同类作品中脱颖而出。"

想象力总是非常活跃，而且天生口才还不赖。在我脑海里，我创造出各种角色让她来扮演，并想象她的生活非常艰辛。这使她看上去更富有同情心，更鲜活，更"人类"，也因此更容易拍出效果。

深入森林之中——我们把她还有所有装备，拖到最近发现尼安德特人DNA的洞穴地区。我们把她摆在一面石墙旁边，距离一个有可能是她祖先住所的洞口不远。使用的并不是森林中的自然光——绝不能留下任何机会，必须引入我们自己的光线。在这里使用的布光策略与使用背景布采用的策略正相反。为了拍摄"影室肖像"我买了一套大型八角柔光灯箱作为填充光，而在这里我设置了一个裸灯作为小型光源，距离拍摄对象很远，直接对着她发出闪光。

作为外拍摄影师，常常需要让现场自己说出光质如何。确实，有时候就是要颠覆一切，抛开环境光，创建自己的照明环境。但大多数时候并不会发生这样的情况，比如这次拍摄就是这样，我并不打算照亮整个森林。

但我可以模仿、弯曲、增强在森林里找到的光源类型，这类由阳光通过树叶形成的硬质、斑驳的光线。为此，我用一只Ranger闪光灯，将其高高架起在手头最大号的灯架上，并把它高举到空中——正是阳光射来的方向。

接着我就让闪光灯直接射向Wilma，结果效果并不讨人喜欢，感觉，太过于电子味了。我把闪光灯降下来，在灯头上安装了一个柔光罩。一般来说我会罩上一块"纱棉布"，这是电影人经常使用的一种传统柔光手段，这种材料过去使用玻璃纤维棉，由此得名。也可以使用凝胶滤光片之类的柔光材料，获得几乎相同的效果，我通常把它称作"一片柔软的霜"。现在，对于一位用光大师来说——确实是有些电影布光导演使用的方法——这听起来有点大不敬，但确实可以用一块像浴帘那样的材料，就能得到很好的、经过柔光的效果。

但正如我所说的，还是有些轻微的区别的。首先在柔光效果上有非常细微的差别，另外随着种类的不同，色调上也会产生些微的色偏。而相关产品的种类真是太多太多了，正如在摄影领域有如此多的产品种类一样——特别是在器材与技

术领域——有人建议不管哪一款直接用就行，或者在Photo-shop中调整曲线之前先在Photoshop里进行锐化，都说得振振有词。结果难免又是一场口水大战。

我想大多数自由摄影师来到我的拍摄现场，都会使用任何能用得上的东西，即使是运动袜。重点是，为闪光灯增加了柔光层以后，可以消除光源的边缘，让它看起来就像是经过散射的、打在林中的阳光。我有意把Wilma摆在一片岩石区域旁边，光线穿过她形成许多片阴影——树林中的Wilma，而且还是PG级的（Parental Guidance，家长指导级——译者注）。正如工作照片中看到的，我曾试图帮她在服装部找件合适的衣服，但没找到，实在不是她的风格。

下面聊聊关于有什么用什么的话题。请注意有一张照片里，我用一套Ezybox热靴型柔光灯箱当做电脑显示屏的遮阳罩。专门设计用于这项功能的Ezyview我忘带了，所以我们拆掉柔光灯箱的柔光层，把它套在电脑上。用起来也挺好。

Brad Moore 摄

"作为一名摄影记者，你的'雷达'必须时刻处于工作状态，而当我看到她时，我的'雷达'开始像疯了一样开始侦测。"

接着，我开始玩更复杂的手法，但我有充分的理由。我们正好遇到了拥有这片曾经生活着尼安德特人的土地的所有者。这是一个现代的西班牙农民家庭，女主人是一位可爱的现代西班牙女性——她有一头红色的头发。作为一名摄影记者，你的"雷达"必须时刻处于工作状态，而当我看到她时，我的"雷达"开始像疯了一样开始侦测。这个专题的一部分是关于延续的：我们正在创造的历史，以及我们经历过的史前文明。事实证明，尼安德特人很有可能被更具侵略性且更聪明的智人所取代。事实上，我们也许可以通过生活在这同一块土地上的古今两代人的对比——都是红色头发——作为这个专题中的一个潜在的重要组成部分。

首先，我们拍摄一张"保底照"，为观众提供一些文字性的、解释性的、有趣的内容。我们再次架起背景布，并让拍摄时的整个布置方案成为画面的一部分。我们展示了整个布置的情况，就在这片农场，并让当时生活在这里的Marina与Wilma一起站在背景布前面。用光非常简单直接：使用一具大型八角柔光灯箱，位于相机左侧离机闪光。它让整个场景充满光线，并允许我对背景的曝光加以控制。

这就是在照亮前景时真正应该做的。让前景的光照情况更加形式化，并让它看起来符合拍摄初衷。但同时也引入了一个强有力的控制杠杆，让前景突出于背景。可以通过设定相应的光圈值，结合闪光灯的输出功率，控制前景的亮度。接着，相应地，还可以通过提高或降低快门速度控制背景的明暗变化。在这次拍摄过程中，我很幸运地赶上了多云的天气，要驯服这样的自然光线并不困难。通过对拍摄对象添加微量闪光，我就可以把背景压得足够暗，让云层看起来像个云层的样子，而不是一大片刺眼的高光。

Brad Moore 摄

　　接下来我试图把Wilma介绍给我们所生活的这个世界，而对于室外拍摄时的各种不可预知的处境，闪光灯带来的对整个场景的控制能力就变得更为关键。我忽然有了一个想法：在机内来一次双重曝光拍摄，就在这个农场，与猪、羊、鸡，还有我的D3一起完成。

　　数码技术让这种想法得以轻松实现，至少跟过去胶片时代相比，摄影师们不用再小心翼翼、惴惴不安了。如今大多数高端相机都支持这样的功能，可以在相机内设计一次双重或三重（甚至更多）曝光，并且立刻就能在液晶显示屏上看到效果。像素时代真是太美好了！

　　我想如果把Marina与Wilma的侧面像放在一起，一定可以很迅速且明显地看出她们在面部结构、额头的深度、下巴与鼻子的形状等方面的区别。换句话说，从那个混沌的年代到现在，我们到底进化了多少，不论是智力方面还是个人基本结构方面。（不管怎么说，我们当中某些人确实如此。大多数摄影师也许有着跟Wilma相似的外形轮廓。）这对于拍摄来说可能充满挑战，但如果成功，其效果一定能让广大观众非常满意，而作为讲故事的人，观众就是客户。一定要永远牢记这一点。不要在乎我们自己，不要在乎我们在这一领域中如何艰辛，真正在乎的应是我们能够带回来些什么，而它能否成为沟通的纽带。

多重曝光摄影通常被认为是专属于工作室中的一种技法，一种在黑暗之中才能充分控制的技法。确实没错。而在西班牙农场的拍摄现场是没有黑暗环境，或者说没有显著的控制可言。但是有个谷仓，而我还有一块黑布，这就是一个起点。而我还有闪光灯。还记得我刚说过的吗？有了闪光灯对于前景的形式化处理，就可以对背景以及环境光线拥有巨大的控制权。这个假设即将接受我们的考验。

我们现在要做的就是最大限度地支配现有的光线。我必须完全屏蔽太阳的光效。令人高兴的是，这是极有可能的，因为我有一对功率很大的闪光灯，而且我可以让闪光灯工作在距离拍摄对象的面部非常近的距离，也就是说，我可以让闪光灯尽可能地靠近她们。我创造出完全黑暗的前景，同时拍摄时镜头指向的是谷仓墙壁上呈现黑色的背景。一个临时工作室搭建完毕。

对于这类拍摄，对称性至关重要，所以我选择了完全相同的两把柔光伞为两个侧脸单独提供照明，并且两把柔光伞的角度与相对拍摄对象的位置几乎完全一致。柔光伞的好处是可以同时达到很好的柔和效果与指向性，从相机所在的位置观察，人物面部的光线衰落非常迅速，这对于运用双重曝光来说是非常重要的。一定不要让人物后脑勺部分的头发被打亮，或者出现一圈轮廓光，造成对另外一张侧脸的干扰，因为这样会让画面变得杂乱，导致拍摄失败。

当然了，可以让助手站到背景布前面帮忙测试一下。Brad Moore，几乎肯定与Wilma具有原始先祖关联的他，站了进来。

接下来就该实拍了。我总共试了10次，直到第10张照片才终于敲定。拍摄过程无疑需要两步来完成，虽然拍摄手法并不是什么新花样。每拍摄一张，我都要计划两次曝光。

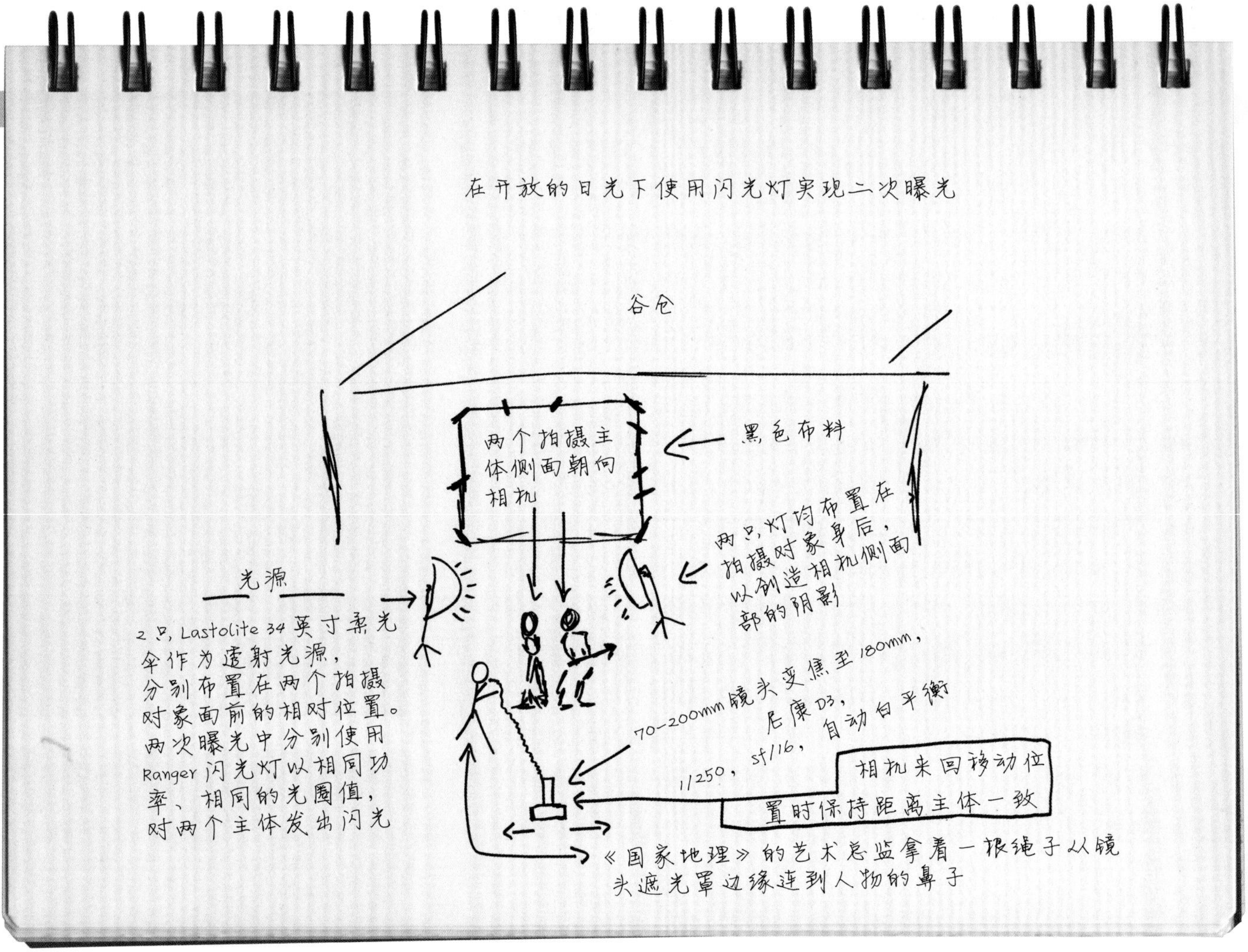

在开放的日光下使用闪光灯实现二次曝光

谷仓

两个拍摄主体侧面朝向相机

黑色布料

两只灯均布置在拍摄对象身后，以创造相机侧面部的阴影

光源

2只，Lastolite 34英寸柔光伞作为透射光源，分别布置在两个拍摄对象面前的相对位置。两次曝光中分别使用Ranger闪光灯以相同功率、相同的光圈值，对两个主体发出闪光

70-200mm镜头变焦至180mm，尼康D3，自动白平衡，1/250，sf/16，

相机来回移动位置时保持距离主体一致

《国家地理》的艺术总监拿着一根绳子从镜头遮光罩边缘连到人物的鼻子

其中一个闪光灯需要关闭。（只希望一侧得到照明。如果两只闪光灯都发光，那么人物的面部与背部就会同时被照亮，而这也不是我想要的效果。）具体步骤如下：

· 为两张侧脸分别进行合适的曝光。这可能意味着两边的闪光灯不一定使用完全相同的功率，很可能需要微调一下闪光输出级别。

· 进入相机菜单设定双重曝光。

· 关闭一侧的闪光灯，拍摄一张侧面肖像。

· 关闭刚才使用的闪光灯，开启另一侧的闪光灯，拍摄另一张侧面肖像。

作为记号，拍摄两张照片时，分别使用单一自动对焦点，对焦于每个拍摄对象在相机一侧的眼睛上。当相机采用竖构图时，我发现有一个自动对焦点正好可以落在Wilma的眼睛上。接着我把D3的自动对焦点调整到相对的一侧，找到了正好可以落在Marina眼睛上的另一个自动对焦点。这样一来就可以保证两张不同的侧面像可以相互重叠在一起，并在画面中处于同一水平位置。

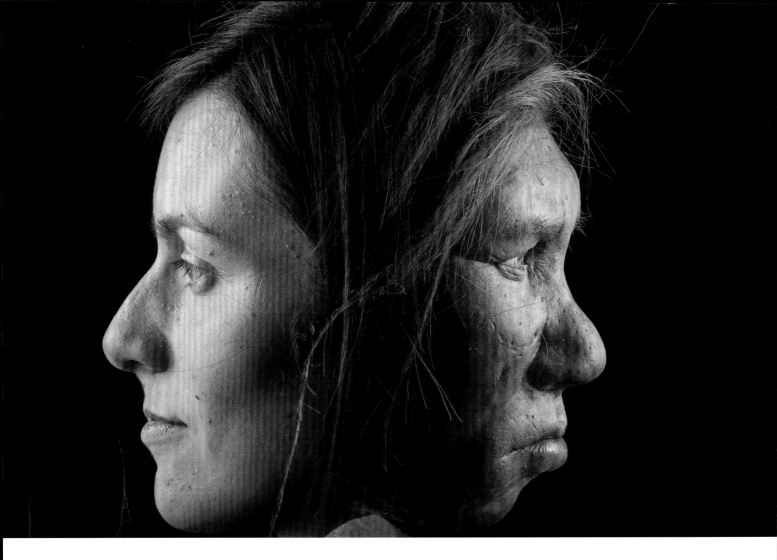

　　另外，让《国家地理》杂志的艺术总监全程牵着一根绳子，一头用胶带粘在 70-200mm 变焦镜头的遮光罩上，另一头顶到拍摄对象的鼻子尖上。这样就可以保证跟拍摄的不同人物之间的距离保持一致。

　　如果是用胶片拍摄，可能一拍就得几卷——也许 60、70、100 张——大多数都以失望而告终，因为当时无法看到效果，纯粹靠蒙。而有了数码相机，10 张照片就搞定了。上面这张照片是机内直出的，没有经过任何后期处理。这个专题开头使用的照片则进行了基本的后期处理。我曾经寄希望于这张照片可以用作封面照，但不幸的是它一直没有得到公

开发行。直到现在。

　　这个故事是关于封面故事的：用了 3 天拍摄完成，在西班牙。我不会说西班牙语，Wilma 根本不会说话，所以我们都选择了光的语言，并有了一次短暂的交流。在本次拍摄结束的时候，当我目睹 Wilma 被用双层塑料泡沫包裹起来塞进一辆面包车准备返回荷兰时，我承认我感到非常痛苦。像 Walter Mitty 那样，我想象着自己穿着风衣，戴着呢子帽，随意围上的围巾与我正在抽的 Tiparillo 雪茄的烟一起在风中凌乱。"别担心，老姑娘"，我会说，"西班牙永远与我们同在。"面包车门关闭了。▥

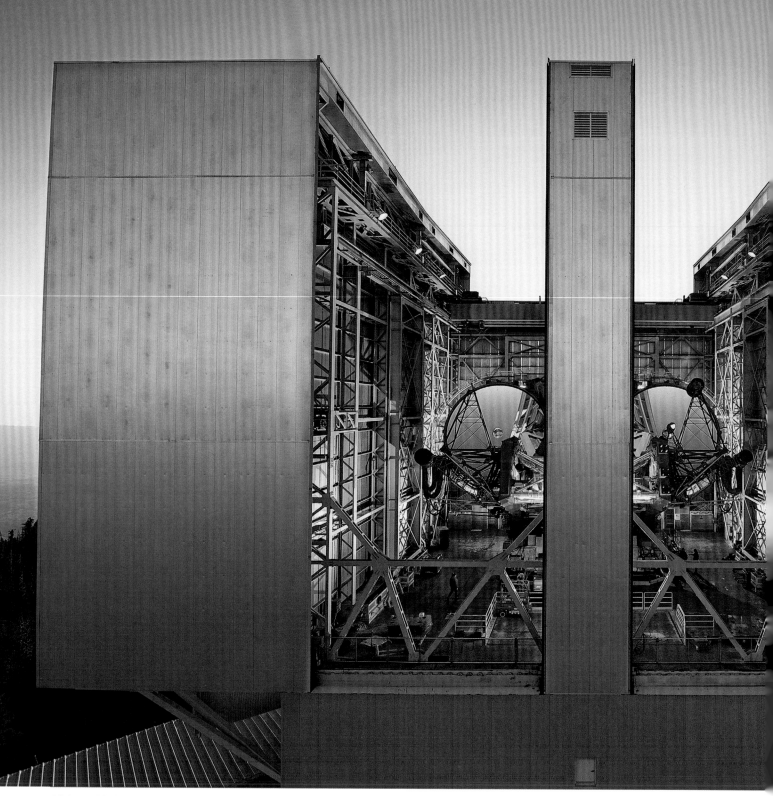

看起来
很难，
也确实如此

一次像这样规模的拍摄拼的完全是信心。光是准备时间就花了好几个星期，还有通盘思考，而要搞砸只需要几分钟就够了。另外相信我，如果花费了《国家地理》杂志如此大额的经费在某个项目上，而最终却脱离了原来的轨道，一定会不得安生的。

在我多年来与这帮"黄框框"的家伙们一起合作拍摄两个关于望远镜的大型专题之后，我终于可以理直气壮地在简历上写下："善于在冻死人的山顶孤独地拍摄巨大的、外观怪异的建筑物。"这真是一个非常小众的市场，但对于现如今的摄影市场来说，我还是会接这样的活。至于今后会如何发展？我想等我上了天堂以后应该会得到一个高些的位置吧，因为拍摄望远镜无异于完成一次痛苦的赎罪之旅。

大双筒望远镜，或称LBT（Large Binocular Telescope），确实是黑暗的群山峻岭之中那些奇怪建筑物中的一员。它等效于一台22m口径的望远镜，并且坐拥世界最大陆基望远镜的称号。它于2005年10月接收到"第一缕阳光"（即投入使用）。从摄影的角度来说，封面照片必须表现出这具即将用来窥探更深层宇宙空间的庞然大物。我必须想出一个拍摄这个大家伙的好办法。

第一步就是做功课，先尽可能多地了解我将要涉足的到底是什么。LBT坐落于美国亚利桑那州的Graham山，地处一个国家公园的范围之内，在这个区域内有许多非常敏感的濒危物种。显然，生活在这里的红松鼠们可不想被打扰，一看就明白为什么，这可真是个好地方。问题随之而来，我需要得到许可才能进入并探访这一区域。

但我还是达成了这次旅行。第一趟，我主要关心如何到达拍摄位置，并进行一番测量，另外，也要拍几张。这是一具双筒望远镜，所以从视觉上来说它是非常对称的。我选择了两组透镜上方的角度，然后着手为其内部提供照明。这些巨大的透镜组身藏于脚手架与天桥组成的巨大网

络之中，所以可以很方便地隐藏小型布光器材。在金属楼梯和爬梯之间上上下下布置好2400瓦特秒的闪光灯电池箱、灯头，还有大约几十米长的延长电缆，显然，这一切都是在海拔3350米处完成的。不过经过漫长的一天，我们还是成功地照亮了这个庞然大物。我让一名工人站在透镜旁边作为参照物，他非常乐意帮忙。这张照片中用到的光线真是数以吨记（上页），分别来自多个不同的灯架与固定支架。其实这真没什么值得讨论的，因为《国家地理》从未发表这张照片，当我拍摄这张照片的时候就知道他们肯定不会发表了。当时我心里很清楚，拍完这张照片我就会走人，而真正的照片将从外部拍摄，我的拍摄机位将会在空中。

我把这个设想传达给我的编辑，他立刻给我吃了颗定心丸，看着我说道："你得回去。"

好吧，回到起点再次经历层层审批、各种安排，这可是个大工程，我们带了整整两卡车的摄影器材，还有53米吊杆式起重机。当然了，现在所有相关人士都点头支持，而且我们还做好了一切准备工作，签署了全部文件，我终于能够真正开始拍摄了。我已经去过拍摄场地，很清楚我将要进入的是什么地方。而且非常偶然地，我还敲定了从望远镜外面拍摄的主要拍摄角度，可以直视它的标志性特征——望远镜的双镜片组。还有执行任何任务的关键步骤，不管人物是大还是小：确定在哪架设相机。一切都基于此，特别是照明布光。

尺寸如此巨大的望远镜对光线极度敏感，因此一直等到天擦黑，滑门才会开启。这就要求我必须遵循严格的时间表，而这也是此次拍摄任务最大的困难所在。我不得不花费一整天时间预先布置好照明，却无法真正的试拍测试，甚至无法从相机的角度看到布光的实际效果。在我的脑海里还有另一个时间表。望远镜的巨大镜组将直视我所在的东方制高点。（望远镜的正后方正好可以拍摄到日落的天空。）这意味着镜组将会朝向天空中正在迅速变暗的区域，只要天空彻底变暗，我就无法再拍摄任何照片了。镜片组将会变成照片中的两个黑洞。而这对镜组是整个望远镜的核心部件，也是照片的核心。测量直径8.4米，串联工作，设计用来以难以置信的丰富细节再现来自深远太空的影像。相比之下，我的D3简直就是小傻瓜相机。

我尝试使用这样的原则——不要照亮主体，而是照亮它的周围。光束用来在这太空船一般的建筑物内，简单地勾勒出望远镜庞大而复杂的构造。同样，光源必须被隐藏起来。考虑到各种横梁与支撑结构的巨大尺寸，要隐藏光源并不是什么难题。真正容易确定的是各光源的输出功率——全光输出！大多数闪光灯选用的是爱玲珑Digital RX 2400，每部闪光灯配单灯头。

许多闪光灯都被塞到望远镜后面，与相机的视角呈180°夹角。还有多组单灯或双灯，分别布置用来向镜组周围散射光线，而光线最终落在建筑物内部略呈反光特性的墙壁表面。每只射向右侧的光源都必须同时有一只射向左侧的光源，这样就能创造出非常对称、平均的光效。这组闪光灯作为主体描述光，也就是主光源，尽管它们位于照片的背面，而且并未照亮望远镜本身。这组相对巨型的光源被对准了墙壁，我打赌墙壁将会反射光线，并让光线扩散到整个建筑物内部。到目前为止，最为困难的布光是强调光或轮廓光。（当我提到轮廓光的时候，基本上是指那种亮度并不大，但恰好可以为照片其他黯淡区域带来装点的光线。对于这次拍摄来说，我的轮廓光用的是2400瓦特秒的电池箱与灯头。）

从相机的角度观察望远镜，这些更加正面、填充性更强的光线是最难以管理和控制的。我必须在建筑物的中心位置布置至少两个对于相机来说隐藏起来的光源，就在照片的中心部位。它们必须从正面为支撑镜组的结构提供照明，因此它们必须提高输出功率。正如在本章开头的照片中看到的，

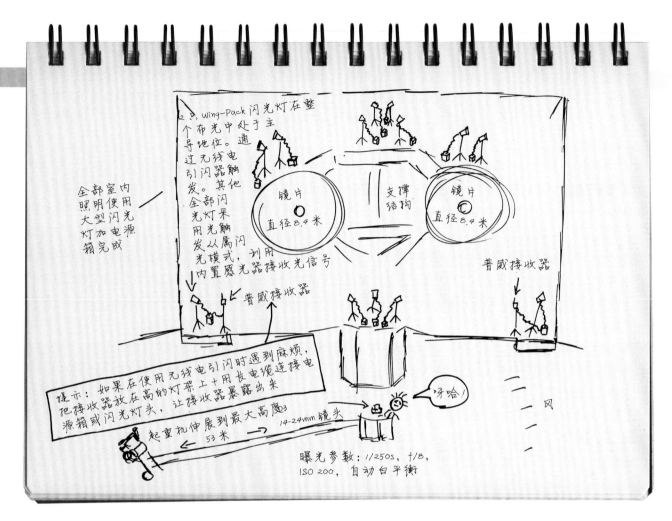

2, wing-Pack 闪光灯在整个布光中处于主导地位。通过无线电引闪器触发。其他全部闪光灯采用光触发从属闪光模式，利用内置感光器接收光信号

全部室内照明使用大型闪光灯加电源箱完成

镜片 直径8.4米

支撑结构

镜片 直径8.4米

普威接收器

普威接收器

提示：如果在使用无线电引闪时遇到麻烦，把接收器放在高的灯架上十用长电缆连接电源箱或闪光灯头，让接收器暴露出来

起重机伸展到最大高度3 53米

14-24mm 镜头

呀哈！

风

曝光参数：1/250s，f/8，ISO 200，自动白平衡

望远镜前方的两道低梁由于曝光过度而显得有点发白了。当时我正站在起重机的举升台上，天色正在变暗，我正被越来越浓重的黑暗所吞没，于是我做出了一个迅速而且必要的决定，曝光过度就曝光过度，随它去吧。我真地没办法修正这个问题，索性就这么拍吧。幸好曝光过度的区域正好在整个画面的中心，正好是明亮区域起始的位置，还能把观众的注意力吸引到望远镜片所在的位置（至少我是这么跟编辑说的）。

在整个支撑结构的远端，左侧和右侧还有另一组光源，藏在距离墙壁很近的地方，并通过墙壁反射光线。这组光线非常微弱，只是用来勾勒出整个空间的边缘。所有这些都是在我升到滑门外面的空中之前，在地面上就已经设置完毕的。直到这时，这次拍摄让人惊心动魄的时刻才真正到来——我被举升到53米高的空中。格拉汉姆山有将近3350米高，而起重机伸展到最大高度时的抗风能力是风速40公里／小时，而我们整晚都被这样的大风玩弄于股掌之间。起重机的吊篮在空中不停地摆动，举升臂也随之摆动起来。当暮色降临，天色足够黯淡可以打开透镜组前面的滑动门时，摆动也随之加剧。在此之前，整个建筑物还能起到一点挡风的作用，当那些滑动门打开时，就形成了两个巨大的空气漏斗，气流向我直冲而来。第一阵狂风把整个吊篮向上、向后托起，从那时开始，它就变成了夜空中的一只溜溜球。

随着黄昏的余晖渐渐消散殆尽，我通过对讲机快速发布了指令，地面上的3名队员迅速开始行动。当我最终到达拍摄位置，并试拍了几张后，我意识到大约一半的设置需要调整位置，只要稍微挪动一点就行了，但必须非常迅速地完成。要说起来，我也算是无线控制闪光输出，而我需要通过液晶显示屏做出判断，再呼叫我的队员调整闪光灯电池箱的输出功率。我本该拿着一个闪光灯测光表站在上面的，但不久之前我已经与手持测光表彻底划清界线了。

幸运地是我拍到了所需的照片，并逃离了这愈发浓重的黑暗。我终于回到了地面，接着我们4个人开始享受摄影过程中真正有趣的部分——打包。我们必须从这里全面撤出，因为我们将要把这整套装备运往加利福尼亚州，继续下一站的天体摄影之旅。当我们沿着上山时的车辙把车开到山脚下的时候，已经是凌晨3点，距离我们在山脚下集合准备上山已经过去将近24小时。在这黄土世界的又一天开始了。

这项工作真是由来已久，一切按部就班，但是许多照片正是以此为基础。调查研究——弄清楚将要涉足的到底是什么，确定相机的拍摄角度——要大，之后的一切都源自于此。预先想象一下用光，最终效果跟我脑海里想象的非常接近。保持冷静，即便一开始让人觉得简直身处地狱一般。有条不紊地处理好每个细节，纠正那些出现问题的环节。换句话说，不要同时开动所有环节。集中精力解决大的问题，并且寄希望于观众不要注意到那些小的瑕疵。说服编辑让他相信失误实际上是一种审美取向。最后别忘了，一定要在大风把吊篮刮走之前，下来。

这张照片创造了一项记录，而且不会再有人拍摄类似的照片了，也不会再有人激动得手舞足蹈，跑回杂志社，一边穿过大厅一边喊："呜哇，他从野外回来啦，他成功啦！"也不会再有人在自助餐厅齐聚一堂，围在模拟的篝火周围，听我讲那些发生在高山之巅的曲折跌宕的冒险故事了（也只有Harvey和McCurry才有这么大的魅力了）。他们只是简单地说了声："谢谢，也许我们会再次打电话给你。"这很酷。我喜欢这种感觉，在一本包罗万象的杂志中发表一张过去从来没人见到过的照片。

我在纽约的一间屋顶上用便携式闪光灯拍摄时，再次用到了与在山

顶上拍摄时运用的完全相同的原则。说真的，我在屋顶上拍摄的时候，是在重复与我在吊篮里的时候完全一样的想法。相机应该在什么位置？对于拍摄对象来说怎样的角度才是正确的？接着再一步一步地计算出如何布光。另外，步骤确实很多，至于用的是大型闪光灯还是小型便携闪光灯，其实倒无关紧要了。

我把这次拍摄收录到本书中，基本上是因为，我用了14只便携式闪光灯。这么干一定会给那些谴责过度使用闪光灯的人提供足够的话题，并大声疾呼说我用这么多闪光灯完全没有必要，而只要用数量合理的大型闪光灯就能实现这种光效。或者，只用一部相机，一支镜头，还有高ISO。

确实如此。我在本书中已经多次提到，实际上拍摄任何照片都有许许多多可行的方法，而这永远是不变的真理。考虑到摄影这个行业人才济济，再加上从技术的角度可以有许多不同的选择，所以现如今不论拍摄何种题材的照片，都会有许多不同的方法。这真是太酷了。我可以在任何时候把几盏大型闪光灯替换为13只便携式闪光灯。而实际上，如果使用大型闪光灯拍摄这张照片，经历的头疼与忙乱也会随之减少许多。

但我还是这么干了。这是一次我自己牵头的拍摄，没人花钱让我拍摄这张照片。我自掏腰包请来芭蕾舞者、化妆师以及摄影助理。（现场还提供了一箱美酒作为酬谢。）而且我强迫自己倒要看看用这堆破烂，也就是我手头这些用了一辈子的老旧闪光灯，到底能不能拍出我想要的照片。这太酷了，而且很有趣，但是差点没拍成。

但最终还是没问题。我宁愿站在房顶上，在各种混合光源的照耀下，吹着风，望着大楼脚下的纽约，承担拍摄失败的风险，也不愿猫在工作室里，在相机左侧支一把柔光伞，在距离模特3米的地方完成这次拍摄。这种感觉就是，昨天就是在工作室拍摄的——上周，上上周，日复一日，天天如此。

这一切始于我有一次看到通向房顶的这扇门，而这是在本次拍摄之前一年的时候。大多数脑袋没问题的普通人，看到这扇门的时候最合理的反应是："这是通往屋顶的门。"而我看着它，心里想的是："主光源有了。"一

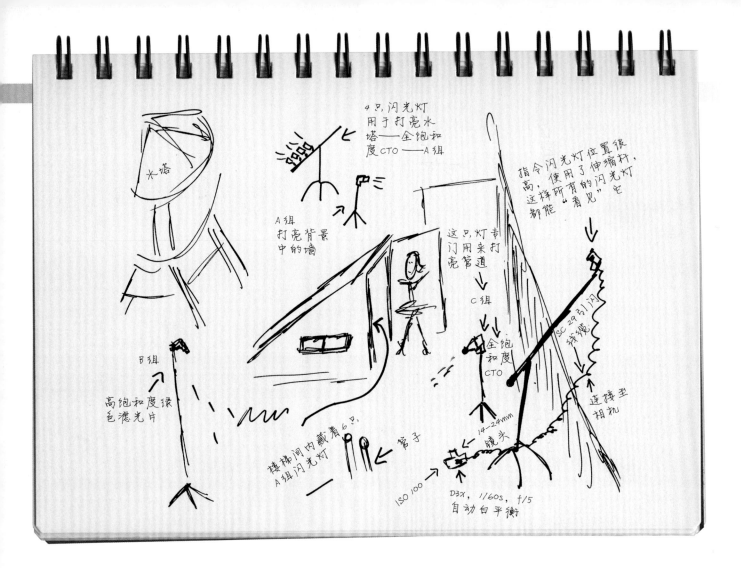

切由此建立起来。我在楼梯间里布置了6只SB-900闪光灯。我的理由是，这些闪光灯是背对着芭蕾舞演员的，灯头朝向一面白色带倾角的天花板，而在短短的几级台阶底部还有一块泡沫板。我希望让楼梯间变成一个巨大的、灿烂的柔光灯箱，而我的拍摄对象，也就是演员，将要步入这个区域，就好像她正要踏上的舞台的地灯一般。

一旦舞者得到了足够的照明，达到基本上与天空相匹配的亮度，那么周围的一切，除了天空，都会变得黯淡。因此这些景物都需要得到闪光照明。我将会一步步地实现。

水塔配备了4只闪光灯，从下往上提供照明。裸灯直打，没用柔光罩，变焦到200mm，并且加装了全饱和度的CTO滤光片。这组闪光灯为水塔提供了暖色调，与冷调的天空形成反差。

前景中的油毡就是黑色的。需要有点光线对它进行描绘。绿色调怎么样？任何大城市的夜晚，绿色在夜晚的色谱中都是主色调。我为一只闪光灯加上绿色滤光片，并把它高挂在一副灯架上，看上去就像一盏街灯。没用柔光罩，也没加任何修饰手段，就那么直接地从4米高的灯架上照射下来，投射在屋顶黝黑的表面上。

接下来是相机左侧的那些管道。它们在老房子上坚守岗位，各司其职，所以我也不可能把它们锯掉。相反，我为它们提供照明——使用单灯，并借助 Honl Speed 束光格使光束集中，并使用了一片全饱和度 CTO 滤光片。这样一来，这对生锈的金属管子就具有了一点暖调。

芭蕾舞者身后的那扇门。那里本是全黑一片，所以在那里又增加了两只闪光灯，就在楼梯间的倾角后方，对着她身后的波纹墙打光。这样就可以为这部分非常昏暗的区域找回一点细节。

说实话，我本来可以再给她的头发增加一束轮廓光的，如果我能够选择的话，但实际上我的闪光灯已经用光了。

整个布光体系由闪光指令器进行控制，而它是通过 3 根 SC-29 串联在一起，并借助固定在一具 C 架上的延伸臂伸展到相机右侧上方高处的。这样它就可以"看到"所有的闪光灯，而所有的闪光灯也可以"看到"它了。

还有其他细节。看到楼梯间上的小窗户了吗？由于楼梯间里挤满了各种闪光灯，这些小窗户不可避免地曝光过度成一片刷白了。所以我找了一块 TriGrip 三角形柔光板遮住窗户，并铺上一层中性密度凝胶减光片，进一步降低透过窗户的光线强度。

顺便提一句，来自楼梯间的光芒照耀下的这位女士名叫 Callie，几年以前我曾为她拍摄过 *Pointe* 杂志的封面照。她现在长大了一点，仍然是一位出色的舞者。（她还曾出现在《热靴日记》（人民邮电出版社出版）中，我一直与参与拍摄的人们保持着联系。

一个在屋顶上，一个在山顶上；一个是人物，一个是建筑；一个是小型闪光灯，一个是大型闪光灯。快门速度与光圈值也并不相同，拍摄工作的规模总在变化，而拍摄背后的方法和道理是不变的。 ⏏

尼康
SB-910闪光灯
新鲜到货

当本书接近尾声的时候，我接到来自长岛Melville的一家黄黑色店铺（代指尼康公司——译者注）打来的电话："呃，Joe，你后面几天有空吗？"

作为一名自由摄影师，总是会拿起电话，而且对这类问题的答案几乎总是"是的"，即使实际上在接下来的几天都忙得要死。不管怎么说，总要留出、找出或者创造出一点时间。睡眠简直是奢望，而正如奶奶说的，已经有好长一段时间不知道哪去啦。

似乎他们开始发售一款全新的闪光灯，而且这种情况对于最新型号的摄影器材来说时有发生，那就是还没有用来展示这种新器材的样片。所以很自然地，他们会说："太棒了！你能有时间！好极了！我们需要4张照片，最晚周一！"

据我回忆，那时候已经是周日晚上了，或者差不多这样的一个时间。

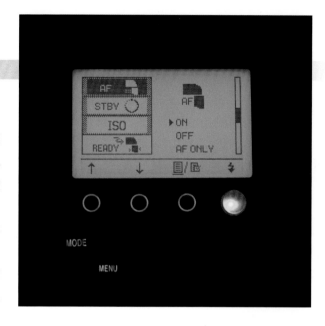

那么，说说这款新闪光灯吧。这真是一款惊人的、开创性的、怪兽级的产品。它就安静地待在摄影包里，就好像电影《拯救大兵瑞恩》中最后出现在街道上的坦克，吱嘎吱嘎、轰隆轰隆地扑面而来。当装备上它，就不只是使用它，而是用它完完全全地改变拍摄现场的游戏规则。预闪闪光不再仅仅是通信以及信息收集的手段，更内置了电击枪技术。为模特拍摄几张试闪照片，他们就会陷入一种昏迷状态从而对摄影师百依百顺，对银行行长许诺的三分钟也会变成两小时……

它的外观是金属质感的樱桃红色，而且能够从热靴上解除锁定并悬浮在空中。它采用30节AA电池供电，但也可以连接2000千瓦的发电机，装在一辆有轨平板车上伴随摄影师出行。虽然这大大限制了它的便携性，但同时也让它拥有如同防空探照灯一般的强大功率。

它还是一部对讲机，一部电话。此外，如果搞到的是搭配帆布迷彩手提袋与镶嵌水钻的切换按钮的设计师特别版，那么它还自带一个星巴克搜索程序。

前面说的都是胡扯。

实际上，它与其前身，也就是SB-900的功能是一样的，同样经久可靠（坏笑）的TTL技术，外观也一样。

但它确实做出了一些很酷的调整。当然了，调整毕竟不是重新设计，也不是改头换面，更不是革新。调整就是调整，这就是为什么它不叫"来自未来的尼康复仇者F12闪光灯"，而是称作SB-910。

那么到底有哪些改进？有人可能听说过SB-900很容易过热，确实如此。据我本人对这些电子产品极其有限的了解，900在设计上突出迅速回电，这就会导致热量的迅速累积。而那些工程师们，自我感觉良好地为900引入了过热保护功能，本意是为了避免闪光灯变成热靴上插着的一只煎锅。

就凭我对待闪光灯的使用方式，经常会激活过热断电保护功能，所以我在所有的900闪光灯上都关闭了这个功能。实际上这意味着我在过去长时间的使用过程中，确实烧坏过一两个。我曾经把遮在闪光灯头上的凝胶滤光片烧化过，甚至真地把一只闪光灯严重烧坏，以至于本来是清澈透明的闪光灯头内部，变焦镜片组全部熔成一坨，变成浑浊的奶白色了。

因此，SB-910很大程度上改进了过热的问题，它取消了过热自动断电保护功能。看上去工程师们更好地解决了发热的问题，通过借用SB-700上开发的新技术。（但我并不是尼康工程师，对这些产品内部的电子器件或具体细节并不了解。本书写作时，我已经在实际拍摄中使用了3天时间。）

在我最近对少数几只910闪光灯的短暂试用过程中，用得都非常狠，经常以全功率运行。它们确实很好地完成了任务，这么说并不算是一种认可或保证，但我确实非常满意。我强迫这些新产品工作在非常苛刻的工况之下，如果换成是SB-900一定会叫苦不迭——而且叫得非常大声。

还有一些非常酷的地方。新产品稍稍光滑一些，灯身设计上有一些小的改变。电池舱盖有一个可以按下的锁紧机构。附带的可以扣上的色彩滤片固定器本身就是一个彩色滤镜，因此，到了该使用荧光灯或钨丝灯色彩矫正的时候，就不用再粘贴凝胶滤光片，而只要直接扣在闪光灯头前部就行了。按钮都是背光照明的，非常清晰易读。一些功能，如灯头变焦功能，通过不同位置的按钮实现，此类设计与700灯一致。以前在900上的ZOOM变焦按钮，现在变成了专门的MENU菜单按钮。这样的设计更好吗？不知道。只不过是一项需要适应的新设定，不过看起来似乎确实要更方便些。

ON/OFF/REMOTE/MASTER（电源开关/多重闪光灯无线模式切换开关）按钮变得更宽了一点，也大了一点，但中央的锁定解除按钮——至少在这些最初样品上——必须完全按下才能改变模式。这意味着我必须好好练习一下，以便适应。

就是以上这些。新产品做出了部分调整，而其中最重要的就是对于用闪光灯非常狠的那部分用户，在发热控制方面有了明显的改善。

我把这4只闪光灯带到了摄影工作室、酒吧、锅炉房以及布鲁克林的街头。接下来就让我们看看它们的表现。

工作室

我尝试了两种不同的布光方案——一个非常简单，一个稍微复杂一些。在这张满眼都是羽毛的时尚照里，我把3只SB-910闪光灯固定在一只TriFlash三角形闪光灯座上，把它们整合起来作为一个光源，发出的光线射入Lastolite 8合1柔光伞中，该产品在其不透明的背部设计了一个带有尼龙粘扣的开口。这样就变成了一个基本的2x2英尺柔光灯箱。这是一束强有力且指向性很强的透射光，但它仍然被边长1米的边缘材料所约束。它可以把光线集中起来，但又非常有质感，而这正是我所需要的。

对于这张照片来说，这是个不错的解决方案，因为我希望光线能够集中在模特的头部以及肩部的羽毛上，而不要过多地扩散到背景上。我把相机设为自动白平衡，因为在一定距离以外的工作室的白色墙壁呈现出一种惹人喜爱的暖调，恰好可以对画面前景的时尚题材作为补充。最终的拍摄参数为快门速度1/250s，光圈值f/2，200mm镜头，3只闪光灯设为手动闪光模式，1/32功率输出。3只闪光灯并用让我得以透过柔光伞上的小窗获得满意的光线覆盖，而且这样一来就可以用较低的功率进行拍摄。低功率就等于快速的回电，而当拥有像Jasmine这样的模特——似乎每一秒钟都能变换一种更加漂亮的姿势和表情——一定迫切希望能够跟上她的节奏。

在接下来的布光中，虽然看起来要更复杂一点，但实际上我用到的闪光灯数量反而更少。头顶上方是一只作为主光的SB-910，变焦至200mm，通过一副安装了束光格栅的Flashpoint雷达罩进行照明。这个A组光源用来提亮她的面部——确实效果显著，并为她那非常深的眼妆提供照明。这只灯使用了最大功率——手动闪光，1/1全光输出。还有一组地面反射光，就是通过地面反射来的光。这组编为B组，手动闪光，1/16功率输出。

这就是全部闪光灯了。其他的戏剧性来源于背景中的两个恒定光源、一台烟雾机，还有一台鼓风机。在1/60s与f/5.6的拍摄参数下，她的头发只被风稍微吹起点，而来自背景的聚光灯不仅为她提供轮廓光，还在一定程度上勾勒出烟雾的形状。不论任何时候，如果希望塑造光线的形状，最基本的手法就是打亮空气中悬浮的微粒。

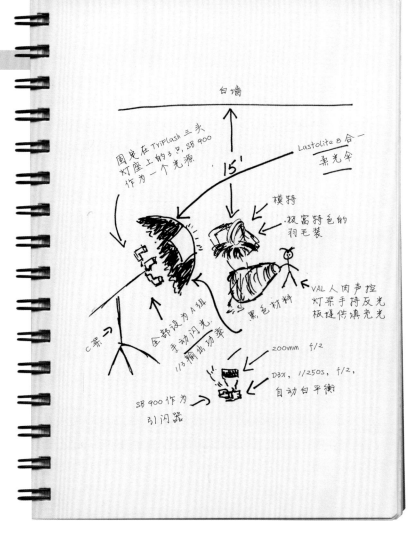

雕刻光线——小型闪光灯的超极限应用

Jasmine 矗立在风中，被烟雾所环绕，还有戏剧性的背景光线。但前景光线就只有简单的两只便携式闪光灯：一只作为主光，一只作为反射填充光。

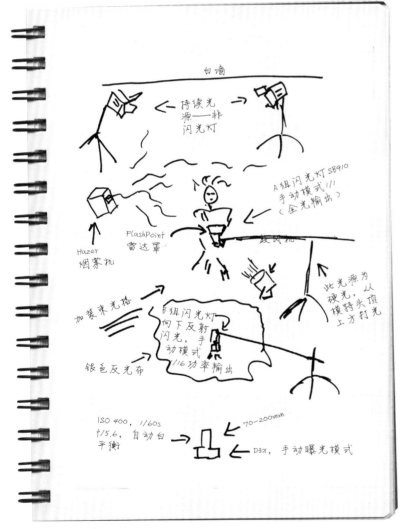

酒吧

为什么凭直觉就能让我把一间酒吧的布光做到如此完美？是收到某种神谕了吗？呃……最好还是别猜了。Jake，曾在咖啡馆拍摄中担任模特，他是个很棒的家伙，外形放荡不羁，简直帅呆了。我让他坐在酒吧里，然后在他的周围布光。模特必然是整个照片的重心。而在整个画面中努力布光的首要目的，必然是向观众展示他的——也就是模特的——世界。

先敲定主光。很简单，一只Ezybox热靴闪光灯柔光箱就能搞定。边长60厘米，白色内衬。光线得到很好的塑造，但同时光质非常柔和，又足够包容，能够勾勒出帽檐下的一些面部细节。同时还用了一块TriFlip三角形反光板，提供暖色调的填充光。对于主体模特的布光就完成了。

既然来到酒吧，怎么能无视周围的环境？环境元素有着巨大的表现力，它们为拍摄对象组合并搭建了展示其个性的舞台。下面就来说说在对环境中的景物照明的过程中，我认为应该遵循的顺序。

身后的酒吧。我必须将它展示出来，所以我放置了2只910灯，用Justin夹具固定在后上方，就在放满酒瓶与玻璃杯的酒架后面，装上柔光罩，向上对着古老的木质天花板反射闪光，正好覆盖酒吧区域。它们都安装了卡入式白炽灯塑料凝胶滤镜，这是910灯的新设计，但同时我还在卡入式滤镜后方插入了一片普通的CTO凝胶滤光片。为什么？

我把相机设为白炽灯白平衡。我这么做主要是因为，我希望从外面街道穿过门窗射入屋内的自然光呈现出偏冷的蓝色调。我想这样的蓝色效果会很棒，特别是能与这间古老的酒吧中的暖色调形成反差。在这种白平衡设定下，只用一片凝胶滤光片是不够的，光线将仅呈现出"普通"的白炽灯色调。换句话说，中性色温的效果，而不是我想要的金色的暖

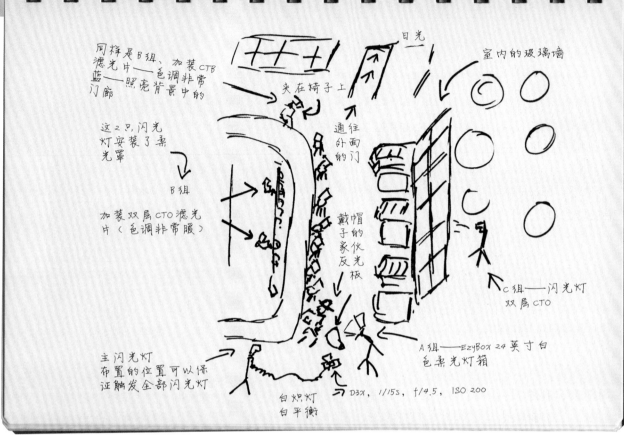

同样是B组，加装CTB滤光片——色调非常蓝——照亮背景中的门廊

这2只闪光灯安装了柔光罩

B组

加装双层CTO滤光片（色调非常暖）

主闪光灯布置的位置可以保证触发全部闪光灯

夹在椅子上

日光

室内的玻璃墙

通往外面的门

戴帽子的伙反光板

C组——闪光灯双层CTO

A组——EzyBox 24英寸白色柔光灯箱

D3X, 1/15S, f/4.5, ISO 200

白炽灯白平衡

"既然来到酒吧，怎么能无视周围的环境？环境元素有着巨大的表现力，它们为拍摄对象组合并搭建了展示其个性的舞台。"

调效果。因此，我用了双重滤光。两片全饱和度CTO，或者称之为色温橙（color temperature orange，有的人喜欢叫它"转换为橙色"，即convert to orange），这样就可以把他身后的吧台变成让人感到舒服的暖色调。

我还想进一步提升蓝调的感觉，但对于当时的现场环境来说，必须采用独立布光的方式才能实现。来自人行便道的日光带来的蓝色调部分参与到了曝光之中，但还缺乏足够的戏剧性。我的解决方案是拿出另一只910灯，加装蓝色滤光片，再用大力夹固定在酒吧的一个凳子上，从拍摄对象的背部对着他打光。有一点出乎意料的是，这束蓝色光线在Jake身后头顶上的酒吧木质顶架上，形成了一片非常漂亮而绚烂的高光区域。看上去真是太棒了，非常酷。（蓝色凝胶滤光片的使用增强了这种氛围。实际上即使不用蓝色滤光片，由于并没有跟其他闪光灯一样加装暖色滤光片，裸灯闪光的效果就已经是冷调了。因为闪光灯本身发出的光线是日光白平衡的，那么射入定义为白炽灯白平衡的环境中就会呈现蓝色调。而当我加装了蓝色凝胶滤光片，则会进一步增强冷调效果。）

我用到的最后一只灯被调成了暖色调，并使用了两片凝胶滤光片，布置在另一个房间（餐厅）。闪光透过一扇窗户，而这扇窗户将酒吧与餐馆两个区域相互分隔开来。这只灯直接以裸灯使用，没有加装任何柔光附件，灯头变焦至居于中间焦段的约35mm。它发出的光线散布在相机右侧的地板上，让这片在画面中原本黑暗的区域恢复部分细节。

在TTL模式下，你是如何用一只指令器触发这么一大堆遥控闪光灯的呢？通过将指令器以一定角度布置在离开机顶热靴不远的位置，借助串联在一起的多条SC-29线缆。正如在素描图中看到的，指令器离开机顶被布置在相机左侧，从那个位置，它很容易"看到"房间内的全部闪光灯。如果我把它留在机顶热靴上，指令闪光灯就不可能同时触发位于酒吧内不同黑暗区域中的多个闪光灯了。

锅炉房

在地下室里拍摄Bleu——我总把大家带到最棒的地方。让我们把发生在锅炉房背后的这一切展现在大家面前。

我很清楚在这个黑洞洞的地方最需要的就是光，所以我引入了2只恒定光源——日光白平衡的1K光源，我租来的。它们为背景提供了稳定的、充满戏剧性的、源源不断的照明。

事实上，这些家伙虽然又大又笨重，但它们的输出功率相对于相机来说，并不那么过分地亮。所以我又加上2只910灯，放在锅炉两边一边一个，设为C组。它们在锅炉房的位置并不是很深，因为还必须保证它们能够"看到"指令闪光灯，而后者被我布置在高高的灯架上，对于相机来说角度偏向右侧。这样的布置可以保证触发2只闪光灯，而这些身材小巧的便携式闪光灯恰恰为整个布光贡献了更多的f值，也就是功率；而它们那些大得多的兄弟们，也就是1K灯，则并没有太大的贡献。

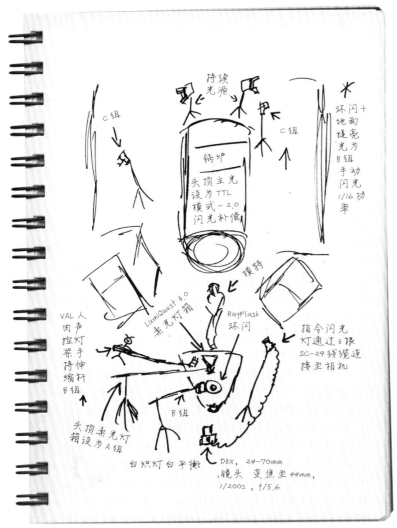

而在正面上方，我仍然使用了经典的美型布光模式。在Bleu头顶上方用了一套简单的LumiQuest SoftBox III柔光灯箱，接着在较低的位置使用一只环形闪光灯进行填充。即使有了这套组合光，我仍然觉得失去了太多她腿部的细节，所以我又拿了一只910灯，向下对着地面上的一块TriGrip三角反光板进行反射闪光。正面的布光全部集中在中间，两边并没有布置光源，与镜头的位置相匹配，构成非常对称的布光。

3只闪光灯的功率需要进行一番微调。画面中还有另一只910灯——看起来好像有点奢侈——就在Bleu身后，用来在锅炉表面制造暖色调的高光。如果前景布光的功率设定得太高，就会盖过那束光的效果。所以为她布置的任何一束光线都经过微调和控制，以免光线四处扩散，搞得一团糟。这就是为什么，例如，在LumiQuest柔光灯箱的四周边缘要贴上60或90厘米长的胶带。对于这个已经相当紧凑的小型光源来说，这样的土办法自制的挡边可以帮助控制的光线泄漏。

白平衡设为白炽灯，这意味着我又要再一次使用多层凝胶滤光片的小把戏。锅炉房的内部呈现出一种奇异的蓝调，接着我把全饱和度的CTO凝胶滤光片与910灯自带的卡入式滤镜相结合，让模特获得理想的皮肤色调。与在酒吧时相似，为类似这样场景的布光过程就好像在玩拼图。经过对各种不同形状的部件进行尝试，最终我将会在那块空白的区域填上所需的一片。对于这次的"锅炉房小型闪光灯布光"来说，并没有蓝图可以参照，必须用自己的方式找到对一幅画面的感觉，并亲自步入缭绕的蒸汽之中搞定补光。

街头

　　Jonathan 的风格和外形简直太适合拍摄动感题材的照片了。我在布鲁克林的 Red Hook 区拍摄时，大多数时候都用的是 Speedlight 单灯闪光。

　　为了拍摄本章开头那张把他定格在黄色墙壁的照片，我用了一只 SB-910 闪光灯，并连接 SB-9 外置电池匣。我通常不会刻意制造多重阴影，这种阴影效果是阳光与闪光灯共同形成的，但我也挺喜欢这种效果。当他跳起来，双腿打开悬空的时候，他的多重阴影出现在身后的墙壁上，我感受到我所喜欢的那种视觉震撼。当然这本来完全是个意外，原本在这种布光下我并没打算让建筑物出现在画面中。

　　接下来就该玩点新花样啦。Jonathan 可以轻松地在建筑物的侧墙跑上跑下，所以我找了一片开放的阴影区域，还有一些对称的柱子，告诉他可以利用这些柱子做些什么。而他的反应简直就像一个面带笑容、活力四射的超人，他跳得老高，我可不想浪费这么好的画面。

　　最开始，我尝试用单灯、硬光来照明。对他的照明刚刚好，但同时也等于在建筑物上投下一束聚光灯的光效，看起来并不怎么吸引人。正当我很不情愿地准备拖过来一把柔光伞的时候，忽然发现路边停着一辆白色卡车。

　　我们把一只 TriFlash 三头闪光灯座固定在一根 Shur-Line 伸缩油漆杆上，将 3 只闪光灯的灯头朝向卡车货箱侧面进行反射闪光。Jonathan 就好比跳进了一面巨大的、临时构建的光墙。ISO 200，快门速度 1/250s，光圈值 f/4；3 只闪光灯都编为 A 组，手动闪光，1/4 功率输出；D3x 机身设为阴天白平衡，70-200mm 镜头变焦至 80mm。

　　如果一天中的工作全都在拍摄空中飞人，目睹他们如何超越身体的极限，颠覆人们的想象力，就会明白自己从事的工作是多么令人惊奇。我的工作实际上归结为拍摄一个从墙面上飞跃而下的家伙，而这面墙是完全意外发现的——就在沿着街区开车拐错路口的时候。特别是我创建的布光来自一辆破旧的卡车，刚好停在了恰到好处的地方。

　　这就是摄影——一项集奇异与美妙于一身的事业。🔳